JN070273

# Efficient Linux
# コマンドライン

**開発と自分に磨きをかける Linux のテクノロジー**

Daniel J. Barrett　著

大嶋 真一　監訳

原 隆文　訳

O'REILLY®
オライリー・ジャパン

# Efficient Linux at the Command Line
## Boost Your Command-Line Skills

*Daniel J. Barrett*

Beijing · Boston · Farnham · Sebastopol · Tokyo

# 賞賛の声

本書は、Linux とより効率的に対話できるようになることを約束してくれるものであり、さらにそれ以上の内容を提供してくれます。本書を読者の蔵書に加えることを強く勧めます——日々、本書から恩恵を受けることができるでしょう。
—— **Michael Hausenblas**　AWS 社のソリューションエンジニアリングリード

この実用的な書籍は、今日から使えるコマンドラインの知識でいっぱいであり、それらはキャリアを通じて使い続けることができます。1 章は、それだけで本書の価格に見合う価値があります。
—— **Ken Hess**　システム管理者

文献の例

# 監訳者まえがき

　ビジネスで利用するシステムでは、非常に多くの場面で Linux が使われています。低コストで導入でき、信頼性が高く、あらゆる場面に適応できる Linux は、ビジネスとの相性がとてもよいためです。昨今においてはクラウドの普及に伴い、ビジネス以外でも Linux を利用する機会が多くなっています。

　Linux を管理するときには、よほどの理由がないかぎり、コマンドラインのインターフェース（CLI）を使います。私は Linux が今ほど認知されていなかった時代に、Linux をまったく触ったことがない人でも利用できるように、Linux にもかかわらず GUI を用いた運用を設計し、導入したことがあります。これは大失敗で、結局すぐに CLI を用いた運用へ切り替えました。失敗の理由は、GUI での運用は直感的で便利なため習熟期間も短くて済むのですが、少し運用を変えたい場合や、GUI のインターフェースが刷新された場合の対応コストが非常に大きかったためです。それに加え、コマンドベースで運用できることの多くは、その作業をシェルスクリプトで自動化できるなど、GUI の運用に比べ、はるかに効率がよくなります。

　コマンドラインに慣れてくると、これまでとても便利だと思っていた GUI のリッチなツールが、いつの間にか億劫なツールだと感じてしまうこともあります。それくらいコマンドラインは利便性が高く、優れています。

　そのようなコマンドラインを使いこなす人の多くは、コマンドを実行した結果を得るだけではなく、コマンドの中でどのような処理が行われ、どのような動作となっているか理解していたり、もしくはコマンドの実行結果をより正確に想像しています。それは一見、効率化とはあまり関係のないことだと感じるかもしれませんが、これまでの経験から、それらを知ることが効率化につながるということが知らず知らずのうちに身についているからです。本書はそのような経験やノウハウがとてもよくまとまっており、これまで点と点であった知識が線になり、次のレベルにステップアップ

するための手助けをしてくれます。

　単純なコマンドも多く取り上げていますが、単純なコマンドでも、パイプでつなげて処理した際に意図しない出力結果となってしまった経験はないでしょうか。もしかしたら、単純なコマンドであったがゆえに原因がわかるまでに想定よりも時間がかかってしまい、結果的に、初めから単純作業を繰り返したほうが早く作業を終えられたかもしれません。そのようなことを繰り返さなくなるきっかけを本書から得られるでしょう。

　また、日本語版オリジナルの「付録 C　WSL を用いたシェルの利用」では WSL（Windows Subsystem for Linux）を利用した PowerShell とコマンドの連携に触れています。PowerShell の実行結果を、本書記載のテクニックを使って処理することができます。

　本書の Linux コマンドの出力結果は英語環境を想定したものとなっていますが、複数の Linux ディストリビューションの日本語環境にて動作確認を行っています。

　最後になりましたが、編集者の宮川直樹氏、翻訳者の原隆文氏、本書に携わった関係者の方々に厚く御礼申し上げます。

2023 年 9 月
大嶋 真一

# まえがき

　本書は、Linux での読者のコマンドラインスキルを次のレベルに引き上げ、より速く、より賢く、より効率よく作業を行えるようになることを目的としています。

　読者が他の多くの Linux ユーザーと同様であれば、おそらく最初は、業務を通じて、または入門書を読んで、あるいは家で Linux をインストールしていろいろと試してみることで、コマンドラインのスキルを身につけたでしょう。本書を執筆したのは、読者が次のステップに進むための手助けをするためです。つまり、Linux のコマンドラインに関して、中級レベルや上級レベルのスキルを身につけられるようにするためです。本書には多くのテクニックと考え方が含まれており、それらによって、読者の Linux との対話方法が大きく変わり、生産性が大きく向上することを願っています。Linux の使い方に関して、読者を基礎の次の段階へと導く 2 冊目の本として、本書をとらえてください。

　コマンドラインは最もシンプルなインターフェースですが、最も能力が試されるものでもあります。読者の前には、次のように、コマンドの実行を待機するプロンプト以外には何も表示されず、とてもシンプルです[1]。

　　$

　プロンプト以外のすべてはユーザーの責任によるものなので、ユーザーの能力が試されます。ガイドしてくれる、わかりやすいアイコンもボタンもメニューもありません。その代わりに、ユーザーが入力するコマンドは、どれも創造的な行為です。このことは、次のようにファイルをリスト表示する基本的なコマンドにも、

---

[1]　本書では、Linux のプロンプトをドル記号（`$`）で示しますが、プロンプトは別の文字の場合もあります。

```
$ ls
```

次のような複雑なコマンドにも当てはまります。

```
$ paste <(echo {1..10}.jpg | sed 's/ /\n/g') \
        <(echo {0..9}.jpg | sed 's/ /\n/g') \
  | sed 's/^/mv /' \
  | bash
```

このコマンドを見て、「これはいったい何だ？」とか「こんなに複雑なコマンドは自分には必要ないよ」などと思ったなら、本書はきっとあなたの役に立つでしょう[†2]。

## 本書で何が学べるか

本書は、次の3つの必要不可欠なスキルについて、より速く、より効率よく行えるようになることを目的としています。

- 目の前のビジネスの問題を解決するためのコマンドの選択と組み立て
- それらのコマンドの効率的な実行
- Linux のファイルシステム内の容易な移動

本書を読み終える頃には、コマンドの実行時に舞台裏で何が行われているかを理解できるようになり、結果をより正確に予測できるようになるでしょう（また、迷信を生み出すこともなくなるでしょう）。コマンドを起動するためのさまざまな方法を学び、どのような場合にどれを使うのが最善かがわかるようになるでしょう。また、次のような、生産性を向上させるための実用的なヒントやコツも学べます。

- パスワードの管理や1万個のテストファイルの生成など、現実の問題を解決するために、シンプルなコマンドを基にして、段階を追って複雑なコマンドを作成する
- ファイルを苦労して探さなくても済むように、ホームディレクトリーを賢く整理することで、時間を節約する
- テキストファイルを変換し、データベースのように照会することで、ビジネスの目標を実現する

---

[†2] この謎めいたコマンドの目的については、「8章　ブラッシュワンライナーの作成」で説明します。

- Linux のポイントアンドクリック機能（マウスなどのポインティングデバイスを使って行う操作）をコマンドラインから制御する。たとえば、クリップボードを介したコピーアンドペーストや Web データの取得と処理などを、キーボードから手を離さずに実行する

中でも特に、一般的なベストプラクティスを学ぶことで、どのコマンドを実行するにしても、Linux をよりうまく使えるようになり、求人市場においても競争力を高めることができます。本書は、筆者が Linux について学んだときに欲しかった一冊です。

## 本書が目的としていないもの

本書は、Linux コンピューターを最適化して、より効率的に動作させるための本ではありません。「読者」がより効率的に Linux と対話できるようにするための本です。

また、コマンドラインについての包括的なリファレンスでもありません——本書で触れていないコマンドや機能は数多く存在します。本書は専門的な技術に関するものです。厳選されたコマンドラインの知識を実用的な順序で説明し、読者のスキルを高めます。リファレンススタイルのガイドについては、筆者が以前に執筆した『Linux Pocket Guide』（O'Reilly Media）を参照してください。

## 対象となる読者と前提条件

本書は、Linux の経験がある読者を想定しており、入門書ではありません。学生、システム管理者、ソフトウェア開発者、サイトリライアビリティエンジニア、テストエンジニア、一般の熱心な Linux ファンなど、コマンドラインのスキルを高めたいと考えているユーザーのための本です。また、Linux の上級ユーザーも有益な情報を得られるかもしれません。特に、試行錯誤してコマンドの実行方法を覚え、それらについての概念的な理解を深めたいと望んでいる上級ユーザーにとっては、本書は役に立つでしょう。

本書から最大の利益を得るためには、次に示すトピックについて慣れている必要があります（そうでない場合は、簡単な復習のために「付録 A　Linux の簡単な復習」を参照してください）。

- vim（vi）、emacs、nano、pico などのテキストエディターを使って、テキストファイルを作成および編集する

- cp（コピー）、mv（移動またはリネーム）、rm（削除）、chmod（ファイルのアクセス許可の変更）などの基本的なファイル操作コマンド

- cat（ファイル全体の表示）や less（一度に 1 ページずつ表示）などの基本的なファイル表示コマンド

- cd（ディレクトリーの変更）、ls（ディレクトリー内のファイルのリスト表示）、mkdir（ディレクトリーの作成）、rmdir（ディレクトリーの削除）、pwd（カレントディレクトリー名の表示）などの基本的なディレクトリーコマンド

- シェルスクリプトの基礎：Linux コマンドをファイル内に保存し、（chmod 755 または chmod +x を使って）ファイルを実行可能にし、ファイルを実行する

- man コマンドを使って、「man ページ」と呼ばれる Linux の組み込みドキュメントを表示する（例：man cat は、cat コマンドに関するドキュメントを表示する）

- sudo コマンドを使ってスーパーユーザーになり、Linux システムに対する完全なアクセス権を獲得する（例：sudo nano /etc/hosts は、一般ユーザーから保護されている /etc/hosts というシステムファイルを編集する）

このほかに、ファイル名に関するパターンマッチング（*や?の記号を使用）、入力や出力のリダイレクト（<や>）、パイプ（|）など、よく使われるコマンドラインの機能を知っていれば、準備は万全です。

## 使用するシェル

本書では、使用する Linux シェルとして bash を想定しています。bash は、ほとんどの Linux ディストリビューションでデフォルトのシェルとして使われています。シェル変数 SHELL を echo で表示すれば、現在どのシェルを実行しているか確認できます。

```
$ echo $SHELL
/bin/bash
```

本書で単に「シェル」と書いてある場合、それは bash を意味します。本書の説明の多くは、zsh や dash など、他のシェルにも当てはまりますが、本書のサンプルを

他のシェルに合わせて変更するには、「付録 B　他のシェルを使用する場合」を参考にしてください。サンプルの多くは、Apple 社の Mac のターミナル（Terminal）でも、そのまま動作します[†3]。このターミナルはデフォルトで zsh を実行しますが、bash を実行することもできます[†4]。

## 表記上のルール

本書では、次に示す表記上のルールに従います。

**太字**（**Bold**）

新しい用語、強調やキーワードフレーズを表します。

**等幅**（`Constant Width`）

プログラムのコード、コマンド、配列、要素、文、オプション、スイッチ、変数、属性、キー、関数、型、クラス、名前空間、メソッド、モジュール、プロパティ、パラメーター、値、オブジェクト、イベント、イベントハンドラ、XML タグ、HTML タグ、マクロ、ファイルの内容、コマンドからの出力を表します。その断片（変数、関数、キーワードなど）を本文中から参照する場合にも使われます。

**等幅太字**（**`Constant Width Bold`**）

ユーザーが入力するコマンドやテキストを表します。コードを強調する場合にも使われます。

**等幅イタリック**（*`Constant Width Italic`*）

ユーザーの環境などに応じて置き換えなければならない文字列を表します。

**罫囲み文字**（`Constant Width Highlighted`）

複雑なプログラムリストで、特定のテキストに注意を喚起するために使用し

---

[†3]　訳注：ただし macOS では、コマンドは動作するものの、パイプで受け渡したときの結果が本書とは異なる場合があります。たとえば wc、cut、uniq などは、コマンド出力に付加されるスペースの数が macOS と Linux で異なるため、パイプで受け渡した場合、次のコマンドがその影響を受けてしまい、本書とは異なる出力結果になることがあります。また、macOS と Linux ではディレクトリー構造が違うので、システムファイルを扱うコマンドの出力結果も異なります。

[†4]　macOS の bash のバージョンは古く、重要な機能がいくつか欠けています。bash をバージョンアップするには、Daniel Weibel 氏の記事「Upgrading Bash on macOS」（https://oreil.ly/35jux）を参照してください。

ます。

 ヒントや示唆を表します。

 興味深い事柄に関する補足を表します。

 ライブラリーのバグやしばしば発生する問題などのような、注意あるいは警告を表します。

 監訳者および翻訳者による補足説明を表します。

## サンプルコードの使用について

　本書のサンプルコードは https://efficientlinux.com/examples から入手できます。

　本書日本語版のサポートサイト（https://github.com/oreilly-japan/efficientlinux-ja）には、正誤表のほか、本書掲載のコマンドをテキストファイルに抽出してあります。必要に応じてご利用ください。

　技術的な質問は bookquestions@oreilly.com まで（英語で）ご連絡ください。

　本書の目的は、読者の仕事を助けることです。一般に、本書に掲載しているコードは読者のプログラムやドキュメントに使用して構いません。コードの大部分を転載する場合を除き、我々に許可を求める必要はありません。たとえば、本書のコードの一部を使用するプログラムを作成するために、許可を求める必要はありません。なお、オライリー・ジャパンから出版されている書籍のサンプルコードを CD-ROM として販売したり配布したりする場合には、そのための許可が必要です。本書や本書のサンプルコードを引用して質問などに答える場合、許可を求める必要はありません。ただし、本書のサンプルコードのかなりの部分を製品マニュアルに転載するような場合

には、そのための許可が必要です。

　出典を明記する必要はありませんが、そうしていただければ感謝します。Daniel J. Barrett 著『Efficient Linux コマンドライン』（オライリー・ジャパン発行）のように、タイトル、著者、出版社、ISBN などを記載してください。

　サンプルコードの使用について、公正な使用の範囲を超えると思われる場合、または上記で許可している範囲を超えると感じる場合は、permissions@oreilly.com まで（英語で）ご連絡ください。

## 意見と質問

　本書（日本語翻訳版）の内容については、最大限の努力をもって検証、確認していますが、誤りや不正確な点、誤解や混乱を招くような表現、単純な誤植などに気がつかれることもあるかもしれません。そうした場合、今後の版で改善できるようお知らせいただければ幸いです。将来の改訂に関する提案なども歓迎いたします。連絡先は次のとおりです。

　　株式会社オライリー・ジャパン
　　電子メール　japan@oreilly.co.jp

本書の Web ページには次のアドレスでアクセスできます。

　https://www.oreilly.co.jp/books/9784814400485
　https://learning.oreilly.com/library/view/efficient-linux-at/9781098113391/（英語）
　https://efficientlinux.com/examples（サンプルコード）
　https://github.com/oreilly-japan/efficientlinux-ja（日本語版のサポートサイト。正誤表など）

　オライリーに関するそのほかの情報については、次のオライリーの Web サイトを参照してください。

　https://www.oreilly.co.jp/
　https://www.oreilly.com/（英語）

# オライリー学習プラットフォーム

オライリーはフォーチュン 100 のうち 60 社以上から信頼されています。オライリー学習プラットフォームには、6 万冊以上の書籍と 3 万時間以上の動画が用意されています。さらに、業界エキスパートによるライブイベント、インタラクティブなシナリオとサンドボックスを使った実践的な学習、公式認定試験対策資料など、多様なコンテンツを提供しています。

https://www.oreilly.co.jp/online-learning/

また以下のページでは、オライリー学習プラットフォームに関するよくある質問とその回答を紹介しています。

https://www.oreilly.co.jp/online-learning/learning-platform-faq.html

# 謝辞

本書を執筆するのは楽しい作業でした。O'Reilly Media の素晴らしい人々、特に編集者の Virginia Wilson と John Devins、制作担当編集者の Caitlin Ghegan と Gregory Hyman、コンテンツマネージャーの Kristen Brown、原稿整理編集者の Kim Wimpsett、索引編集者の Sue Klefstad、そして常に助けてくれたツールチームに感謝します。本書の技術レビューをしてくれた、Paul Bayer、John Bonesio、Dan Ritter、Carla Schroder にも感謝します。彼らは、洞察に満ちた多くのコメントと批評をくれました。本書の出版を提案してくれた Boston Linux Users Group にも感謝します。中でも特に、本書の執筆を許可してくれた、上司の Maggie Johnson に感謝します。

35 年前にジョンズ・ホプキンス大学で同級生だった、Chip Andrews、Matthew Diaz、Robert Strandh に心から感謝します。彼らは、私が Unix に強く関心を抱いたことに気がつき、驚いたことに、コンピューターサイエンス学部に次のシステム管理者として私を採用するように勧めてくれました。私を信頼してくれた彼らの行為によって、私の人生の道筋は大きく変わりました（Robert は、「3 章 コマンドの再実行」のタッチタイピングに関するヒントでも貢献してくれました）。Linux、GNU Emacs、Git、AsciiDoc、その他多くのオープンソースツールの作成者と保守管理者にも感謝します——賢明で寛大な彼らがいなければ、私の経歴はまったく違ったもの

になっていたでしょう。

　いつも変わらず、辛抱強く愛を与えてくれる、素晴らしい家族である Lisa と Sophia に感謝します。

# 目 次

賞賛の声 ……………………………………………………………………… v

監訳者まえがき ……………………………………………………………… vii

まえがき ……………………………………………………………………… ix

## 第I部　主要な概念　　　　　　　　　　　　　　　　　　　　　1

## 1章　コマンドの組み合わせ …………………………………………… 3

1.1　入力、出力、パイプ ……………………………………………………… 4

1.2　コマンドラインに取り掛かるための6個のコマンド ……………… 7

　　1.2.1　コマンド① wc ……………………………………………………… 7

　　1.2.2　コマンド② head …………………………………………………… 10

　　1.2.3　コマンド③ cut …………………………………………………… 11

　　1.2.4　コマンド④ grep …………………………………………………… 13

　　1.2.5　コマンド⑤ sort …………………………………………………… 15

　　1.2.6　コマンド⑥ uniq …………………………………………………… 18

1.3　重複ファイルの検出 …………………………………………………… 20

1.4　まとめ …………………………………………………………………… 22

## 2章　シェルについての理解 …………………………………………… 25

2.1　シェルの用語 …………………………………………………………… 26

2.2　ファイル名に関するパターンマッチング …………………………… 27

| | | |
|---|---|---|
| 2.3 | 変数の評価 ················································ | 30 |
| | 2.3.1 　変数はどこから来るか ···················· | 31 |
| | 2.3.2 　変数と迷信 ································· | 32 |
| | 2.3.3 　パターン vs. 変数 ························· | 32 |
| 2.4 | エイリアスを使ってコマンドを短縮する ················· | 34 |
| 2.5 | 入力と出力のリダイレクト ······························ | 35 |
| 2.6 | 引用符やエスケープを使って評価を無効にする ··········· | 39 |
| 2.7 | 実行すべきプログラムの検索 ···························· | 41 |
| 2.8 | 環境と初期化ファイル（簡略版） ······················· | 43 |
| 2.9 | まとめ ·················································· | 45 |

**3章　コマンドの再実行** ·································· **47**

| | | |
|---|---|---|
| 3.1 | コマンド履歴の表示 ···································· | 48 |
| 3.2 | 履歴からコマンドを呼び出す ···························· | 49 |
| | 3.2.1 　履歴内のカーソル移動 ····················· | 50 |
| | 3.2.2 　履歴展開 ································· | 52 |
| | 3.2.3 　（履歴展開を利用して）別のファイルの削除を避ける ··· | 55 |
| | 3.2.4 　コマンド履歴のインクリメンタル検索 ········· | 57 |
| 3.3 | コマンドライン編集 ···································· | 59 |
| | 3.3.1 　コマンド内のカーソル移動 ··················· | 60 |
| | 3.3.2 　キャレットを用いた履歴展開 ················· | 61 |
| | 3.3.3 　Emacs スタイルまたは Vim スタイルのコマンドライン編集···· | 62 |
| 3.4 | まとめ ·················································· | 64 |

**4章　ファイルシステム内の移動** ·················· **65**

| | | |
|---|---|---|
| 4.1 | 特定のディレクトリーに効率よく移動する ··············· | 66 |
| | 4.1.1 　ホームディレクトリーにジャンプする ········· | 66 |
| | 4.1.2 　タブ補完を使って素早く移動する ············· | 67 |
| | 4.1.3 　エイリアスや変数を使って、頻繁にアクセスするディレクトリー | |
| | 　　　　にジャンプする ··························· | 68 |
| | 4.1.4 　CDPATH を使って、大きなファイルシステムを小さく感じさせる | 71 |
| | 4.1.5 　素早い移動のためにホームディレクトリーを整理する ·········· | 73 |
| 4.2 | 効率よくディレクトリーに戻る ························· | 76 |

　　 4.2.1 「cd -」を使って、2 つのディレクトリーを切り替える ············ 77
　　 4.2.2 pushd と popd を使って、多くのディレクトリーを切り替える·· 78
　 4.3 まとめ ················································································· 85


# 第 II 部　次のレベルへ　　　　　　　　　　　　　　　　　87


# 5 章　ツールボックスの拡張 ······································ 89
　 5.1 テキストの生成 ·································································· 90
　　 5.1.1 date コマンド ································································ 91
　　 5.1.2 seq コマンド ································································· 91
　　 5.1.3 ブレース展開（シェルの機能）··········································· 92
　　 5.1.4 find コマンド ······························································· 94
　　 5.1.5 yes コマンド ································································· 96
　 5.2 テキストの抽出 ·································································· 97
　　 5.2.1 grep コマンドをさらに詳しく ············································· 98
　　 5.2.2 tail コマンド ································································ 102
　　 5.2.3 awk の {print} コマンド ················································· 104
　 5.3 テキストの結合 ································································ 106
　　 5.3.1 tac コマンド ································································ 107
　　 5.3.2 paste コマンド ····························································· 108
　　 5.3.3 diff コマンド ······························································· 109
　 5.4 テキストの変換 ································································ 110
　　 5.4.1 tr コマンド ·································································· 110
　　 5.4.2 rev コマンド ································································ 111
　　 5.4.3 awk および sed コマンド ················································· 112
　 5.5 さらに大きなツールボックスに向けて ······································ 123
　 5.6 まとめ ··············································································· 125


# 6 章　親と子、および環境 ········································ 131
　 6.1 シェルは実行可能ファイルである ········································· 132
　 6.2 親プロセスと子プロセス ···················································· 134
　 6.3 環境変数 ·········································································· 136

　　　　6.3.1　環境変数の作成 ……………………………………………… 138

　　　　6.3.2　迷信警報：「グローバル」変数 …………………………… 139

　　6.4　子シェルとサブシェル …………………………………………… 140

　　6.5　環境を構成する ………………………………………………… 142

　　　　6.5.1　構成ファイルの再読み込み ………………………………… 144

　　　　6.5.2　環境との付き合い方 ………………………………………… 145

　　6.6　まとめ …………………………………………………………… 145

**7章　コマンドを実行するための追加の 11 の方法** …………… **147**

　　7.1　リストに関するテクニック ……………………………………… 147

　　　　7.1.1　テクニック① 条件付きリスト …………………………… 148

　　　　7.1.2　テクニック② 無条件リスト ……………………………… 150

　　7.2　置換に関するテクニック ………………………………………… 151

　　　　7.2.1　テクニック③ コマンド置換 ……………………………… 151

　　　　7.2.2　テクニック④ プロセス置換 ……………………………… 154

　　7.3　文字列としてのコマンドに関するテクニック ………………… 158

　　　　7.3.1　テクニック⑤ コマンドを bash に引数として渡す …… 158

　　　　7.3.2　テクニック⑥ コマンドを bash にパイプで渡す ……… 160

　　　　7.3.3　テクニック⑦ ssh を使って文字列をリモートで実行する …… 163

　　　　7.3.4　テクニック⑧ xargs を使ってコマンドのリストを実行する … 164

　　7.4　プロセス制御に関するテクニック ……………………………… 169

　　　　7.4.1　テクニック⑨ コマンドのバックグラウンド実行 ……… 169

　　　　7.4.2　テクニック⑩ 明示的なサブシェル ……………………… 176

　　　　7.4.3　テクニック⑪ プロセス交換 …………………………… 178

　　7.5　まとめ …………………………………………………………… 180

**8章　ブラッシュワンライナーの作成** ……………………………… **183**

　　8.1　ブラッシュワンライナーを作成するための準備 ……………… 185

　　　　8.1.1　柔軟性を持つ ………………………………………………… 185

　　　　8.1.2　どこを出発点とすべきかを考える ……………………… 187

　　　　8.1.3　テストツールを知る ……………………………………… 188

　　8.2　一連のファイル名の中にファイル名を挿入する ……………… 189

　　8.3　対応するファイルのペアをチェックする ……………………… 193

| 8.4 | ホームディレクトリーから CDPATH を生成する | 196 |
| 8.5 | テストファイルを生成する | 198 |
| 8.6 | 空のファイルを生成する | 202 |
| 8.7 | まとめ | 203 |

## 9章　テキストファイルの活用　205

| 9.1 | 最初の例：ファイルの検索 | 207 |
| 9.2 | ドメインの期限切れをチェックする | 209 |
| 9.3 | 市外局番のデータベースを作成する | 212 |
| 9.4 | パスワードマネージャーの作成 | 216 |
| 9.5 | まとめ | 224 |

## 第III部　追加のヒント　225

## 10章　キーボードの効率的な活用　227

| 10.1 | ウィンドウの操作 | 227 |
| | 10.1.1　すぐに起動するシェルとブラウザー | 228 |
| | 10.1.2　ワンショットウィンドウ | 229 |
| | 10.1.3　ブラウザーのキーボードショートカット | 230 |
| | 10.1.4　ウィンドウやデスクトップの切り替え | 230 |
| 10.2 | コマンドラインからの Web アクセス | 232 |
| | 10.2.1　コマンドラインからブラウザーウィンドウを開く | 232 |
| | 10.2.2　curl と wget を使って HTML を取得する | 234 |
| | 10.2.3　HTML-XML-utils を使って HTML を処理する | 236 |
| | 10.2.4　テキストベースのブラウザーを使って、レンダリングされた Web コンテンツを取得する | 240 |
| 10.3 | コマンドラインからのクリップボード制御 | 241 |
| | 10.3.1　セレクションを stdin や stdout に接続する | 243 |
| | 10.3.2　パスワードマネージャーの改善 | 246 |
| 10.4 | まとめ | 248 |

## 11章　最後の時間節約術　251

| 11.1 | すぐに成果の出るテクニック | 251 |

11.1.1 less からエディターにジャンプする ……………………………… 251

11.1.2 特定の文字列を含んでいるファイルを編集する ……………… 252

11.1.3 タイプミスを受け入れる ……………………………………… 253

11.1.4 空のファイルを素早く作成する ……………………………… 253

11.1.5 ファイルを一度に 1 行ずつ処理する …………………………… 254

11.1.6 再帰処理をサポートしているコマンドを認識する …………… 254

11.1.7 man ページを読む ……………………………………………… 255

11.2 今後の学習について ……………………………………………… 255

11.2.1 bash の man ページを読む …………………………………… 255

11.2.2 cron、crontab、at について学ぶ …………………………… 256

11.2.3 rsync について学ぶ …………………………………………… 257

11.2.4 別のスクリプト言語を学ぶ …………………………………… 259

11.2.5 プログラミング以外の作業に make を使用する ……………… 260

11.2.6 日常的なファイルにバージョン管理を適用する …………… 262

11.3 最後に …………………………………………………………… 264

**付録 A Linux の簡単な復習** ………………………………………… **265**

A.1 コマンド、引数、オプション …………………………………… 265

A.2 ファイルシステム、ディレクトリー、パス …………………… 266

A.3 ディレクトリー間の移動 ………………………………………… 268

A.4 ファイルの作成と編集 …………………………………………… 268

A.5 ファイルとディレクトリーの操作 ……………………………… 269

A.6 ファイルの表示 …………………………………………………… 271

A.7 ファイルのアクセス許可 ………………………………………… 272

A.8 プロセス …………………………………………………………… 273

A.9 ドキュメントの表示 ……………………………………………… 274

A.10 シェルスクリプト ………………………………………………… 274

A.11 スーパーユーザーとして実行する ……………………………… 276

A.12 参考文献 ………………………………………………………… 277

**付録 B 他のシェルを使用する場合** ………………………………… **279**

**付録 C WSL を用いたシェルの利用** ……………………………… **285**

C.1　Windows でシェルが利用できると何が便利か？ ……………………… 285
C.2　Linux をインストールする ……………………………………………… 286
　　C.2.1　`systemd-binfmt.service` の無効化 …………………………… 288
　　C.2.2　`binfmt` の設定ファイル作成 ………………………………… 289
C.3　シェルから PowerShell を利用する ………………………………… 289
C.4　PowerShell からシェルを利用する ………………………………… 291
C.5　最後に ……………………………………………………………………… 292

索 引 ……………………………………………………………………………… 297

## コラム目次

コマンドとは何か？ ………………………………………………………………… 5
ls は、リダイレクトされると動作を変える ……………………………………… 9
標準エラー出力（stderr）とリダイレクト ……………………………………… 36
コマンド履歴に関する FAQ（よくある質問） …………………………………… 50
履歴展開を用いた、より強力な置換 ……………………………………………… 61
監訳補 正規表現で日本語を扱うときのヒント ………………………………… 126
終了コードは成功または失敗を表す ……………………………………………… 149
プロセス置換はどのように機能するか ………………………………………… 157
find と xargs に関する安全性 …………………………………………………… 167
どのテクニックによってサブシェルが作成されるか？ ……………………… 177
監訳補 日本の市外局番を扱うときのヒント ………………………………… 215
暗号化されたファイルを直接編集する ………………………………………… 222
長い正規表現の処理 ……………………………………………………………… 239
文字コードについて ……………………………………………………………… 293

# 第I部
# 主要な概念

最初の4つの章は、効率性を直ちに高めることを目的としており、すぐに役立つ
テクニックと考え方を紹介します。これらの章では、パイプを使ってコマンドを
組み合わせる方法、Linux のシェルが担う責任、コマンドの履歴を素早く呼び出
して編集する方法、Linux のファイルシステム内を迅速に移動する方法について
学びます。

- 1章 コマンドの組み合わせ
- 2章 シェルについての理解
- 3章 コマンドの再実行
- 4章 ファイルシステム内の移動

# 1章
# コマンドの組み合わせ

Windows、macOS、その他多くの OS で作業をする場合、おそらく読者は、Web ブラウザー、ワードプロセッサー、表計算、ゲームなどのアプリケーションを実行することに時間を費やしているでしょう。典型的なアプリケーションは、とても多くの機能を備えています。つまり、ユーザーが必要とするであろうと設計者が考えるすべての機能を含んでいます。そのため、ほとんどのアプリケーションは自立しており、他のアプリケーションには依存しません。アプリケーション間でコピーアンドペーストを行うことはあるでしょうが、ほとんどの場合、それらは互いに独立しているのです。

しかし、Linux のコマンドラインは違います。Linux は、たくさんの機能を持つ大きなアプリケーションの代わりに、きわめて少ない機能を持つ、何千もの小さなコマンドを提供します。たとえば、cat コマンドは画面にファイルを表示しますが、機能はそれだけです。ls は、ディレクトリー内のファイルをリスト表示するだけですし、mv はファイルの名前を変更するだけです。それぞれのコマンドは、シンプルで、きわめて明確な目的を持っています。

もっと複雑なことを行う必要があるとしたら、どうでしょうか？ 心配は要りません。Linux では、目標を達成するために、コマンドを組み合わせて、個々の機能を容易に連携させることができます。このようなやり方は、コンピューターの使い方に関して、まったく異なる発想をもたらします。つまり、ある結果を実現するために、「どのアプリを起動すべきか？」と考える代わりに、「どのコマンド同士を組み合わせるべきか？」と考えるようになります。

この章では、読者が必要としていることを行うために、さまざまな組み合わせでコマンドを並べて実行する方法を学びます。説明をシンプルにするために、6 個の Linux コマンドとその基本的な使い方だけを紹介し、より複雑で興味深い部分——そ

れらを組み合わせること——に読者が集中できるようにします。これは、6 つの材料
を使って料理を学ぶことや、のこぎりと金づちだけを使って大工仕事を学ぶことに
似ています（「5 章　ツールボックスの拡張」では、より多くのコマンドを、読者の
Linux ツールボックスに追加します）。

　コマンドを組み合わせるには、Linux の機能である**パイプ**（pipe）を使います。パ
イプは、1 つのコマンドの出力を別のコマンドの入力に接続します。この章では、そ
れぞれのコマンド（wc、head、cut、grep、sort、uniq）を紹介したら、すぐにパ
イプを使って、それらの使い方を説明します。サンプルの中には、日々の Linux の使
用に役立つものもありますし、重要な機能を説明するためだけのものもあります。

# 1.1　入力、出力、パイプ

　ほとんどの Linux コマンドは、キーボードから入力を読み込むか、画面に出力を書
き出すか、またはその両方です。Linux には、この読み込みと書き出しのためのしゃ
れた名前があります。

**stdin**（標準入力）
　　　Linux がユーザーのキーボードから読み込む入力の流れ（入力ストリーム）。
　　　「standard input」または「standard in」と発音します。ユーザーがプロンプ
　　　トで何らかのコマンドを入力する場合、stdin にデータを供給していることに
　　　なります。

**stdout**（標準出力）
　　　Linux がユーザーのディスプレイに書き出す出力の流れ（出力ストリーム）。
　　　「standard output」または「standard out」と発音します。ls コマンドを実
　　　行してファイル名を表示させると、その結果が stdout に現れます。

　さて、ここからが本題です。あるコマンドの stdout を別のコマンドの stdin に接
続し、最初のコマンドから 2 番目のコマンドにデータを供給できるようにします。ま
ず、おなじみの ls -l コマンドを使って、/bin のような大きなディレクトリーを長
い形式でリスト表示してみましょう[1]。

---

†1　訳注：一部の Linux ディストリビューションでは、/bin は /usr/bin へのシンボリックリンクとなりま
　　す。

```
$ ls -l /bin
total 12104
-rwxr-xr-x 1 root root 1113504 Jun  6  2019 bash
-rwxr-xr-x 1 root root  170456 Sep 21  2019 bsd-csh
-rwxr-xr-x 1 root root   34888 Jul  4  2019 bunzip2
-rwxr-xr-x 1 root root 2062296 Sep 18  2020 busybox
-rwxr-xr-x 1 root root   34888 Jul  4  2019 bzcat
⋮
-rwxr-xr-x 1 root root    5047 Apr 27  2017 znew
```

このディレクトリーには、ディスプレイで表示できる行数よりもはるかに多くのファイルが含まれており、出力結果はすぐに画面からスクロールして消えていってしまいます。ls コマンドが一度に 1 画面ずつ情報を表示して、ユーザーがキーを押すまで一時停止してくれるといいのですが、そうでないのが残念です。しかし、待ってください。そのような機能を持った、別の Linux コマンドがあります。less コマンドは、一度に 1 画面ずつファイルを表示します。

```
$ less myfile
```

ls はデータを stdout に書き出し、less は stdin から読み込むことができるので、この 2 つのコマンドを組み合わせることができます。パイプを使って、ls の出力を less の入力に送ります。

```
$ ls -l /bin | less
```

組み合わされたこのコマンドは、ディレクトリーの内容を、一度に 1 画面ずつ表示します。2 つのコマンドの間の縦棒（|）が、Linux のパイプ記号です[†2]。これは、最初のコマンドの stdout を次のコマンドの stdin に接続します。パイプを含んでいるコマンドラインは、**パイプライン**（pipeline）と呼ばれます。

コマンドは通常、自身がパイプラインの一部であることは認識していません。ls は、実際には出力が less にリダイレクトされているとしても、自身はディスプレイに書き出していると考えていますし、less も、実際には ls の出力を読み込んでいるとしても、キーボードから読み込んでいると考えています。

---

†2　英語キーボードでは、パイプ記号（|）は [\] キー上にあり、通常は [Enter] キーと [Backspace] キーの間、または左側の [Shift] キーと [Z] キーの間にあります[†3]。

†3　訳注：日本語環境では、バックスラッシュ（\）は円記号（¥）で表示されます。日本語キーボードでは、パイプ記号（|）は [¥] キー上にあります。

## コマンドとは何か？

　Linux では、**コマンド**（command）という言葉には、次の 3 つの異なる意味があります（**図1-1** を参照）。

**プログラム**

　ls のように、1 つの単語として命名され、実行される実行可能プログラム。または、cd のように、シェルに組み込まれている同様の機能。後者は、**シェルビルトイン**（shell builtin）と呼ばれる[†4]

**単一コマンド**

　ls -l /bin のように、任意の引数が後に続くプログラム名（またはシェルビルトイン）

**複合コマンド**

　ls -l /bin | less というパイプラインのように、1 つの単位として扱われる複数の単一コマンド

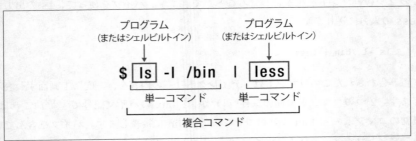

図1-1　プログラム、単一コマンド、複合コマンドは、すべて「コマンド」と呼ばれる

　本書では、これらのすべてについて、「コマンド」という用語を使います。通常は、周囲の文脈によって、筆者がどれを意図しているかは明確ですが、そうでない場合は、より具体的な用語を使います。

---

[†4]　POSIX 標準では、この形式のコマンドは、**ユーティリティ**（utility）と呼ばれます。

## 1.2　コマンドラインに取り掛かるための6個のコマンド

　パイプは、Linux での必須の技能です。後でどのコマンドに遭遇しても、それらを容易に組み合わせることができるように、少数の Linux コマンドを使って、パイプのスキルを高めましょう。

　これから紹介する6個のコマンド—— wc、head、cut、grep、sort、uniq ——には、きわめて多くのオプションといくつかの動作モードがありますが、ここではパイプに焦点を合わせるために、それらの大部分については省略します。それぞれのコマンドについて詳しく知りたければ、次のように man コマンドを実行して、完全なドキュメントを参照してください。

```
$ man wc
```

　6個のコマンドの実行の様子を示すために、O'Reilly Media の書籍情報が記載された animals.txt というファイルを使います（**例1-1** を参照）。

例1-1　animals.txt ファイルの内容
```
python   Programming Python          2010   Lutz, Mark
snail    SSH, The Secure Shell       2005   Barrett, Daniel
alpaca   Intermediate Perl           2012   Schwartz, Randal
robin    MySQL High Availability     2014   Bell, Charles
horse    Linux in a Nutshell         2009   Siever, Ellen
donkey   Cisco IOS in a Nutshell     2005   Boney, James
oryx     Writing Word Macros         1999   Roman, Steven
```

　各行には、O'Reilly Media の書籍に関する4つの情報、すなわち表紙の動物、書名、刊行年、1人目の著者の名前が含まれており、それらはタブ文字で区切られています。

### 1.2.1　コマンド① wc

wc コマンドは、ファイル内の行数、単語数、文字数を表示します。

```
$ wc animals.txt
  7  51 325 animals.txt
```

　この例では、animals.txt ファイルが、7つの行、51 の単語、325 の文字を含んでいることを示しています。もし読者が目で見て文字数を数えたら、スペースとタブを含めても、318 文字しか見つけられないでしょう。wc は、各行の終わりにある、目

に見えない改行文字も含めて数えます。

-l、-w、-c の各オプションは、それぞれ行数、単語数、文字数だけを表示するよう wc に指示します。

```
$ wc -l animals.txt
7 animals.txt
$ wc -w animals.txt
51 animals.txt
$ wc -c animals.txt
325 animals.txt
```

数を数えることは、汎用的でとても役に立つタスクであり、wc の作成者は、このコマンドをパイプと一緒に動作させるように設計しました。wc は、ファイル名が省略された場合には stdin から読み込み、結果を stdout に書き出します。ls を使ってカレントディレクトリーの内容をリスト表示し、それらをパイプで wc に渡して行数を数えてみましょう。このパイプラインは、「カレントディレクトリーの中にファイルはいくつ存在するか？」という疑問に答えるものです。

```
$ ls -1
animals.txt
myfile
myfile2
test.py
$ ls -1 | wc -l
4
```

-1 というオプションは、結果を 1 つの列に出力するよう ls に指示するものですが、厳密に言えば、ここでは必ずしも必要ではありません。なぜこれを使ったかを理解するには、コラム「ls は、リダイレクトされると動作を変える」を参照してください。

この章で紹介するコマンドは wc が最初なので、パイプを使って行えることには限界があります。面白半分で、wc の出力を wc 自身にパイプで渡してみましょう。パイプラインの中に同じコマンドが 2 回以上現れても問題ありません。この複合コマンドは、wc の出力に含まれる単語数が 4、すなわち 3 つの整数と 1 つのファイル名であることを示しています。

```
$ wc animals.txt
   7  51 325 animals.txt
$ wc animals.txt | wc -w
4
```

ここでやめる理由はありません。パイプラインに 3 番目の wc を追加し、「4」という出力結果の中の行数、単語数、文字数を数えてみましょう。

```
$ wc animals.txt | wc -w | wc
      1       1       2
```

この出力結果は、1 つの行（4 という数字を含んでいる行）、1 つの単語（4 という数字そのもの）、そして 2 つの文字を示しています。文字が 2 つである理由は、「4」という行が、目に見えない改行文字で終わっているからです。

wc を使ったお遊びのパイプラインは、これで十分でしょう。もっと多くのコマンドを使えるようになると、パイプラインはもっと実用的になります。

---

### ls は、リダイレクトされると動作を変える

事実上、他のすべての Linux コマンドと違って、ls は stdout が画面であるか、それとも（パイプに、または別の方法で）リダイレクトされているかを認識します。その理由は、使いやすさのためです。stdout が画面であれば、ls は読みやすさのために、出力を複数の列に整列させます。

```
$ ls /bin
bash          dir          kmod         networkctl      red       tar
bsd-csh       dmesg        less         nisdomainname   rm        tempfile
⋮
```

しかし、stdout がリダイレクトされていると、ls は 1 つの列を生成します。このことを示すために、ls の出力を、入力をそのまま出力するコマンド（たとえば cat）にパイプで渡してみましょう[5]。

```
$ ls /bin | cat
bash
bsd-csh
bunzip2
busybox
⋮
```

この動作は、次の例のように、奇妙な結果につながる恐れがあります。

---

[5]　ユーザーの設定にもよりますが、ls は出力を画面に表示する場合には、その他の書式設定機能（たとえば色）も使うことができますが、リダイレクトされる場合には、それらは使えません。

```
$ ls
animals.txt    myfile    myfile2    test.py
$ ls | wc -l
4
```

1つ目の ls コマンドは、すべてのファイル名を1つの行に表示しますが、2つ目のコマンドは、ls が4つの行を生成したことを示しています。もし ls の奇妙な動作を知らなければ、この食い違いを理解できなかったかもしれません。

ls には、デフォルトの動作を変更するためのオプションがあります。-1 オプションを使うと、1列に出力するように ls を強制することができます。逆に、-C オプションを使うと、複数の列を強制することができます。

## 1.2.2　コマンド② head

head コマンドは、ファイルの最初の数行を表示します。animals.txt の最初の3行を表示するには、次のように、head コマンドで -n オプションを使います。

```
$ head -n3 animals.txt
python  Programming Python      2010    Lutz, Mark
snail   SSH, The Secure Shell   2005    Barrett, Daniel
alpaca  Intermediate Perl       2012    Schwartz, Randal
```

ファイルが含んでいる行数よりも多くの行数を要求すると、head は、cat のようにファイル全体を表示します。-n オプションを省略すると、デフォルトで10行が表示されます（-n10 と同じ）。

head は単独でも、ファイルの先頭をのぞき見るために役立ちます。これは、ユーザーがファイルの残りの内容に関心がない場合に便利です。head はファイル全体を読み込む必要がないので、巨大なファイルについても、迅速で効率のよいコマンドです。さらに、head は stdout に書き出すので、パイプラインの中でも役立ちます。たとえば、animals.txt の最初の3行に含まれる単語数を数えるには、次のようにします。

```
$ head -n3 animals.txt | wc -w
20
```

head は stdin からも読み込むことができ、パイプラインをより面白いものにしてくれます。よくある使い方は、ディレクトリーの長いリスト表示のように、コマン

ドからの出力をすべて見る必要がない場合に、それを削減することです。たとえば、/bin ディレクトリー内の最初の 5 つのファイル名を表示するには、次のようにします。

```
$ ls /bin | head -n5
bash
bsd-csh
bunzip2
busybox
bzcat
```

## 1.2.3　コマンド③ cut

cut コマンドは、ファイルから 1 つ以上の列を表示します。たとえば、animals.txt からすべての書名を表示するには、次のようにします。書名は、このファイルの 2 番目の列に含まれています。

```
$ cut -f2 animals.txt
Programming Python
SSH, The Secure Shell
Intermediate Perl
MySQL High Availability
Linux in a Nutshell
Cisco IOS in a Nutshell
Writing Word Macros
```

cut コマンドは、「列」とは何かを定義するための 2 つの方法を提供します。1 つ目の方法は、入力が、1 つのタブ文字によって区切られた複数の文字列（フィールド）で構成されている場合に、フィールドを指定して列を切り出すことです（-f）。都合のいいことに、これはまさに animals.txt ファイルの形式です。前の cut コマンドは、-f2 オプションにより、各行の 2 番目のフィールドを表示します。

出力結果を短くするために、これを head にパイプで渡して、最初の 3 行だけを表示します。

```
$ cut -f2 animals.txt | head -n3
Programming Python
SSH, The Secure Shell
Intermediate Perl
```

また、複数のフィールドを切り出すこともできます。次のように、フィールド番号をカンマで区切るか、

```
$ cut -f1,3 animals.txt | head -n3
python    2010
snail     2005
alpaca    2012
```

または、フィールド番号の範囲を指定します。

```
$ cut -f2-4 animals.txt | head -n3
Programming Python      2010    Lutz, Mark
SSH, The Secure Shell   2005    Barrett, Daniel
Intermediate Perl       2012    Schwartz, Randal
```

切り出すための「列」を定義するもう 1 つの方法は、 -c オプションを使って、文字の位置を指定することです。ファイルの各行の最初の 3 文字を表示するには、カンマを使って指定（1,2,3）するか、または範囲として指定（1-3）します。

```
$ cut -c1-3 animals.txt
pyt
sna
alp
rob
hor
don
ory
```

これで、基本的な機能がわかったので、cut とパイプを使って、もう少し実用的なことをしてみましょう。animals.txt ファイルが数千行の長さであり、著者の名字だけを抽出する必要があると仮定します。まず、4 番目のフィールドである著者の名前を切り出します。

```
$ cut -f4 animals.txt
Lutz, Mark
Barrett, Daniel
Schwartz, Randal
⋮
```

次に、その結果をもう一度 cut にパイプで渡し、-d オプション（delimiter、すなわち「区切り文字」の意味）を使って、区切り文字をタブの代わりにカンマ（,）に変更し、著者の名字を切り出します。

```
$ cut -f4 animals.txt | cut -d, -f1
Lutz
Barrett
```

```
Schwartz
⋮
```

### コマンド履歴とコマンドライン編集を使って時間を節約する

コマンドを何度も再入力していませんか？ 代わりに、上矢印キーを繰り返し押
して、以前に実行したコマンドをスクロールします（シェルのこの機能は、**コマ
ンド履歴**[†6]と呼ばれます）。希望のコマンドにたどり着いたら、 Enter キー
を押してそのまま実行するか、または左矢印キーと右矢印キーでカーソルを移
動したり、 Backspace キーで削除したりしてコマンドを編集してから実行し
ます（この機能は、**コマンドライン編集**[†7]と呼ばれます）。

「3 章　コマンドの再実行」では、コマンド履歴とコマンドライン編集に関する、
より強力な機能について説明します。

## 1.2.4　コマンド④ grep

grep はきわめて強力なコマンドですが、ここでは、その機能の多くについては説
明を省略し、指定された文字列にマッチする行を表示する、とだけ述べておきます
（詳しくは「5 章　ツールボックスの拡張」で説明します）。たとえば次のコマンドは、
animals.txt から、Nutshell という文字列を含んでいる行を表示します[†8]。

```
$ grep Nutshell animals.txt
horse   Linux in a Nutshell        2009    Siever, Ellen
donkey  Cisco IOS in a Nutshell    2005    Boney, James
```

-v オプションを使うと、指定した文字列にマッチ「しない」行を表示することが
できます。「Nutshell」を含んでいる行が表示されていないことに注目してください。

```
$ grep -v Nutshell animals.txt
python  Programming Python     2010    Lutz, Mark
snail   SSH, The Secure Shell  2005    Barrett, Daniel
alpaca  Intermediate Perl      2012    Schwartz, Randal
```

---

†6　訳注：上矢印キーの代わりに Ctrl - P 、下矢印キーの代わりに Ctrl - N を使うことも可能で
　　す。
†7　訳注：左矢印キーの代わりに Ctrl - B 、右矢印キーの代わりに Ctrl - F 、 Backspace の代
　　わりに Ctrl - D を使うことも可能です（**表 3-2** を参照）。
†8　訳注：検索する文字列にスペースが含まれる場合は、文字列を引用符（ " か ' ）で囲みます。
```
$ grep "Programming Python" animals.txt
 python  Programming Python     2010    Lutz, Mark
```
　　引用符の使い方については「2.6　引用符やエスケープを使って評価を無効にする」を参照してください。

```
robin   MySQL High Availability 2014     Bell, Charles
oryx    Writing Word Macros     1999     Roman, Steven
```

　一般に grep は、ファイルの集まりの中からテキストを検索するために役立ちます。たとえば次のコマンドは、名前が .txt で終わっているファイルの中から、Perl という文字列を含んでいる行を表示します。

```
$ grep Perl *.txt
animals.txt:alpaca      Intermediate Perl       2012    Schwartz, Randal
essay.txt:really love the Perl programming language, which is
essay.txt:languages such as Perl, Python, PHP, and Ruby
```

　この例では、grep によって、3 つのマッチする行が見つかりました。1 つは animals.txt の中の行、残りの 2 つは essay.txt の中の行です。

　grep は stdin から読み込み、stdout に書き出すので、パイプラインに適しています。たとえば、/usr/lib という大きなディレクトリーの中に、いくつのサブディレクトリーが存在しているかを知りたいと仮定しましょう。その答えを提供してくれる単一コマンドはないので、パイプラインを作成します。まずは、ls -l コマンドです。

```
$ ls -l /usr/lib
drwxrwxr-x 12 root root    4096 Mar  1  2020 4kstogram
drwxr-xr-x  3 root root    4096 Nov 30  2020 GraphicsMagick-1.4
drwxr-xr-x  4 root root    4096 Mar 19  2020 NetworkManager
-rw-r--r--  1 root root   35568 Dec  1  2017 attica_kde.so
-rwxr-xr-x  1 root root     684 May  5  2018 cnf-update-db
⋮
```

　ls -l は、行の先頭の「d」によってディレクトリーを示していることに注目してください。cut を使って最初の列を切り出します。これは「d」であるかもしれませんし、そうでないかもしれません。

```
$ ls -l /usr/lib | cut -c1
d
d
d
-
⋮
```

　次に、grep を使って、「d」を含んでいる行だけを残します。

```
$ ls -l /usr/lib | cut -c1 | grep d
d
d
d
⋮
```

　最後に、wc を使って行数を数えると、4 つのコマンドのパイプラインによって、答えを得ることができます。/usr/lib には、145 のサブディレクトリーが含まれていました。

```
$ ls -l /usr/lib | cut -c1 | grep d | wc -l
145
```

## 1.2.5　コマンド⑤ sort

　sort コマンドは、ファイル内の行を、デフォルトでは昇順でソートします（並べ替えます）。

```
$ sort animals.txt
alpaca   Intermediate Perl       2012    Schwartz, Randal
donkey   Cisco IOS in a Nutshell 2005    Boney, James
horse    Linux in a Nutshell     2009    Siever, Ellen
oryx     Writing Word Macros     1999    Roman, Steven
python   Programming Python      2010    Lutz, Mark
robin    MySQL High Availability 2014    Bell, Charles
snail    SSH, The Secure Shell   2005    Barrett, Daniel
```

-r オプションを使って、降順でソートすることもできます。

```
$ sort -r animals.txt
snail    SSH, The Secure Shell   2005    Barrett, Daniel
robin    MySQL High Availability 2014    Bell, Charles
python   Programming Python      2010    Lutz, Mark
oryx     Writing Word Macros     1999    Roman, Steven
horse    Linux in a Nutshell     2009    Siever, Ellen
donkey   Cisco IOS in a Nutshell 2005    Boney, James
alpaca   Intermediate Perl       2012    Schwartz, Randal
```

　sort は、アルファベット順（デフォルト）または数値順（-n オプションを使用）で行を並べ替えることができます。animals.txt の 3 番目のフィールド（刊行年）を切り出すパイプラインを使って、これを説明します。

```
$ cut -f3 animals.txt                          # ソート前
2010
2005
2012
2014
2009
2005
1999
$ cut -f3 animals.txt | sort -n                # 昇順
1999
2005
2005
2009
2010
2012
2014
$ cut -f3 animals.txt | sort -nr               # 降順
2014
2012
2010
2009
2005
2005
1999
```

animals.txt の中で最も新しい本の刊行年を知るには、sort の出力を head の入力にパイプで渡し、最初の行だけを表示します。

```
$ cut -f3 animals.txt | sort -nr | head -n1
2014
```

**最大値と最小値**

1 行につき 1 つの数値データを扱う場合、sort と head は強力な相棒になります。最大値を表示するには、次に示すコマンドにデータをパイプで渡します。

```
... | sort -nr | head -n1
```

最小値を表示するには、次のコマンドを使います。

```
... | sort -n | head -n1
```

もう 1 つの例として、/etc/passwd ファイルで試してみましょう。このファイル

には、システム上でプロセスを実行することのできるユーザーが記されています[9]。
すべてのユーザーのリストを、アルファベット順で生成してみましょう。このファイ
ルの最初の 5 行を見ると、次のようになっています。

```
$ head -n5 /etc/passwd
root:x:0:0:root:/root:/bin/bash
daemon:x:1:1:daemon:/usr/sbin:/usr/sbin/nologin
bin:x:2:2:bin:/bin:/usr/sbin/nologin
smith:x:1000:1000:Aisha Smith,,,:/home/smith:/bin/bash
jones:x:1001:1001:Bilbo Jones,,,:/home/jones:/bin/bash
```

それぞれの行は、コロンで区切られた文字列で構成されており、最初の文字列が
ユーザー名です。したがって、cut コマンドを使ってユーザー名を取り出すことがで
きます。

```
$ head -n5 /etc/passwd | cut -d: -f1
root
daemon
bin
smith
jones
```

次に、それらをソートします。

```
$ head -n5 /etc/passwd | cut -d: -f1 | sort
bin
daemon
jones
root
smith
```

最初の 5 つだけでなく、すべてのユーザー名のソート済みリストを作成するには、
head を cat に置き換えます。

```
$ cat /etc/passwd | cut -d: -f1 | sort
```

指定したユーザーがシステム上にアカウントを持っているかどうかを調べるには、
grep を使ってユーザー名をマッチさせます。空の出力は、アカウントが存在しない
ことを意味します。

---

[9]　一部の Linux システムでは、ユーザー情報は別の場所に保存されています。

```
$ cut -d: -f1 /etc/passwd | grep -w jones
jones
$ cut -d: -f1 /etc/passwd | grep -w rutabaga        # （何も出力されない）
```

-wオプションは、単語の一部分ではなく、単語全体にマッチさせるようにgrepに
指示します。このオプションを指定しているのは、「sallyjones2」のように、「jones」
を含んでいるユーザー名が存在する可能性があるからです。

## 1.2.6　コマンド⑥ uniq

uniqコマンドは、ファイル内で重複している、隣り合った行を検出します。デフォ
ルトでは、重複している行を削除します。次に示す、大文字を含んだ簡単なファイル
を使って、これを説明します。

```
$ cat letters
A
A
A
B
B
A
C
C
C
C
$ uniq letters
A
B
A
C
```

uniqによって、最初の3行のAは1つのAに削減されていますが、最後のAは
そのままであることに注意してください。なぜなら、この文字は最初の3文字と隣り
合っていないからです。

-cオプションを使って、出現回数を数えることもできます。

```
$ uniq -c letters
      3 A
      2 B
      1 A
      4 C
```

正直に言うと、初めてuniqコマンドに出会ったときには、その便利さがよくわか

りませんでした。しかし、すぐにお気に入りのコマンドの1つになりました。例として、学生の最終成績を示す、タブ区切りのファイルがあると仮定しましょう。成績は、A（最高）から F（最低）までです。

```
$ cat grades
C       Geraldine
B       Carmine
A       Kayla
A       Sophia
B       Haresh
C       Liam
B       Elijah
B       Emma
A       Olivia
D       Noah
F       Ava
```

　最も出現回数の多い成績を表示したいとします（同数の場合は、1つだけを表示します）。まず、cut を使って成績を切り出し、それらをソートします。

```
$ cut -f1 grades | sort
A
A
A
B
B
B
B
C
C
D
F
```

次に、uniq を使って、重複する行の数を数えます。

```
$ cut -f1 grades | sort | uniq -c
      3 A
      4 B
      2 C
      1 D
      1 F
```

　次に、数値の逆順で行をソートし、最も出現回数の多い成績を一番上に持ってきます。

```
$ cut -f1 grades | sort | uniq -c | sort -nr
     4 B
     3 A
     2 C
     1 F
     1 D
```

head を使って、最初の行だけを残します。

```
$ cut -f1 grades | sort | uniq -c | sort -nr | head -n1
     4 B
```

回数ではなく、成績の文字だけが欲しいので、最後に、cut を使って成績を取り出します。

```
$ cut -f1 grades | sort | uniq -c | sort -nr | head -n1 | cut -c9
B
```

6 個のコマンドのパイプライン——これまでで一番長いものです——のおかげで、答えを得ることができました。このように段階的にパイプラインを作成することは、単なる教育目的ではありません。Linux のエキスパートたちが実際に行っている方法です。「8 章　ブラッシュワンライナーの作成」では、このテクニックについて詳しく解説します。

# 1.3　重複ファイルの検出

これまで学んできたことを、もっと大きな例で試してみましょう。たとえば、JPEG ファイルでいっぱいのディレクトリーがあり、その中に重複しているファイルがあるかどうかを知りたいと仮定します。

```
$ ls
image001.jpg   image005.jpg   image009.jpg   image013.jpg   image017.jpg
image002.jpg   image006.jpg   image010.jpg   image014.jpg   image018.jpg
⋮
```

パイプラインを使うと、この疑問に答えることができますが、そのためには、md5sum という別のコマンドが必要です。このコマンドは、ファイルの内容を検査し、**チェックサム**（checksum）と呼ばれる 32 文字の文字列を計算します。

```
$ md5sum image001.jpg
146b163929b6533f02e91bdf21cb9563  image001.jpg
```

　特定のファイルのチェックサムは、数学的な理由により、ほぼ一意となります。そのため、2つのファイルのチェックサムが同じだとすると、それらは、ほぼ間違いなく重複しています。次の例では、最初のファイルと3番目のファイルが重複していることを md5sum は示しています。

```
$ md5sum image001.jpg image002.jpg image003.jpg
146b163929b6533f02e91bdf21cb9563  image001.jpg
63da88b3ddde0843c94269638dfa6958  image002.jpg
146b163929b6533f02e91bdf21cb9563  image003.jpg
```

　このようにファイルが3つしかなければ、重複したチェックサムを目で見て見つけることができますが、もしファイルが3,000個もあったとしたらどうでしょうか？それを助けてくれるのが、パイプラインです。すべてのファイルのチェックサムを計算し、cut を使って各行の最初の32文字を切り出し、行をソートして、重複しているファイルを隣り合わせにします。

```
$ md5sum *.jpg | cut -c1-32 | sort
1258012d57050ef6005739d0e6f6a257
146b163929b6533f02e91bdf21cb9563
146b163929b6533f02e91bdf21cb9563
17f339ed03733f402f74cf386209aeb3
 ⋮
```

　次に、uniq を追加して、重複する行の数を数えます。

```
$ md5sum *.jpg | cut -c1-32 | sort | uniq -c
      1 1258012d57050ef6005739d0e6f6a257
      2 146b163929b6533f02e91bdf21cb9563
      1 17f339ed03733f402f74cf386209aeb3
 ⋮
```

　重複しているファイルがなければ、uniq によって生成される数は、すべて1になります。この結果を、数値的に大きなものから小さなものへとソートすると、1より大きい値は出力結果の上部に集まります。

```
$ md5sum *.jpg | cut -c1-32 | sort | uniq -c | sort -nr
      3 f6464ed766daca87ba407aede21c8fcc
      2 c7978522c58425f6af3f095ef1de1cd5
      2 146b163929b6533f02e91bdf21cb9563
```

```
1 d8ad913044a51408ec1ed8a204ea9502
⋮
```

　次に、重複していないものを削除しましょう。それらのチェックサムの前には、6個のスペース、「1」という数字、1つのスペースがあります。grep -v を使って、それらの行を除外します[10]。

```
$ md5sum *.jpg | cut -c1-32 | sort | uniq -c | sort -nr | grep -v "      1 "
      3 f6464ed766daca87ba407aede21c8fcc
      2 c7978522c58425f6af3f095ef1de1cd5
      2 146b163929b6533f02e91bdf21cb9563
```

　ついに、重複するチェックサムのリストが得られました。このリストは、6個のコマンドの見事なパイプラインによって生成され、出現回数によってソートされています。出力結果が何もない場合は、重複するファイルがないということです。

　重複しているファイルの名前も表示するようにすれば、このコマンドはもっと便利になるでしょう。しかし、そのためには、まだ説明していない機能が必要になります（それらについては、「5.4.3.2　重複ファイルの検出パイプラインを改善する」で解説します）。ここでは、grep を使ってチェックサムを検索することで、そのチェックサムを持つファイルを特定します。

```
$ md5sum *.jpg | grep 146b163929b6533f02e91bdf21cb9563
146b163929b6533f02e91bdf21cb9563  image001.jpg
146b163929b6533f02e91bdf21cb9563  image003.jpg
```

cut を使って、出力結果を見やすくします。

```
$ md5sum *.jpg | grep 146b163929b6533f02e91bdf21cb9563 | cut -c35-
image001.jpg
image003.jpg
```

# 1.4　まとめ

　この章では、stdin、stdout、およびパイプが持つ力を見てきました。それらは、わずかな数のコマンドを組み立て可能なツールの集まりへと変化させ、「全体は部分の総和に勝る」（the whole is greater than the sum of its parts）ことを示してくれ

---

[10] 厳密に言うと、重複するファイルを特定する目的であれば、このパイプラインの sort -nr は必要ありません。なぜなら、grep -v によって、重複していないファイルがすべて取り除かれるからです。

ます。stdin を読み込むコマンドや stdout に書き出すコマンドは、どれでもパイプラインに参加することができます[†11]。さらに多くのコマンドを覚えれば、この章で説明した一般的な概念を応用して、独自のパワフルな組み合わせを作成できます。

---

[†11] 一部のコマンドは stdin や stdout を使用しないので、パイプから読み込んだり、パイプに書き出したりすることはできません。mv や rm などがその例です。ただし、それらのコマンドを、その他の方法でパイプラインに組み込むことができます。「8 章 ブラッシュワンライナーの作成」では、そのような例を紹介します。

# 2章
# シェルについての理解

　このように、プロンプトでコマンドを実行することができるのですが、では、その
プロンプトとはいったい何でしょうか？ それはどこから来て、コマンドはどのよう
に実行されるのでしょうか？ また、プロンプトはなぜ重要なのでしょうか？

　その小さなプロンプトは、**シェル**（shell）と呼ばれるプログラムによって生成され
ます。プロンプトは、ユーザーと Linux オペレーティングシステムの間に存在する
ユーザーインターフェースです。Linux では複数のシェルが提供されており、最も一
般的なのが（そして本書で標準的に使用しているのが）、bash と呼ばれるシェルです
（他のシェルを使用する場合は、「付録 B　他のシェルを使用する場合」を参照してく
ださい）。

　bash やその他のシェルは、単にコマンドを実行するだけでなく、多くのことを行
います。たとえば次のように、一度に複数のファイルを参照するために、コマンドに
ワイルドカード（*）が含まれている場合、

```
$ ls *.py
data.py     main.py     user_interface.py
```

　このワイルドカードは、ls プログラムによってではなく、完全にシェルによって
処理されます。シェルは、*.py という式を評価し、それにマッチするファイル名の
リストに置き換えます。これは、ls が実行される前に、ls から見えないように行わ
れます。つまり、ls がワイルドカードを目にすることはありません。ls の観点から
すれば、ユーザーが次のコマンドを入力したのと同じです。

```
$ ls data.py main.py user_interface.py
```

　シェルは、「1 章　コマンドの組み合わせ」で説明したパイプの処理も行います。

stdin や stdout を透過的に（コマンドに意識させることなく）リダイレクトするので、関係するコマンド同士は、互いにやり取りしていることを知りません。

　コマンドを実行するたびに、そのいくつかのステップは、呼び出されたプログラム（ls など）の責任であり、いくつかのステップはシェルの責任です。熟練したユーザーは、どれがどれであるかを理解しています。彼らが、長くて複雑なコマンドを即座に作成し、問題なく実行できる理由の1つは、それです。彼らは、シェルとそれによって呼び出されるプログラムの区別ができているので、 Enter キーを押す前に、そのコマンドによって何が行われるのかを理解しているのです。

　この章では、Linux のシェルについての理解を深めます。「1章　コマンドの組み合わせ」でコマンドとパイプについて用いたのと同じ必要最低限のアプローチをとります。つまり、多くのシェルの機能を説明するのではなく、次の学習ステップに進むために必要な、次のような情報だけを提供します。

- ファイル名に関するパターンマッチング
- 値を保存するための変数
- 入力と出力のリダイレクト
- シェルの特定の機能を無効にするための引用符とエスケープの使い方
- 実行すべきプログラムを見つけるための検索パス
- シェル環境の変更方法

## 2.1　シェルの用語

　**シェル**という言葉には2つの意味があります。「シェルはパワフルなツールである」とか「bash はシェルの1つである」のように、Linux のシェル全般についての**概念**を意味する場合もありますし、特定の Linux コンピューター上で動作していて、ユーザーの次のコマンドを待機している、具体的なシェルの**インスタンス**（実体）を意味する場合もあります。

　本書では、たいてい「シェル」の意味は文脈から明らかなはずですが、必要な場合には、2番目の意味について「シェルインスタンス」、「動作中のシェル」、「現在のシェル」などと書くようにします。

　すべてではありませんが、多くのシェルインスタンスは、ユーザーがそれらと対話できるようにプロンプトを提示します。そのようなシェルインスタンスを表すために、**インタラクティブシェル**（interactive shell：対話的シェル）という用語を使う

ことにします。それ以外のシェルインスタンスは、インタラクティブ（対話的）ではなく、一連のコマンドを実行して終了します。

## 2.2　ファイル名に関するパターンマッチング

「1章　コマンドの組み合わせ」では、cut、sort、grep など、引数としてファイル名を受け付けるコマンドをいくつか紹介しました。これらのコマンド（および他の多くのコマンド）は、引数として複数のファイル名を受け付けます。たとえば、1章から 100 章までを表す、chapter1 から chapter100 までの名前が付いた 100 個のファイルの中から、「Linux」という単語を一度に検索することができます。

```
$ grep Linux chapter1 chapter2 chapter3 chapter4 chapter5 ... など...
```

このように多くのファイルを、名前を使って列挙することは退屈で時間の無駄なので、シェルは、同じような名前のファイルやディレクトリーを参照するための省略表現として、特殊文字を提供しています。多くの人々はこれらの文字を「ワイルドカード」と呼んでいますが、より一般的な概念としては、**パターンマッチング**（pattern matching）または**グロビング**（globbing）と呼ばれます。パターンマッチングは、時間短縮のために Linux ユーザーが学習する、最も一般的な 2 つのテクニックのうちの 1 つです（もう 1 つは、シェルで以前に実行したコマンドを、 ↑ キーを使って呼び出すことで、これについては「3章　コマンドの再実行」で説明します）。

多くの Linux ユーザーは、アスタリスク文字（*）に慣れ親しんでいます。これは、ファイルパスまたはディレクトリーパスの中で、先頭のドットを除いて[†1]、0 個以上の任意の文字の並びにマッチします。

```
$ grep Linux chapter*
```

この舞台裏では、シェルが（grep ではありません！）chapter*というパターンを、それにマッチする 100 個のファイル名のリストに展開します。その後で、シェルは grep を実行します。

多くのユーザーは、特殊文字の疑問符（?）も見たことがあるでしょう。これは、先頭のドットを除いて、任意の 1 文字にマッチします。たとえば次のように、1 つの

---

[†1]　ls *というコマンドが、ドットで始まるファイル名（通称、ドットファイル）を表示しないのは、このためです。

疑問符を使って 1 つの数字にマッチさせることで、1 章から 9 章（chapter1 から chapter9）までの中で「Linux」という単語を検索することができます。

```
$ grep Linux chapter?
```

10 章から 99 章までの中で検索するには、2 つの疑問符を使って 2 つの数字にマッチさせます。

```
$ grep Linux chapter??
```

角括弧（[]）に慣れ親しんでいるユーザーは少ないかもしれません。これは、文字の集まりの中から 1 つの文字にマッチさせるようにシェルに要求します。たとえば次のように指定すると、最初の 5 つの章だけを検索できます。

```
$ grep Linux chapter[12345]
```

ダッシュ記号（-）を使って、文字の範囲を指定することもできます。したがって、次のように書いても同じ結果になります。

```
$ grep Linux chapter[1-5]
```

アスタリスクと角括弧を組み合わせて、偶数で終わるファイル名にマッチさせることで、偶数の章だけを検索することもできます。

```
$ grep Linux chapter*[02468]
```

マッチングのための角括弧の中には、数字だけでなく、任意の文字も指定できます。たとえば次のコマンドでは、大文字で始まり、アンダースコア（_）を含み、@記号で終わるファイル名がシェルによってマッチされます。

```
$ ls [A-Z]*_*@
```

**専門用語：「式の評価」と「パターンの展開」**

chapter*や Efficient Linux のように、コマンドラインでユーザーが入力する文字列は、**式**（expression）と呼ばれます。ls -l chapter*のようなコマンド全体も 1 つの式です。

アスタリスクやパイプ記号など、式の中の特殊文字をシェルが解釈して処理する場合、シェルがその式を**評価する**（evaluate）と言います。

パターンマッチングは評価の一種です。chapter*のようにパターンマッチング
の記号を含んでいる式をシェルが評価し、それをパターンにマッチするファイ
ル名に置き換える場合、シェルがパターンを**展開する**（expand）と言います。

　コマンドラインでファイルパスやディレクトリーパスを指定できるところでは、ほ
ぼどこでもパターンを使うことができます。たとえば、次のようにパターンを使っ
て、/etc ディレクトリーの中で、名前が.conf で終わるファイルをすべてリスト表
示することができます。

```
$ ls -1 /etc/*.conf
/etc/adduser.conf
/etc/appstream.conf
⋮
/etc/wodim.conf
```

　ただし、cd のように、1つのファイルまたはディレクトリーだけを引数として受け
付けるコマンドでパターンを使う場合には注意が必要です。期待した結果を得られな
い可能性があります。

```
$ ls
Pictures    Poems    Politics
$ cd P*                              # 3つのディレクトリーがマッチする
bash: cd: too many arguments
```

　パターンがどのファイルにもマッチしない場合は、シェルはそのパターンを変更せ
ずに、そのまま引数としてコマンドに渡します。次のコマンドで、*.doc というパ
ターンはカレントディレクトリー内のどのファイルにもマッチしないので、ls は、文
字どおりに*.doc というファイル名を探し、失敗します。

```
$ ls *.doc
/bin/ls: cannot access '*.doc': No such file or directory
```

　ファイル名のパターンを扱うときには、2つの重要な点を覚えておく必要がありま
す。1つは、既に説明したことですが、パターンマッチングを実行するのは、呼び出
されたプログラムではなく、シェルであるということです。繰り返しになりますが、
多くの Linux ユーザーがこのことを知らずに、特定のコマンドが成功したり失敗し
たりする理由について迷信を生み出していることに、たびたび驚かされます。
　もう1つの重要な点は、シェルのパターンマッチングは、ファイルパスとディレク

トリーパスについてのみ適用されるということです。ユーザー名やホスト名、あるいは特定のコマンドが受け付けるその他の種類の引数については使えません。また、コマンドラインの先頭で s?rt などと入力し、sort プログラムを実行するようにシェルに期待することもできません（grep、sed、awk など、いくつかの Linux コマンドは、独自のパターンマッチングを実行します。これについては、「5章　ツールボックスの拡張」で説明します）。

**ファイル名のパターンマッチングとユーザー独自のプログラム**

引数としてファイル名を受け付けるすべてのプログラムは、自動的にパターンマッチングに「対応」します。なぜなら、そのプログラムを実行する前に、シェルがパターンを評価するからです。これは、ユーザーが作成したプログラムやスクリプトにも当てはまります。たとえば、コマンドラインで複数のファイル名を受け付け、英語からスウェーデン語に翻訳する、english2swedish というプログラムを作成したとすると、すぐさまパターンマッチングを使って実行することができます。

```
$ english2swedish *.txt
```

## 2.3　変数の評価

　動作中のシェルは、変数を定義し、その中に値を保存することができます。シェル変数は、数学の変数とよく似ており、名前と値を持っています。1つの例が、HOME というシェル変数です。その値は、/home/smith のように、ユーザーのホームディレクトリーのパスです。もう1つの例が USER です。その値は Linux のユーザー名であり、本書を通じて smith を使うことにします。

　HOME や USER の値を stdout に出力するには、printenv コマンドを実行します。

```
$ printenv HOME
/home/smith
$ printenv USER
smith
```

　シェルは変数を評価すると、変数名をその値に置き換えます。変数名の前にドル記号（$）を置くと、その変数が評価されます。たとえば $HOME は、/home/smith という文字列として評価されます。

　シェルがコマンドラインを評価する様子を見るための最も簡単な方法は、echo コ

マンドを使うことです。echo コマンドは、その引数を（シェルがそれらを評価し終わった後で）単に表示します。

```
$ echo My name is $USER and my files are in $HOME    # 変数を評価する
My name is smith and my files are in /home/smith
$ echo ch*ter9                                        # パターンを評価する
chapter9
```

## 2.3.1 変数はどこから来るか

USER や HOME などの変数は、シェルによって事前に定義されています。それらの値は、ユーザーがログインするときに自動的に設定されます（このプロセスについては、後で詳しく説明します）。そのように事前に定義された変数には、伝統的に大文字の名前が付けられています。

また、次の構文を使って、変数（*name*）に値（*value*）を割り当てることで、いつでも変数を定義したり変更したりできます。

*name=value*

たとえば、/home/smith/Projects というディレクトリーで頻繁に作業を行うのであれば、次のようにそのディレクトリー名を変数に割り当て、

```
$ work=$HOME/Projects
```

それを、便利なショートカットとして cd と一緒に使うことができます。

```
$ cd $work
$ pwd
/home/smith/Projects
```

$work は、ディレクトリーを要求するどのコマンドでも使うことができます。

```
$ cp myfile $work
$ ls $work
myfile
```

変数を定義するときには、等号（=）のまわりにスペースを入れてはいけません。そうしてしまうと、シェルは、コマンドラインの最初の単語が実行すべきプログラムであり、等号と値はその引数であると（誤って）解釈し、エラーメッセージを表示します。

```
$ work = $HOME/Projects          # シェルは「work」がコマンドであると想定する
work: command not found
```

work のようなユーザー定義変数は、HOME のようなシステム定義変数とまったく
同様に正当であり、使用可能です。唯一の実用上の違いは、一部の Linux プログラム
では、HOME、USER、その他のシステム定義変数の値に基づいて、内部的に動作を変
更することです。たとえば、グラフィカルなインターフェースを持つ Linux プログ
ラムは、シェルからユーザー名を取得し、それを表示したりします。そのようなプロ
グラムは、work のような、ユーザーによって作成された変数には注意を払いません。
そのようにはプログラムされていないからです。

## 2.3.2　変数と迷信

次のように、echo を使って変数の値を表示する場合、

```
$ echo $HOME
/home/smith
```

echo コマンドが HOME 変数を調べて、その値を表示していると思う人がいるかも
しれませんが、それは事実ではありません。echo は、変数については何も知りませ
ん。どのような引数であれ、渡されたものを単に表示するだけです。ここで実際に起
こっているのは、echo を実行する前にシェルが $HOME を評価するということです。
echo の観点からすると、次のように入力されたのと同じです。

```
$ echo /home/smith
```

この振る舞いを理解しておくことは、きわめて重要です。後で複雑なコマンドを掘
り下げて考えるときに、特に重要になります。シェルは、コマンドを実行する前に、
コマンド内の変数——およびパターンやその他のシェルの構成体——を評価します。

## 2.3.3　パターン vs. 変数

パターンと変数の評価について理解できたかテストしてみましょう。現在、
mammals（哺乳類）と reptiles（爬虫類）という 2 つのサブディレクトリーを持つ
ディレクトリーにいると仮定します。奇妙なことに、サブディレクトリー mammals
の中に、lizard.txt（トカゲ）および snake.txt（ヘビ）というファイルが含まれ
ています。

```
$ ls
mammals    reptiles
$ ls mammals
lizard.txt   snake.txt
```

　現実世界では、トカゲとヘビは哺乳類ではないので、この2つのファイルはサブディレクトリー reptiles に移動すべきです。これを行うために、次の2つの方法が提案されているとします。しかし、一方は機能しますが、もう一方は機能しません。どちらが機能するでしょうか？

```
mv mammals/*.txt reptiles                    # 方法 1

FILES="lizard.txt snake.txt"
mv mammals/$FILES reptiles                   # 方法 2
```

　方法1は、パターンがファイルパス全体にマッチするので機能します。mammals というディレクトリー名が、mammals/*.txt にマッチする両方のファイルパスに含まれていることに注目してください。

```
$ echo mammals/*.txt
mammals/lizard.txt mammals/snake.txt
```

　したがって、方法1は、あたかも次のような正しいコマンドが入力されたかのように動作します。

```
$ mv mammals/lizard.txt mammals/snake.txt reptiles
```

　方法2は変数を使用していますが、変数は、そのリテラル値としてのみ評価されます。ファイルパスについて特別な処理は行われません。

```
$ echo mammals/$FILES
mammals/lizard.txt snake.txt
```

　したがって方法2は、あたかも次のような、問題のあるコマンドが入力されたかのように動作します。

```
$ mv mammals/lizard.txt snake.txt reptiles
```

　このコマンドは snake.txt というファイルを、サブディレクトリー mammals の中ではなく、カレントディレクトリーの中で探すため、失敗します。

```
$ mv mammals/$FILES reptiles
/bin/mv: cannot stat 'snake.txt': No such file or directory
```

この状況で変数を機能させるためには、for ループを使い、それぞれのファイル名の前にディレクトリー名 mammals を追加します。

```
FILES="lizard.txt snake.txt"
for f in $FILES; do
  mv mammals/$f reptiles
done
```

## 2.4　エイリアスを使ってコマンドを短縮する

変数とは、ある値の代わりとなる名前です。シェルには、コマンドの代わりとなる名前もあり、**エイリアス**（alias）と呼ばれます。エイリアスを定義するには、名前の後に等号とコマンドを続けて入力します。

```
$ alias g=grep            # 引数を持たないコマンド
$ alias ll="ls -l"        # 引数を持つコマンド：引用符が必要
```

エイリアスを実行するには、その名前をコマンドとして入力します。エイリアスによって呼び出されるコマンドよりもエイリアスのほうが短ければ、入力の時間を節約できます。

```
$ ll                            # 「ls -l」が実行される
-rw-r--r-- 1 smith smith 325 Jul  3 17:44 animals.txt
$ g Nutshell animals.txt        # 「grep Nutshell animals.txt」が実行される
horse   Linux in a Nutshell     2009    Siever, Ellen
donkey  Cisco IOS in a Nutshell 2005    Boney, James
```

エイリアスは、複合コマンドの一部としてではなく、必ず単独の行として定義してください（技術的な詳細については、man bash を参照してください）。

既存のコマンドと同じ名前のエイリアスを定義して、実質的にそのコマンドをシェル内で置き換えることができます。この慣習は、コマンドの**シャドーイング**（shadowing）と呼ばれます。たとえば、ファイルを表示するために less コマンドを使用したいが、それぞれのページを表示する前に画面をクリアするようにしたい

と仮定しましょう。この機能は -c オプションを使うと可能になるので、次のように
「less」というエイリアスを定義して、less -c が実行されるようにします[†2]。

```
$ alias less="less -c"
```

　エイリアスは同じ名前のコマンドよりも優先されるので、これで現在のシェルの
中では、less コマンドをシャドーイングした（覆い隠した）ことになります。「優
先」が何を意味するかについては、「2.7　実行すべきプログラムの検索」のノート記
事「検索パスとエイリアス」で説明します。
　現在のシェルのエイリアスとそれらの値を表示するには、引数を付けずに alias
を実行します。

```
$ alias
alias g='grep'
alias ll='ls -l'
```

1 つのエイリアスの値を表示するには、alias の後にその名前を指定します。

```
$ alias g
alias g='grep'
```

シェルからエイリアスを削除するには、unalias を実行します。

```
$ unalias g
```

## 2.5　入力と出力のリダイレクト

　シェルは、自身が実行するコマンドの入力と出力を制御します。その 1 つの例につ
いては既に見ました。パイプです。これは、あるコマンドの stdout を別のコマンド
の stdin に接続します。|というパイプの構文は、シェルの機能です。
　もう 1 つのシェルの機能は、stdout をファイルにリダイレクトすることです。た
とえば grep を使って、**例1-1** の animals.txt からマッチする行を表示する場合、
同コマンドはデフォルトで stdout に出力します。

```
$ grep Perl animals.txt
alpaca  Intermediate Perl   2012    Schwartz, Randal
```

---

†2　bash は、2 番目の less をエイリアスとして展開しないことで、無限に繰り返されることを防止します。

**出力リダイレクト**（output redirection）と呼ばれるシェルの機能を使うと、コマンドの出力を、代わりにファイルに書き出すことができます。>という記号を追加し、出力を受け取るファイル名をその後に続けます。

```
$ grep Perl animals.txt > outfile          # （出力は表示されない）
$ cat outfile
alpaca  Intermediate Perl  2012      Schwartz, Randal
```

ディスプレイの代わりに、outfile というファイルに stdout がリダイレクトされました。outfile が存在していない場合は、その名前のファイルが作成されます。存在している場合は、その内容が上書きされます。上書きせずに、既存のファイルの内容に追加したい場合は、代わりに>>という記号を使います。

```
$ grep Perl animals.txt > outfile              # outfile を作成または上書きする
$ echo There was just one match >> outfile   # outfile に追加する
$ cat outfile
alpaca  Intermediate Perl   2012      Schwartz, Randal
There was just one match
```

出力リダイレクトには、**入力リダイレクト**（input redirection）という相棒がいます。これは、stdin が、キーボードの代わりにファイルから読み込まれるようにします。<という記号を使い、その後に、stdin をリダイレクトするファイル名を続けます。

引数としてファイル名を受け付け、それらのファイルから読み込みを行う Linux コマンドの多くは、引数を付けずに実行すると、stdin から読み込みます。ファイル内の行数、単語数、文字数を数える wc コマンドがその一例です。

```
$ wc animals.txt                    # 指定したファイルから読み込む
 7  51 325 animals.txt
$ wc < animals.txt                  # リダイレクトされた stdin から読み込む
 7  51 325
```

## 標準エラー出力（stderr）とリダイレクト

毎日 Linux を使用していると、特定のエラーメッセージなど、一部の出力が>によってリダイレクトされないことに気がつくかもしれません。たとえば、存在しないファイルをコピーするように cp に要求すると、次のようなエラー

メッセージが表示されます。

```
$ cp nonexistent.txt file.txt
cp: cannot stat 'nonexistent.txt': No such file or directory
```

この cp コマンドの出力（stdout）を errors というファイルにリダイレクト
しても、相変わらず画面上にエラーメッセージが表示され、

```
$ cp nonexistent.txt file.txt > errors
cp: cannot stat 'nonexistent.txt': No such file or directory
```

errors ファイルの中身は空っぽです。

```
$ cat errors                              # (何も出力されない)
```

　なぜ、このようなことが起こるのでしょうか？ Linux のコマンドは、2 つ以
上の出力ストリーム（出力の流れ）を生成することができます。stdout のほか
に、stderr（「standard error」または「standard err」と発音します）というも
のが存在します。これは、伝統的にエラーメッセージのために確保されている、
もう 1 つの出力ストリームです。stderr と stdout の両ストリームは、画面上で
はまったく同じですが、内部的には別個のものです。2>という記号の後にファ
イル名を指定することで、stderr をリダイレクトすることができます。

```
$ cp nonexistent.txt file.txt 2> errors
$ cat errors
cp: cannot stat 'nonexistent.txt': No such file or directory
```

　また、2>>の後にファイル名を指定することで、stderr の出力をファイルに追
加することができます。

```
$ cp nonexistent.txt file.txt 2> errors
$ cp another.txt file.txt 2>> errors
$ cat errors
cp: cannot stat 'nonexistent.txt': No such file or directory
cp: cannot stat 'another.txt': No such file or directory
```

　stdout と stderr を同じファイルにリダイレクトするには、&>を使い、その後
にファイル名を指定します。

```
$ echo This file exists > goodfile.txt          # ファイルを作成する
$ cat goodfile.txt nonexistent.txt &> all.output
$ cat all.output
This file exists
cat: nonexistent.txt: No such file or directory
```

この 2 つの wc コマンドの動作がどのように異なっているかを理解することは、きわめて重要です。

● 最初のコマンドでは、wc は引数として animals.txt というファイル名を受け取っているので、wc はそのファイルが存在していることを認識しています。wc は意図的にディスク上のファイルをオープンして、その内容を読み込みます。

● 2 番目のコマンドでは、wc は引数を付けずに呼び出されているので、stdin（通常はキーボード）から読み込みを行います。しかし、シェルは、代わりに animals.txt ファイルから読み込まれるように、stdin をひそかにリダイレクトします。wc は animals.txt ファイルが存在することを知りません。

シェルは、同じコマンドの中で入力と出力をリダイレクトすることもできます。

```
$ wc < animals.txt > count
$ cat count
  7  51 325
```

また、同時にパイプを使うこともできます。次の例で grep は、リダイレクトされた stdin から読み込みを行い、結果をパイプで wc に渡しています。wc はリダイレクトされた stdout に書き出しを行い、count というファイルが作成されます。

```
$ grep Perl < animals.txt | wc > count
$ cat count
      1       6      47
```

このような複合コマンドについては、「8 章　ブラッシュワンライナーの作成」でさらに詳しく解説します。また、本書を通じて、リダイレクトの例が数多く出てきます。

## 2.6 　引用符やエスケープを使って評価を無効にする

　通常、シェルは、単語間の区切り文字としてスペースを使います。次のコマンドには 4 つの単語があります——プログラム名と、それに続く 3 つの引数です。

```
$ ls file1 file2 file3
```

　しかし、スペースを、区切り文字としてではなく、意味のある文字としてシェルに扱ってもらいたい場合もあります。よくある例が、Efficient Linux Tips.txt のようなファイル名の中のスペースです。

```
$ ls -l
-rw-r--r-- 1 smith smith 36 Aug  9 22:12 Efficient Linux Tips.txt
```

　このようなファイル名をコマンドラインでそのまま指定すると、スペースがシェルによって区切り文字として扱われてしまい、コマンドは失敗します。

```
$ cat Efficient Linux Tips.txt
cat: Efficient: No such file or directory
cat: Linux: No such file or directory
cat: Tips.txt: No such file or directory
```

　スペースをファイル名の一部として扱うようにシェルに強制するには、3 つの選択肢があります。つまり、単一引用符、二重引用符、バックスラッシュです。

```
$ cat 'Efficient Linux Tips.txt'
$ cat "Efficient Linux Tips.txt"
$ cat Efficient\ Linux\ Tips.txt
```

　単一引用符（'）は、文字列内のすべての文字を文字どおりに扱うようシェルに指示します。スペースやドル記号のように、通常はその文字がシェルにとって特別な意味を持っているとしても、シェルはそれらを文字どおりに扱います。

```
$ echo '$HOME'
$HOME
```

　二重引用符（"）は、ドル記号と後で学ぶいくつかのものを除いて、文字列内のすべての文字を文字どおりに扱うようシェルに指示します。

```
$ echo "Notice that $HOME is evaluated"          # 二重引用符
Notice that /home/smith is evaluated
$ echo 'Notice that $HOME is not'                # 単一引用符
Notice that $HOME is not
```

　バックスラッシュ（\）は、**エスケープ文字**（escape character）とも呼ばれます
が、その次にある文字を文字どおりに扱うようシェルに指示します。次のコマンドに
は、エスケープされたドル記号が含まれています。

```
$ echo \$HOME
$HOME
```

　バックスラッシュは、二重引用符の中でもエスケープ文字として働きます。

```
$ echo "The value of \$HOME is $HOME"
The value of $HOME is /home/smith
```

　しかし、単一引用符の中では、そうではありません。

```
$ echo 'The value of \$HOME is $HOME'
The value of \$HOME is $HOME
```

　二重引用符の中で二重引用符の文字をエスケープするには、バックスラッシュを使
います。

```
$ echo "This message is \"sort of\" interesting"
This message is "sort of" interesting
```

　行の終わりでバックスラッシュを使うと、目に見えない改行文字の特性が無効にな
り、コマンドを複数行にわたって書くことができます。

```
$ echo "This is a very long message that needs to extend \
  onto multiple lines"
This is a very long message that needs to extend onto multiple lines
```

　行末のバックスラッシュは、パイプラインを読みやすくするために役立ちます。こ
れを使うと、「1.2.6　コマンド⑥ uniq」の例を次のように書くことができます。

```
$ cut -f1 grades \
  | sort \
  | uniq -c \
  | sort -nr \
```

```
| head -n1 \
| cut -c9
```

このような方法で使う場合、バックスラッシュは、**行継続文字**（line continuation character）とも呼ばれます。

エイリアスの前にバックスラッシュを付けると、そのエイリアスはエスケープされ、シェルは同じ名前のコマンドを探します。つまり、シャドーイングは無視されます。

```
$ alias less="less -c"      # エイリアスを定義する
$ less myfile               # エイリアスを実行する。less -c が呼び出される
$ \less myfile              # エイリアスではなく、標準の less コマンドを実行する
```

## 2.7　実行すべきプログラムの検索

シェルが、ls *.py のような単一コマンドに初めて遭遇するとき、それは意味のない一続きの文字にすぎません。シェルはすぐにその文字列を、「ls」と「*.py」という 2 つの単語に分割します。この場合、最初の単語はディスク上のプログラムの名前であり、シェルはそれを実行するために、プログラムの場所を見つけなければなりません。

ls というプログラムは、結局、/bin ディレクトリーに存在する実行可能ファイルであることがわかります。次のコマンドを使って、その場所を確認することができます。

```
$ ls -l /bin/ls
-rwxr-xr-x 1 root root 133792 Jan 18  2018 /bin/ls
```

または、cd /bin を使ってディレクトリーを変更し、次のようなかわいらしい、暗号のようなコマンドを実行します。

```
$ ls ls
ls
```

これは、ls コマンドを使って、ls という実行可能ファイルをリスト表示しています。

では、シェルは、どうやって/bin ディレクトリー内の ls を見つけるのでしょうか？ シェルは舞台裏で、自身がメモリー内に保持している、事前に準備されたディ

レクトリーのリストを調べます。このリストは**検索パス**（search path）と呼ばれ、シェル変数 PATH の値として保存されています。

```
$ echo $PATH
/home/smith/bin:/usr/local/bin:/usr/bin:/bin:/usr/games:/usr/lib/java/bin
```

　検索パスの中のディレクトリーは、コロン（:）で区切られています。見やすくするために、出力を tr コマンドにパイプで渡し、コロンを改行文字に変換してみましょう。tr コマンドは、1つの文字を別の文字に変換します（詳しくは「5章　ツールボックスの拡張」で説明します）。

```
$ echo $PATH | tr : "\n"
/home/smith/bin
/usr/local/bin
/usr/bin
/bin
/usr/games
/usr/lib/java/bin
```

　シェルは、ls などのプログラムを探すときに、検索パスの中のディレクトリーを先頭から順に調べます。「/home/smith/bin/ls は存在するか？ ノー！ /usr/local/bin/ls は存在するか？ ノー！ /usr/bin/ls はどうか？ これもノー！ もしかして/bin/ls か？ イエス、そこにある！ では /bin/ls を実行する」。このような検索が、気づかないほど速く行われているのです[†3]。

　読者の検索パスの中でプログラムの場所を見つけるには、次のように which コマンドを使うか、

```
$ which cp
/bin/cp
$ which which
/usr/bin/which
```

　または、より強力な（そしてより冗長な）type コマンドを使います。これは、エイリアス、関数、シェルビルトインなどの種類や場所を確認するためのシェルビルトインです[†4]。

---

[†3]　シェルによっては、プログラムが見つかったときにそのパスを記憶（キャッシュ）しておき、その後の検索を不要にするものもあります。

[†4]　type which というコマンドからは出力が生成されますが、which type というコマンドからは出力が生成されないことに注目してください。

```
$ type cp
cp is hashed (/bin/cp)
$ type ll
ll is aliased to '/bin/ls -l'
$ type type
type is a shell builtin
```

/usr/bin/less と /bin/less のように、検索パスに含まれる異なるディレクトリーに、同じ名前のコマンドが存在している場合があります。シェルは、検索パスの中でより前にあるディレクトリーに含まれているコマンドを実行します。この振る舞いを利用することで、たとえば個人的な $HOME/bin ディレクトリーを検索パスの前のほうに置き、そのディレクトリーに同じ名前のコマンドを置くことで、Linux コマンドよりも優先して実行されるようにすることができます。

**検索パスとエイリアス**
シェルは、名前によってコマンドを検索するときに、検索パスをチェックする前に、その名前がエイリアスであるかどうかをチェックします。エイリアスが、同じ名前のコマンドをシャドーイングできる（同じ名前のコマンドよりも優先される）のは、このためです。

検索パスは、ユーザーが Linux について謎めいた印象を抱きがちだが、実は当たり前の理由が存在していることを示す、よい例です。シェルは、どこからともなくコマンドを取り出してきたり、魔法を使ってそれらを見つけたりしているわけではありません。要求された実行可能ファイルが見つかるまで、リスト内のディレクトリーを整然と調べているのです。

## 2.8　環境と初期化ファイル（簡略版）

動作中のシェルは、多くの重要な情報を変数内に保持しています。たとえば、検索パス、カレントディレクトリー、ユーザーの好みのテキストエディター、ユーザーがカスタマイズしたシェルプロンプトなどです。動作中のシェルのさまざまな変数は、まとめてシェルの**環境**（environment）と呼ばれます。シェルが終了すると、その環境は破棄されます。

すべてのシェルの環境を手動で定義しなければならないとしたら、とても退屈でしょう。解決策は、**起動ファイル**および**初期化ファイル**と呼ばれるシェルスクリプト

の中に環境を一度だけ定義し、すべてのシェルの起動時に、これらのスクリプトを実行させることです。その結果、特定の情報が、動作中のすべてのシェルにとって「グローバル」な情報あるいは「既知」の情報のように見えることになります。

　環境については、「6.5　環境を構成する」で詳しく解説します。ここでは、先に進むことができるように、初期化ファイルの1つについて説明します。このファイルはユーザーのホームディレクトリーに存在し、名前は.bashrc です（「dot bash R C」と発音します）。名前がドットで始まっているので、ls は、デフォルトではそのファイルを表示しません。

```
$ ls $HOME
apple   banana   carrot
$ ls -a $HOME
.bashrc   apple   banana   carrot
```

$HOME/.bashrc が存在していない場合は、テキストエディターを使って作成します。このファイルに書かれたコマンドは、シェルが起動するときに自動的に実行されます†5。したがって、このファイルは、シェルの環境に関する変数やシェルにとって重要なその他のこと（エイリアスなど）を定義するのに絶好の場所です。次に示すのは、.bashrc ファイルのサンプルです。#で始まっている行はコメントです。

```
# 検索パスを設定する
PATH=$HOME/bin:/usr/local/bin:/usr/bin:/bin
# シェルプロンプトを設定する
PS1='$ '
# 好みのテキストエディターを設定する
EDITOR=emacs
# 自分の作業ディレクトリーで作業を開始する
cd $HOME/Work/Projects
# エイリアスを定義する
alias g=grep
# 心のこもった挨拶をする
echo "Welcome to Linux, friend!"
```

$HOME/.bashrc に変更を加えても、動作中のシェルには影響がありません。今後実行されるシェルにのみ影響を及ぼします。ただし、次のいずれかのコマンドを使うと、動作中のシェルに、強制的に $HOME/.bashrc を再読み込みさせ、その内容を実行させることができます。

---

†5　この文は、きわめて単純化したものです。詳細については、**表6-1** を参照してください。

```
$ source $HOME/.bashrc        # ビルトインの source コマンドを使用する
$ . $HOME/.bashrc             # ドットを使用する
```

このプロセスは、初期化ファイルの**ソーシング**（sourcing）として知られています。もし誰かに「.bashrc ファイルをソーシングして」と言われたら、前のいずれかのコマンドを実行することを意味しています。

 実際には、すべてのシェル構成を $HOME/.bashrc の中に書くことはしません。「6.5 環境を構成する」を読み終わったら、読者自身の $HOME/.bashrc を調べ、必要に応じてコマンドを適切なファイルに移してください。

## 2.9　まとめ

この章では、bash のいくつかの機能とそれらの最も基本的な使い方だけを説明しました。この後の章、特に「6 章　親と子、および環境」では、これらについてさらに詳しく解説します。この章での読者の最も重要な仕事は、次に示す概念を理解することです。

- シェルというものが存在しており、重要な責任を担っている
- シェルは、コマンドを実行する前に、コマンドラインを評価する
- コマンドは、stdin、stdout、stderr をリダイレクトすることができる
- 特別なシェルの文字が評価されないように防ぐには、それらを引用符で囲むか、エスケープする
- シェルは、ディレクトリーの検索パスを使って、プログラムを検索する
- $HOME/.bashrc ファイルにコマンドを追加することで、シェルのデフォルトの動作を変更できる

シェルとそれが呼び出すプログラムとを適切に区別できるようになればなるほど、コマンドラインをより深く理解できるようになり、 Enter キーを押してコマンドを実行する前に、何が起こるかをより正確に予測できるようになります。

# 3章
# コマンドの再実行

　たった今、「1.3　重複ファイルの検出」で見たような、複雑なパイプラインを含んだ長いコマンドを実行したばかりだと仮定しましょう。

```
$ md5sum *.jpg | cut -c1-32 | sort | uniq -c | sort -nr
```

　これをもう一度実行したいとしたら、どうしますか？　このコマンドを再入力する必要はありません！　代わりに、履歴をさかのぼり、コマンドを再実行するようにシェルに要求することができます。シェルは舞台裏で、ユーザーが実行したコマンドを記録しており、少しのキーストロークだけで、それらを簡単に呼び出して再実行できるようにしています。シェルのこの機能は、**コマンド履歴**（command history）と呼ばれます。熟練した Linux ユーザーはコマンド履歴を大いに活用して、作業効率を高め、時間の無駄を省いています。

　また、前のコマンドを実行する前に、間違って「jpg」を「jg」と入力してしまったと仮定しましょう。

```
$ md5sum *.jg | cut -c1-32 | sort | uniq -c | sort -nr
```

　間違いを修正するために、 Backspace キーを何十回も押して、すべて再入力するようなことはやめてください。代わりに、その場所でコマンドを変更します。シェルは、テキストエディターと同じように、タイプミスを修正し、さまざまな変更を行うための**コマンドライン編集**（command-line editing）をサポートしています。

　この章では、コマンド履歴とコマンドライン編集を活用して、入力の手間と時間を節約する方法を紹介します。例によって、包括的な説明は行いません——シェルのこれらの機能の中で最も実用的で役に立つ部分に焦点を合わせます（bash 以外の

シェルを使用している場合は、「付録 B　他のシェルを使用する場合」を参照してください）。

### タッチタイピングをマスターする
本書でのすべてのアドバイスは、読者が素早くタイピングできる場合に、より効果を発揮します。どんなに知識があっても、仮にあなたのタイピング速度が 1 分間に 40 語であり、同じくらい博識な友人たちが 120 語だったとすると、彼らはあなたの 3 倍速く作業できることになります。Web でタイピングテストのサイトを検索して速度を計測し、タイピング練習のサイトを検索して、一生のスキルを身につけてください。1 分間に 100 語を目指して、がんばってください。努力する価値はあります。

## 3.1　コマンド履歴の表示

　コマンド履歴とは、単に、インタラクティブシェルでユーザーが実行したコマンドのリストのことです。コマンド履歴を見るには、シェルビルトインである history コマンドを実行します。これまで実行したコマンドが、参照しやすいように ID 番号を伴って、古い順に表示されます。出力結果は次のようになります。

```
$ history
 1000   cd $HOME/Music
 1001   ls
 1002   mv jazz.mp3 jazzy-song.mp3
 1003   play jazzy-song.mp3
   ⋮                                    # 477 行を省略
 1481   cd
 1482   firefox https://google.com
 1483   history                         # 実行したばかりのコマンドも含まれる
```

　history の出力結果は、数百行（以上）にもなる場合があります。そこで、表示すべき行数を表す整数の引数を追加して、最近のコマンドだけに限定することができます。

```
$ history 3                             # 直近の 3 つのコマンドを表示する
 1482   firefox https://google.com
 1483   history
 1484   history 3
```

　history は stdout に出力するので、その出力を、パイプを使って処理することが

できます。たとえば次のようにして、履歴を一度に 1 画面ずつ表示することができます。

```
$ history | less            # 古いコマンドから直近のコマンドへと表示
$ history | sort -nr | less # 直近のコマンドから古いコマンドへと表示
```

あるいは次のようにして、cd という単語を含んでいるコマンドだけを表示することもできます。

```
$ history | grep -w cd
 1000   cd $HOME/Music
 1092   cd ..
 1123   cd Finances
 1375   cd Checking
 1481   cd
 1485   history | grep -w cd
```

現在のシェルのコマンド履歴をクリア（削除）するには、-c オプションを使います。

```
$ history -c
```

## 3.2　履歴からコマンドを呼び出す

シェルの履歴からコマンドを呼び出し、時間を節約するための 3 つの方法を紹介します。

**カーソル移動**

　　覚えるのはきわめて簡単だが、実際には時間がかかる場合が多い

**履歴展開**

　　覚えるのは少し大変だが（率直に言って暗号のようだ）、とても速い

**インクリメンタル検索**

　　簡単かつ速い

それぞれの方法には適した状況があるので、この 3 つをすべて覚えることを勧めます。多くのテクニックを知っていればいるほど、状況に応じて最適なものを選べるようになります。

## 3.2.1 履歴内のカーソル移動

　特定のシェルで以前に実行したコマンドを呼び出すには、上矢印キーを押します。それだけの簡単な操作です。上矢印キーを何度も押し続けると、直近のものから古いものへと順に、以前のコマンドが呼び出されます。下矢印キーを押すと、逆方向に（直近のコマンドに向かって）進みます。希望するコマンドにたどり着いたら、Enter キーを押して実行します。

　コマンド履歴内の**カーソル移動**（cursoring）は、Linux ユーザーが学習する最も一般的な 2 つのスピードアップ術の 1 つです（もう 1 つは、「2 章　シェルについての理解」で学んだ、*を使ったファイル名のパターンマッチングです）。カーソル移動は、希望するコマンドが履歴内ですぐ近くにある場合——直近の 2 つか 3 つ以内のコマンドである場合——に効果的ですが、遠く離れたコマンドにたどり着くには時間がかかり、飽き飽きしてしまいます。たとえば上矢印キーを 137 回も押し続けていれば、すぐに年を取ってしまいます。

　カーソル移動の最適な使い方は、直前のコマンドを呼び出して実行することです。多くのキーボードでは、上矢印キーは Enter キーの近くにあるので、指を素早く動かして、その 2 つのキーを続けて押すことができます。筆者は、フルサイズの米国 QWERTY キーボードで、右手の薬指を上矢印キーの上に、右手の人差し指を Enter の上にそれぞれ置き、2 つのキーを効率よく押しています（試してみてください）。

---

### コマンド履歴に関する FAQ（よくある質問）

**シェルの履歴には、いくつのコマンドが保存されるか？**

　最大で 500、またはシェル変数 HISTSIZE に設定されている数までです。HISTSIZE は、次のようにして変更できます。

```
$ echo $HISTSIZE
500
$ HISTSIZE=10000
```

コンピューターのメモリーは非常に安く、容量が大きいので、HISTSIZE を大きな値に設定して、遠い過去からコマンドを呼び戻せるようにすることは理にかなっています（10,000 個のコマンドの履歴は、約 200KB のメ

モリーしか占有しません)。または、値を-1に設定して、思い切って無制限にコマンドを保存することもできます。

**履歴に追加されるのは、どのようなテキストか?**

シェルは、ユーザーが入力したテキストを、評価せずにそのまま履歴に追加します。たとえば、ls $HOME を実行すると、履歴には「ls /home/smith」ではなく、「ls $HOME」が追加されます(例外が1つあります。それについては、「3.2.2 履歴展開」のノート記事「履歴展開の式はコマンド履歴には表示されない」を参照してください)。

**繰り返し実行されたコマンドは履歴に追加されるか?**

この答えは、HISTCONTROL 変数の値によります。デフォルトでは(この変数が設定されていなければ)、すべてのコマンドが追加されます。この変数の値が ignoredups (これを推奨します)であれば、繰り返し実行されたコマンドは、それらが連続している場合、履歴に追加されません(その他の値については、man bash を参照してください)。

```
$ HISTCONTROL=ignoredups
```

**それぞれのシェルは個別の履歴を保持するのか、それともすべてのシェルが1つの履歴を共有するのか?**

それぞれのインタラクティブシェルは、個別の履歴を保持します。

**新しいインタラクティブシェルを起動したら、既に履歴が存在しているが、なぜか?**

インタラクティブシェルは終了するたびに、$HOME/.bash_history ファイル、またはシェル変数 HISTFILE に設定されているパスのファイルに履歴を書き出します。

```
$ echo $HISTFILE
/home/smith/.bash_history
```

新しいインタラクティブシェルは起動時にこのファイルを読み込むので、すぐに履歴を持つことになるのです。ただし、多くのシェルを実行している場合は、予測しづらくなることがあります。それらのすべてのシェル

は、終了時に $HISTFILE のファイルに履歴を書き出すので、新しいシェルがどの履歴を読み込むかを予測するのは難しいからです。

HISTFILESIZE 変数は、ファイルに何行の履歴を書き出すかを制御します。メモリー内の履歴のサイズを制御するために HISTSIZE を変更する場合は、HISTFILESIZE も変更したほうがよいでしょう。

```
$ echo $HISTFILESIZE
500
$ HISTFILESIZE=10000
```

## 3.2.2　履歴展開

**履歴展開**（history expansion）は、特別な式を使ってコマンド履歴にアクセスするためのシェルの機能です。この式は、伝統的に「bang」（バン）と発音される感嘆符（!）で始まります。たとえば、2つの感嘆符を続けると（「bang bang」）、直前のコマンドとして評価されます。

```
$ echo Efficient Linux
Efficient Linux
$ !!                          # 「bang bang」= 直前のコマンド
echo Efficient Linux          # シェルは親切に、実行するコマンドを表示してくれる
Efficient Linux
```

特定の文字列で始まる最も新しいコマンドを参照するには、その文字列の前に感嘆符を置きます。したがって、最新の grep コマンドをもう一度実行するには、「bang grep」を実行します。

```
$ !grep
grep Perl animals.txt
alpaca  Intermediate Perl   2012     Schwartz, Randal
```

特定の文字列を、コマンド内の先頭だけでなく、「どこかに」含んでいる最新のコマンドを参照するには、その文字列を疑問符で囲みます[1]。

---

[1]　この例では、!?grep のように末尾の疑問符を省略できますが、sed スタイルの履歴展開のように、省略できない場合もあります（後述のコラム「履歴展開を用いた、より強力な置換」を参照）。

```
$ !?grep?
history | grep -w cd
 1000  cd $HOME/Music
 1092  cd ..
  ⋮
```

　また、履歴から特定のコマンドを、その絶対位置——history の出力で左側に表示される ID 番号——で検索することもできます。たとえば、!1203（「bang 1203」）という式は、「履歴内で 1203 の位置にあるコマンド」を意味します。

```
$ history | grep hosts
 1203  cat /etc/hosts
$ !1203                              # 1203 の位置にあるコマンド
cat /etc/hosts
127.0.0.1        localhost
127.0.1.1        example.oreilly.com
::1              example.oreilly.com
```

　負の値を指定すると、絶対位置ではなく、履歴内の相対位置によってコマンドが検索されます。たとえば、!-3（「bang minus three」）は、「3 つ前に実行したコマンド」を意味します。

```
$ history
 4197  cd /tmp/junk
 4198  rm *
 4199  head -n2 /etc/hosts
 4199  cd
 4200  history
$ !-3                                # 3 つ前に実行したコマンド
head -n2 /etc/hosts
127.0.0.1        localhost
127.0.1.1        example.oreilly.com
```

　履歴展開は、ちょっと暗号のようですが、迅速で便利です。ただし、間違った値を指定してやみくもに実行してしまうと、危険な場合があります。前の例をよく見てください。もし数を間違えて、!-3 の代わりに!-4 と入力してしまうと、希望する head コマンドの代わりに rm *が実行され、ホームディレクトリー内のファイルが削除されてしまいます！このようなリスクを軽減するために、:p という修飾子を追加すると、履歴からコマンドが表示されますが、実行はされません。

```
$ !-3:p
head -n2 /etc/hosts                  # 表示されるだけで、実行されない
```

　シェルは、実行されなかったこのコマンド（head）も履歴に追加するので、もし問題ないようであれば、「bang bang」を使って素早く実行することができます。

```
$ !-3:p                            # 表示されるが実行されず、履歴に追加される
head -n2 /etc/hosts                # そのコマンドを実際に実行する
$ !!
head -n2 /etc/hosts                # コマンドが表示され、実行される
127.0.0.1        localhost
127.0.1.1        example.oreilly.com
```

　履歴展開のことを「bang コマンド」と呼ぶ人もいますが、!!や!grep のような式はコマンドではありません。それらは、コマンド内のどこにでも置くことのできる文字列式です。例として、echo を使って!!の値を（実行することなく）stdout に出力し、wc を使って、その単語数を数えてみましょう。

```
$ ls -l /etc | head -n3            # 任意のコマンドを実行する
total 1584
drwxr-xr-x  2 root     root        4096 Jun 16 06:14 ImageMagick-6/
drwxr-xr-x  7 root     root        4096 Mar 19  2020 NetworkManager/

$ echo "!!" | wc -w                # 直前のコマンド内の単語数を数える
echo "ls -l /etc | head -n3" | wc -w
6
```

　このちっぽけな例が示しているのは、履歴展開の用途は、単にコマンドを実行するだけではないということです。次節では、より実用的でパワフルなテクニックを紹介します。

　ここでは、コマンド履歴のいくつかの機能だけを紹介しました。完全な情報については、man history を実行してください。

**履歴展開の式はコマンド履歴には表示されない**
前述のコラム「コマンド履歴に関する FAQ（よくある質問）」で説明したように、シェルは、コマンドを文字どおりに――評価せずに――履歴に追加します。このルールの例外の 1 つが履歴展開です。履歴展開の式は、コマンド履歴に追加される前に必ず評価されます。

```
$ ls                     # 任意のコマンドを実行する
hello.txt
$ cd Music               # 何か別のコマンドを実行する
$ !-2                    # 履歴展開を使用する
ls
```

```
          song.mp3
          $ history              # 履歴を表示する
           1000  ls
           1001  cd Music
           1002  ls              #「!-2」ではなく、「ls」が履歴に表示される
           1003  history
```

このような例外は理にかなっています。たとえば、!-15 や!-92 のように、別
のコマンドを参照している式でいっぱいのコマンド履歴があったとすると、1
つのコマンドを理解するために、履歴全体に目を通さなければならなくなるで
しょう。

## 3.2.3　（履歴展開を利用して）別のファイルの削除を避ける

　*.txt のようなパターンを使ってファイルを削除しようとして、うっかり間違っ
たパターンを入力してしまい、別のファイルを消してしまった経験はありませんか？
次に示すのは、アスタリスクの後に誤ってスペース文字を入れてしまった例です。

```
          $ ls
          123  a.txt   b.txt   c.txt  dont-delete-me  important-file  passwords
          $ rm * .txt        # 危険!! これを実行してはいけない！ 別のファイルが削除される！
```

　この危険に対する最も一般的な解決策は、rm -i を実行するエイリアス rm を作成
し、それぞれのファイルの削除前に確認のプロンプトが表示されるようにすること
です。

```
          $ alias rm='rm -i'                # シェル構成ファイルでよく見かける
          $ rm *.txt
          /bin/rm: remove regular file 'a.txt'? y
          /bin/rm: remove regular file 'b.txt'? y
          /bin/rm: remove regular file 'c.txt'? y
```

　結果として、余分なスペース文字が致命的にならずに済みます。rm -i によるプロ
ンプトのおかげで、間違って別のファイルを削除しようとしていることがわかるから
です。

```
          $ rm * .txt
          /bin/rm: remove regular file '123'?  # 何かが間違っている：コマンドを終了させる
```

　ただし、エイリアスによるこの解決策は面倒です。なぜなら、ほとんどの場合、rm
にはプロンプトを表示してほしくない（その必要もない）からです。また、エイリア

スが設定されていない別の Linux マシンにログインしている場合には、この方法は機能しません。そこで、パターンによって別のファイル名にマッチしてしまうことを防ぐためのよりよい方法を紹介します。このテクニックには 2 つのステップがあり、履歴展開を利用します。

1. 確認する

   rm を実行する前に、希望するパターンを使って ls を実行し、どのファイルがマッチするかを確かめます。

   ```
   $ ls *.txt
   a.txt   b.txt   c.txt
   ```

2. 削除する

   ls の出力結果が正しいようであれば、rm !$ を実行し、マッチしたものと同じファイルを削除します[†2]。

   ```
   $ rm !$
   rm *.txt
   ```

この !$（「bang dollar」）という履歴展開は、「直前のコマンドで入力した最後の単語」を意味しています。したがって、ここでの rm !$ は、「ls を使ってリスト表示したもの、すなわち*.txt を削除する」の省略表現です。アスタリスクの後に誤ってスペースを加えてしまった場合は、ls の出力結果によって、何かが間違っていることが安全に明らかになります。

```
$ ls * .txt
/bin/ls: cannot access '.txt': No such file or directory
123 a.txt   b.txt   c.txt   dont-delete-me   important-file   passwords
```

rm の前にまず ls を実行するのは、とてもよいことです！ おかげで、コマンドを修正して余分なスペースを削除し、安全に続行することができます。この一連の 2 つのコマンド—— ls とその後の rm !$——は、読者の Linux ツールボックスに入れておくべき優れた安全機能です。

---

†2　ここでは、ls のステップの後に、読者の目の届かない所で、マッチするファイルが追加されたり削除されたりしていないと想定しています。頻繁に変更が行われるディレクトリーでこのテクニックを利用することは避けてください。

これに関連するテクニックとして、ファイルを削除する前に、head を使ってその内容を表示する、という方法があります。正しいファイルを対象としていることを確認してから、rm !$ を実行します。

```
$ head myfile.txt
(ファイルの最初の 10 行が表示される)
$ rm !$
rm myfile.txt
```

シェルは、!* (「bang star」) という履歴展開も提供しています。これは、最後の引数だけでなく、直前のコマンドで入力したすべての引数にマッチします。

```
$ ls *.txt *.o *.log
a.txt   b.txt   c.txt   main.o   output.log   parser.o
$ rm !*
rm *.txt *.o *.log
```

実際には、筆者が!*を使う頻度は、!$ほど多くはありません。アスタリスクには、(何かを間違って入力した場合に) ファイル名のパターンマッチング文字として解釈されるというリスクがあるので、*.txt のようなパターンを手で入力するよりもはるかに安全というわけではありません。

## 3.2.4　コマンド履歴のインクリメンタル検索

コマンドの数文字を入力しただけで、すぐに残りの文字が表示され、実行の準備が整うとしたら、素晴らしいと思いませんか？ そうです、できるのです。**インクリメンタル検索** (incremental search) と呼ばれるこのスピーディーなシェルの機能は、Web の検索エンジンが提供する、インタラクティブなサジェスト機能と似ています。ほとんどの場合、インクリメンタル検索は、履歴からコマンドを呼び出すための最も簡単で迅速なテクニックです。たとえ、ずっと以前に実行したコマンドであっても、素早く呼び出すことができます。これを読者のツールボックスに追加することを強く勧めます。

1. シェルプロンプトで、 Ctrl - R を押します。R は逆方向 (reverse) のインクリメンタル検索を表します。
2. 前に実行したコマンドの任意の部分 (先頭、中間、末尾) の入力を始めます。
3. 文字を入力するたびに、シェルは、それまでに入力された文字にマッチする最も新しい履歴コマンドを表示します。

**4.** 希望するコマンドが表示されたら、 Enter を押して実行します。

　たとえば、少し前に cd \$HOME/Finances/Bank というコマンドを実行しており、それをもう一度実行したいと仮定しましょう。まず、シェルプロンプトで Ctrl - R を押します。プロンプトが、インクリメンタル検索を示すように変わります。

```
(reverse-i-search)`':
```

希望するコマンドの入力を始めます。たとえば、c と入力します。

```
(reverse-i-search)`': c
```

シェルは、c という文字を含んでいる最も新しいコマンドを表示し、ユーザーが入力したものを強調表示します。

```
(reverse-i-search)`': less /etc/hosts
```

次の文字 d を入力します。

```
(reverse-i-search)`': cd
```

シェルは、cd という文字列を含んでいる最も新しいコマンドを表示し、入力されたものを再び強調表示します。

```
(reverse-i-search)`': cd /usr/local
```

コマンドの入力を続け、スペースとドル記号を追加します。

```
(reverse-i-search)`': cd $
```

コマンドラインは次のようになります。

```
(reverse-i-search)`': cd $HOME/Finances/Bank
```

　これが私たちの希望するコマンドなので、 Enter キーを押して実行します。5つの素早いキーストロークだけで実行することができました。
　ここでは、cd \$HOME/Finances/Bank が、履歴の中でマッチする最新のコマンドであると想定しましたが、そうでない場合はどうでしょうか？ たとえば、同様の文字列を含む非常に多くのコマンドを実行していた場合は、どうなるでしょうか？ そ

の場合は、前のインクリメンタル検索で、次のように別のマッチするコマンドが表示
されていたかもしれません。

```
(reverse-i-search)`': cd $HOME/Music
```

さて、どうしましょうか? さらに何文字か入力し、希望するコマンドに絞り込む
こともできますが、代わりに、もう一度 Ctrl - R を押します。このキーストロー
クによって、シェルは、履歴内で次にマッチするコマンドにジャンプします。

```
(reverse-i-search)`': cd $HOME/Linux/Books
```

希望するコマンドにたどり着くまで、Ctrl - R を押し続けます。

```
(reverse-i-search)`': cd $HOME/Finances/Bank
```

そして Enter を押して実行します。
インクリメンタル検索に関するヒントを、さらにいくつか挙げておきます。

● インクリメンタル検索で検索して実行した最新の文字列を呼び出すには、
  Ctrl - R を 2 回続けて押します。
● インクリメンタル検索を中止して、現在のコマンドの作業を続けるには、
  Esc または Ctrl - J を押すか、あるいは左矢印キーや右矢印キーなど、
  コマンドライン編集 (この章での次のテーマ) のための任意のキーを押します。
● インクリメンタル検索を終了してコマンドラインをクリアするには、
  Ctrl - G または Ctrl - C を押します。

時間を取って、インクリメンタル検索に慣れるようにしてください。すぐに、信じ
られない速度でコマンドを探し出せるようになるでしょう[3]。

## 3.3 コマンドライン編集

コマンドの入力中または実行後に、さまざまな理由により、コマンドを編集したい
場合があります。

---

[3] 本書の執筆中に、git add、git commit、git push などのバージョン管理コマンドを頻繁に再実行しました。インクリメンタル検索のおかげで、これらのコマンドをとても簡単に再実行することができました。

- 誤りを修正するため
- コマンドを少しずつ作成するため。たとえば、まずコマンドの最後の部分を入力し、その後で行の先頭に移動して最初の部分を入力するような場合
- コマンド履歴から、以前のコマンドに基づいて新しいコマンドを作成するため（「8章　ブラッシュワンライナーの作成」で見るような複雑なパイプラインを組み立てるための重要なスキル）

ここでは、スキルや効率の向上に役立つように、コマンドを編集するための3つの方法を紹介します。

**カーソル移動**
　　ここでも、最も時間がかかり、強力とは言えない方法だが、簡単で覚えやすい

**キャレット記法**
　　履歴展開の一形式

**Emacs スタイルまたは Vim スタイルのキーストローク**
　　コマンドラインを編集するための強力な方法

前にも述べたように、柔軟性のために、この3つのテクニックをすべて覚えることを勧めます。

## 3.3.1　コマンド内のカーソル移動

　単に左矢印キーや右矢印キーを押すと、コマンドライン上を前後に1文字ずつ移動します。 Backspace や Delete を使ってテキストを削除したり、修正テキストを入力したりします。**表3-1** は、コマンドライン編集に関する標準的なキーストロークをまとめたものです。

　カーソルを前後に移動させることは、簡単ですが効率はよくありません。この方法は、ちょっとした簡単な修正を行う場合に使うのが最適です。

表3-1　簡単なコマンドライン編集のためのカーソルキー

| キーストローク | 動作 |
|---|---|
| 左矢印 | 左に 1 文字分移動する |
| 右矢印 | 右に 1 文字分移動する |
| Ctrl + 左矢印 | 左に 1 単語分移動する |
| Ctrl + 右矢印 | 右に 1 単語分移動する |
| Home | コマンドラインの先頭に移動する |
| End | コマンドラインの末尾に移動する |
| Backspace | カーソルの前の 1 文字を削除する |
| Delete | カーソルの下の 1 文字を削除する |

## 3.3.2　キャレットを用いた履歴展開

たとえば、jpg の代わりに jg と入力してしまい、次に示すコマンドを誤って実行してしまったと仮定しましょう。

```
$ md5sum *.jg | cut -c1-32 | sort | uniq -c | sort -nr
md5sum: '*.jg': No such file or directory
```

このコマンドを正しく実行するには、コマンド履歴から呼び戻し、誤った箇所までカーソルを移動して修正する方法もありますが、もっと早い方法があります。次のように、古い（間違った）テキスト、新しい（修正した）テキスト、一組のキャレット（^）を入力するだけです。

```
$ ^jg^jpg
```

Enter キーを押すと、正しいコマンドが表示され、実行されます。

```
$ ^jg^jpg
md5sum *.jpg | cut -c1-32 | sort | uniq -c | sort -nr
⋮
```

この**キャレット構文**（caret syntax）は履歴展開の一種であり、「直前のコマンド内で jg を jpg に置き換える」ことを意味します。シェルは新しいコマンドを実行する前に、親切にそれを表示してくれることに注目してください。これは履歴展開の標準的な動作です。

このテクニックでは、ソース文字列（jg）がコマンド内で最初に現れた部分だけが変更されます。元のコマンドが jg を 2 つ以上含んでいた場合は、最初のものだけが jpg に変更されます。

---

### 履歴展開を用いた、より強力な置換

　次のように、sed コマンドや ed コマンドを使って、ソース文字列（*source*）をターゲット文字列（*target*）に変換することに慣れている人もいるかもしれません。

　　s/*source*/*target*/

　シェルも同様の構文をサポートしています。この構文は、（!!のように）コマンドを呼び出すための履歴展開の式で始まり、その後にコロン（:）が続き、sed スタイルの置換で終わります。たとえば、キャレット記法の例と同様に、直前のコマンドを呼び出して、jg（最初に現れたもののみ）を jpg に置き換えるには、次のコマンドを実行します。

　　$ !!:s/jg/jpg/

　md5sum で始まる最新のコマンドを呼び出す!md5sum のように、任意の履歴展開の式を使ってコマンドを開始し、jg から jpg への同じ置換を行うことができます。

　　$ !md5sum:s/jg/jpg/

　この表記法は複雑に見えるかもしれませんが、他のコマンドライン編集テクニックよりも早く目的を果たせる場合があります。詳細については、man history を参照してください。

---

## 3.3.3　Emacsスタイルまたは Vim スタイルのコマンドライン編集

　コマンドラインを編集するための最も強力な方法は、テキストエディターの Emacs や Vim に端を発する、よく知られたキーストロークを使うことです。既にこれらのエディターに慣れている場合は、このスタイルのコマンドライン編集をすぐに使うことができます。そうでない場合は、移動や編集のためによく使われるキーストロークをまとめた**表3-2**を参照してください。なお、表中で Emacs の「Meta」キーとは、

通常は Esc キー（押して離す）または Alt キー（押し続ける）のことです。

　シェルのデフォルト設定は Emacs スタイルの編集であり、覚えやすくて使いやすいので、これを使うことを勧めます。Vim スタイルの編集を好む人は、次のコマンドを実行してください（または、$HOME/.bashrc ファイルにこれを追加して、ソーシングしてください）。

```
$ set -o vi
```

　Vim のキーストロークを使ってコマンドを編集するには、Esc キーを押してコマンド編集モードに入り、**表3-2** の「Vim」の列のキーストロークを使います。Emacs スタイルの編集に戻すには、次のコマンドを実行します。

```
$ set -o emacs
```

　さあ、Emacs の（または Vim の）キーストロークが習慣になるまで、練習、練習、練習です。筆者を信じてくれれば、時間の節約という形ですぐに報われるでしょう。

表3-2　Emacs スタイルまたは Vim スタイルの編集に関するキーストローク[4]

| 動作 | Emacs | Vim |
|---|---|---|
| 前方に 1 文字分移動する | Ctrl-f | l |
| 後方に 1 文字分移動する | Ctrl-b | h |
| 前方に 1 単語分移動する | Meta-f | w |
| 後方に 1 単語分移動する | Meta-b | b |
| 行の先頭に移動する | Ctrl-a | 0 |
| 行の末尾に移動する | Ctrl-e | $ |
| 2 つの文字を入れ替える（交換する） | Ctrl-t | xp |
| 2 つの単語を入れ替える（交換する） | Meta-t | n/a |
| 次の単語の最初の文字を大文字にする | Meta-c [5] | w~ |
| 次の単語全体を大文字にする | Meta-u [5] | n/a |
| 次の単語全体を小文字にする | Meta-l [5] | n/a |
| 現在の文字の大文字・小文字を変換する | n/a | ~ |
| 制御文字を含めて、次の文字を文字どおりに挿入する | Ctrl-q | Ctrl-v |
| 前方に 1 文字分削除する | Ctrl-d | x |
| 後方に 1 文字分削除する | Backspace | X |
| 前方に 1 単語分カットする（切り取る） | Meta-d | dw |

[4]　n/a と記された動作には、シンプルなキーストロークはありませんが、より長い一連のキーストロークを使えば可能です。

[5]　訳注：単語間にカーソルがある場合に限ります。単語中にカーソルがある場合はカーソル位置にある文字が処理対象となります。

表3-2 Emacs スタイルまたは Vim スタイルの編集に関するキーストローク[†4]（続き）

| 動作 | Emacs | Vim |
|---|---|---|
| 後方に 1 単語分カットする（切り取る） | Meta-Backspace | db |
| カーソルから行の先頭までカットする（切り取る） | Meta-0 Ctrl-k | d^ |
| カーソルから行の末尾までカットする（切り取る） | Ctrl-k | D |
| 行全体を削除する | Ctrl-a Ctrl-k | dd |
| 最後にカットしたテキストをペーストする（貼り付ける） | Ctrl-y | p |
| （前のペーストの後で）その前にカットしたテキストをペーストする（貼り付ける） | Meta-y | n/a |
| 直前の編集操作を元に戻す | Ctrl-_ | u |
| 現在の行に行ったすべての編集を元に戻す | n/a | U |
| 挿入モードからコマンドモードに切り替える | n/a | Esc |
| コマンドモードから挿入モードに切り替える | n/a | i |
| 実行中の編集操作を中止する | Ctrl-g | n/a |
| 画面をクリアする | Ctrl-l | Ctrl-L |

　Emacs スタイルの編集についてさらに詳しく知りたければ、GNU の bash マニュアルで「Bindable Readline Commands」（https://oreil.ly/rAQ9g）のセクションを参照してください。Vim スタイルの編集については、ドキュメント「Readline VI Editing Mode Cheat Sheet」（https://oreil.ly/Zv0ba）を参照してください。

## 3.4　まとめ

　この章で紹介したテクニックを練習すれば、コマンドラインの操作を大いにスピードアップすることができます。特に次の 3 つのテクニックは、筆者の Linux の使い方を大きく変えてくれました。読者もそうであることを願っています。

- 安全のために、!$を使ってファイルを削除する
- Ctrl - R によるインクリメンタル検索
- Emacs スタイルのコマンドライン編集

# 4章
# ファイルシステム内の移動

1984 年のカルトコメディー映画『The Adventures of Buckaroo Banzai Across the 8th Dimension』（邦題：『バカルー・バンザイの 8 次元ギャラクシー』）で、向こう見ずな主人公バカルーが、禅のような名言を発しています。「覚えておけ。どこへ行こうとも... お前はそこにいるのだ」と。バカルーは、Linux のファイルシステムについても、きっと上手に説明することができたでしょう。

```
$ cd /usr/share/lib/etc/bin          # どこへ行こうとも...
$ pwd
/usr/share/lib/etc/bin               # ... あなたはそこにいる
```

Linux のファイルシステム内でどこにいようとも——カレントディレクトリーがどこであろうとも——いつかは別の場所に（ほかのディレクトリーに）行くことになる、というのもまた事実です。この移動を、より速く、より効率よくできればできるほど、生産性が向上します。

この章で紹介するテクニックを使うと、少ない入力で、素早くファイルシステム内を移動できるようになります。一見単純に見えるかもしれませんが、少しの学習で、きわめて大きな見返りがあります。これらのテクニックは、大まかに次の 2 つのカテゴリーに分類されます。

* 特定のディレクトリーに素早く移動する
* 以前にいたディレクトリーに素早く戻る

Linux のディレクトリーについて簡単に復習するには、「付録 A　Linux の簡単な復習」を参照してください。bash 以外のシェルを使用している場合は、「付録 B　他のシェルを使用する場合」の補足情報も参照してください。

# 4.1　特定のディレクトリーに効率よく移動する

　10 人の Linux エキスパートに、コマンドラインで最も退屈なことは何かと尋ねたら、おそらく 7 人は「長いディレクトリーパスを入力することだ」と答えるでしょう[1]。たとえば、あなたの作業ファイルが /home/smith/Work/Projects/Apps/Neutron-Star/src/include の中にあり、金銭的な書類が /home/smith/Finances/Bank/Checking/Statements の中にあり、動画が /data/Arts/Video/Collection の中にある場合、これらのパスを何度も繰り返し入力するのは、楽しいことではありません。ここでは、特定のディレクトリーに効率よく移動する方法を学びます。

## 4.1.1　ホームディレクトリーにジャンプする

　まず基本から始めましょう。ファイルシステム内でどこに行ったとしても、引数を付けずに cd を実行することで、自分のホームディレクトリーに戻れます。

```
$ pwd
/etc                           # どこかほかの場所でスタートする
$ cd                           # 引数を付けずに cd を実行すると...
$ pwd
/home/smith                    # ... ホームに戻る
```

　ホームディレクトリーのサブディレクトリーに、ファイルシステム内のどこからでもジャンプするには、/home/smith のような絶対パスを使うよりも、省略表現を使ってホームディレクトリーを参照します。その 1 つが、シェル変数の HOME です。

```
$ cd $HOME/Work
```

　もう 1 つが、チルダ（~）です。

```
$ cd ~/Work
```

　$HOME と~は、どちらもシェルによって展開される式です。echo を使って stdout に出力すると、その事実を確認できます。

```
$ echo $HOME ~
/home/smith /home/smith
```

---

[1]　これは筆者の作り話ですが、きっと本当のことでしょう。

また、別のユーザー名の直前にチルダを置くことで、そのユーザーのホームディレクトリーを参照できます。

```
$ echo ~jones
/home/jones
```

## 4.1.2　タブ補完を使って素早く移動する

cd コマンドを入力するときに、 Tab キーを押すことでディレクトリー名を自動的に生成し、入力の手間を省くことができます。例を示すために、サブディレクトリーをいくつか含んでいるディレクトリー/usr に移動します。

```
$ cd /usr
$ ls
bin  games  include  lib  local  sbin  share  src
```

ここで、サブディレクトリー share に移動したいと仮定しましょう。sha と入力し、 Tab キーを1回押します。

```
$ cd sha Tab
```

あなたの代わりに、シェルがディレクトリー名を補完してくれます。

```
$ cd share/
```

この便利な方法は、**タブ補完**（tab completion）と呼ばれます。タブ補完は、入力したテキストが1つのディレクトリー名にマッチする場合、すぐに機能します。入力したテキストが複数のディレクトリー名にマッチする場合は、名前を補完するために、シェルはさらに情報を必要とします。たとえば、s とだけ入力して Tab を押したとします。

```
$ cd s Tab
```

s で始まるディレクトリー名はほかにもあるので（sbin と src）、シェルは share という名前を補完することができません。 Tab をもう1回押すと、シェルはすべての補完候補を表示し、

```
$ cd s Tab  Tab
sbin/  share/  src/
```

　ユーザーの次のアクションを待ちます。あいまいさを解消するために、もう1文字、h と入力して Tab を1回押します。

```
$ cd sh Tab
```

シェルは、sh から share へとディレクトリー名を補完します。

```
$ cd share/
```

　一般に、 Tab キーを1回押すと、できるかぎりの補完が行われ、2回押すと、すべての補完候補が表示されます。多くの文字を入力すればするほど、あいまいさが減り、的確にマッチします。

　タブ補完は、移動を迅速にするために最適です。/home/smith/Projects/Web/src/include のような長いパスを入力する代わりに、入力をできるだけ減らし、Tab キーを押し続けます。練習すれば、すぐにコツがつかめるでしょう。

**タブ補完はプログラムによって異なる**

タブ補完は、cd コマンドだけのものではなく、ほとんどのコマンドで機能します。ただし、その動作はコマンドによって異なります。コマンドが cd の場合は、タブ補完によってディレクトリー名が補完されます。cat、grep、sort など、ファイルを処理するコマンドでは、タブ補完によってファイル名も展開されます。コマンドが ssh（セキュアシェル）の場合は、ホスト名が補完されます。コマンドが chown（ファイルの所有者の変更）の場合は、ユーザー名が補完されます。例4-1 で見るように、スピードアップのために独自の補完ルールを作ることもできます。man bash の「programmable completion」（プログラム補完）というトピックも併せて参照してください。

## 4.1.3　エイリアスや変数を使って、頻繁にアクセスするディレクトリーにジャンプする

　/home/smith/Work/Projects/Web/src/include のような、遠く離れたディレクトリーに頻繁にアクセスする場合は、cd 操作を実行するエイリアスを作成します。

```
# シェル構成ファイルの中で:
alias work="cd $HOME/Work/Projects/Web/src/include"
```

このエイリアスを実行するだけで、いつでも目的地に移動することができます。

```
$ work
$ pwd
/home/smith/Work/Projects/Web/src/include
```

もう 1 つの方法として、ディレクトリーパスを保持する変数を作成することもできます。

```
$ work=$HOME/Work/Projects/Web/src/include
$ cd $work
$ pwd
/home/smith/Work/Projects/Web/src/include
$ ls $work/css                              # 変数を別の方法で使用する
main.css   mobile.css
```

**頻繁に編集するファイルを、エイリアスを使って編集する**
あるディレクトリーに頻繁にアクセスする理由が、特定のファイルを編集するためである場合がよくあります。もしそうであれば、ディレクトリーを変更することなく絶対パスによってファイルを編集するためのエイリアスを作成するとよいでしょう。次のエイリアス定義を使うと、ファイルシステム内のどこにいても、rcedit を実行することで $HOME/.bashrc を編集できるようになります。cd は必要ありません。

```
# シェル構成ファイルの中に置き、ソーシングする
alias rcedit='$EDITOR $HOME/.bashrc'
```

長いパスの多くのディレクトリーに定期的にアクセスする場合は、それぞれのディレクトリーに対して、エイリアスまたは変数を作成することができます。ただし、このアプローチにはデメリットがいくつかあります。

- それらのエイリアスや変数をすべて覚えることは困難である
- 既存のコマンドと同じ名前のエイリアスをうっかり作成し、競合を引き起こす可能性がある

代替策は、**例4-1** に示すようなシェル関数を作成することです。筆者はこれを、qcd と名付けました（「quick cd」の略）。この関数は引数として、work や recipes などの文字列キーを受け取り、選択されたディレクトリーパスへの cd を実行します。

例4-1 遠く離れたディレクトリーに cd するための関数

```
# qcd関数を定義する
qcd () {
  # 文字列キーである1つの引数を受け取り、
  # それぞれのキーに対して異なるcd操作を実行する
  case "$1" in
    work)
      cd $HOME/Work/Projects/Web/src/include
      ;;
    recipes)
      cd $HOME/Family/Cooking/Recipes
      ;;
    video)
      cd /data/Arts/Video/Collection
      ;;
    beatles)
      cd $HOME/Music/mp3/Artists/B/Beatles
      ;;
    *)
      # 指定された引数が、サポートしているキーのいずれにも該当しない
      echo "qcd: unknown key '$1'"
      return 1
      ;;
  esac
  # 現在どこにいるかわかりやすいように、カレントディレクトリー名を表示する
  pwd
}
# タブ補完をセットアップする
complete -W "work recipes video beatles" qcd
```

この関数を、$HOME/.bashrc（「2.8 環境と初期化ファイル（簡略版）」を参照）などのシェル構成ファイルの中に保存してソーシングすると、実行の準備が整います。qcd と、それに続いてサポートされているキーのいずれかを入力すると、対応するディレクトリーに素早く移動できます。

```
$ qcd beatles
/home/smith/Music/mp3/Artists/B/Beatles
```

おまけとして、このスクリプトの最後の行では、シェルビルトインの complete コマンドを実行しています。このコマンドは、qcd についてカスタマイズされたタブ補完をセットアップするので、サポートされている4つのキーが補完されます。これで、qcd の引数を覚えておく必要はありません！ 単に qcd とスペースを入力して Tab キーを2回押すと、参照用にすべてのキーが表示されます。ユーザーは通常

の方法で、それらを補完することができます。

```
$ qcd [Tab] [Tab]
beatles  recipes  video    work
$ qcd v[Tab] [Enter]                    # 「v」が「video」に補完される
/data/Arts/Video/Collection
```

## 4.1.4 CDPATH を使って、大きなファイルシステムを小さく感じさせる

qcd 関数は、ユーザーが定めたディレクトリーだけを扱います。シェルは、このような欠点のない、cd のためのより一般的な解決策を提供しています。これは、**cd 検索パス**（cd search path）と呼ばれます。このシェルの機能は、筆者がファイルシステム内を移動する方法を大きく変えてくれました。

例として、頻繁にアクセスする重要なサブディレクトリーがあると仮定します。名前は Photos で、/home/smith/Family/Memories/Photos にあります。ファイルシステムを巡回するときに、Photos ディレクトリーに移動したい場合は、次のような長いパスを入力しなければなりません。

```
$ cd ~/Family/Memories/Photos
```

このパスを Photos だけに短縮することができ、ファイルシステム内のどこにいても、そこに移動できるとしたら、素晴らしいと思いませんか？

```
$ cd Photos
```

通常、このコマンドは失敗します。

```
bash: cd: Photos: No such file or directory
```

このコマンドが成功するのは、その親ディレクトリー（~/Family/Memories）にいる場合か、たまたま Photos というサブディレクトリーを含んでいる別のディレクトリーにいる場合だけです。しかし、ちょっとしたセットアップで、Photos というサブディレクトリーを、カレントディレクトリー以外の場所の中で検索するように cd に指示することができます。この検索は非常に高速で、指定した親ディレクトリーの中だけを調べます。たとえば、カレントディレクトリーのほかに $HOME/Family/Memories を検索するように、cd に指示することができます。その後で、ファイルシステム内の別の場所から cd Photos を実行すると、cd は成功し

ます。

```
$ pwd
/etc
$ cd Photos
/home/smith/Family/Memories/Photos
```

　cd 検索パスは、コマンド検索パスの $PATH と同じように機能しますが、コマンド
を探す代わりに、サブディレクトリーを探します。cd 検索パスを設定するには、シェ
ル変数 CDPATH を使います。この変数の書式は PATH と同じく、コロンで区切られた
ディレクトリーのリストです。たとえば、CDPATH が次の 4 つのディレクトリーで構
成されていて、

```
$HOME:$HOME/Projects:$HOME/Family/Memories:/usr/local
```

　次のように入力すると、

```
$ cd Photos
```

　cd は、次に示すディレクトリーを、そのいずれかが見つかるまで、またはすべて
失敗するまで、順番にチェックします。

1. カレントディレクトリー内の Photos
2. $HOME/Photos
3. $HOME/Projects/Photos
4. $HOME/Family/Memories/Photos
5. /usr/local/Photos

　この例では、cd は 4 番目のトライで成功し、ディレクトリーを $HOME/Family/
Memories/Photos に変更します。$CDPATH 内の 2 つのディレクトリーが Photos
というサブディレクトリーを持っている場合は、より前にあるディレクトリーが優先
されます。

通常、cd は成功しても何も出力しません。しかし、CDPATH を使ってディレク
トリーを見つけた場合、cd は絶対パスを stdout に出力し、新しいカレント
ディレクトリーをユーザーに知らせます。

```
$ CDPATH=/usr      # CDPATH を設定する
$ cd /tmp          # 出力なし：CDPATH は参照されなかった
$ cd bin           # cd は CDPATH を参照し...
/usr/bin           # ... 新しい作業ディレクトリーを表示する
```

　重要な親ディレクトリーやよく使う親ディレクトリーを CDPATH に設定すると、それらのどのサブディレクトリーにも——それらがどんなに深い位置にあっても——そのパスの大半を入力することなく、ファイルシステム内のどこからでも、cd を使ってディレクトリーを変更できます。これは本当に素晴らしい機能であり、次に紹介するケーススタディがその素晴らしさを示してくれます。

## 4.1.5　素早い移動のためにホームディレクトリーを整理する

　CDPATH を使って、ホームディレクトリーに関する移動方法を簡略化してみましょう。少しの設定だけで、ファイルシステム内のどこにいても、ホームディレクトリー内の多くのディレクトリーに、最小限の入力でアクセスできるようになります。このテクニックが最も効果を発揮するのは、ホームディレクトリーが少なくとも 2 つの階層のサブディレクトリーを持つように、適切に整理されている場合です。**図4-1** は、そのように整理されたディレクトリーレイアウトの例を示しています。

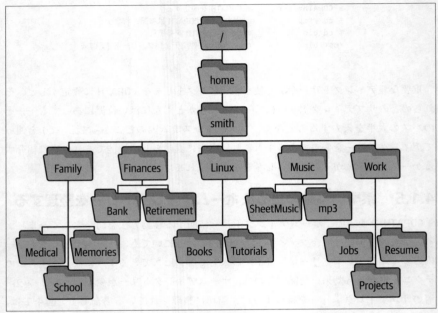

図4-1　/home/smith ディレクトリー内の 2 つの階層のサブディレクトリー

　簡略化の方法とは、次に示すものを順番に含むように CDPATH をセットアップすることです。

1. $HOME
2. 選択した、$HOME のサブディレクトリー
3. 2つのドット（..）で示される、親ディレクトリーの相対パス

　$HOME を含めることで、長ったらしいパスを入力することなく、そのサブディレクトリー（Family、Finances、Linux、Music、Work）に、ファイルシステム内のどこからでもすぐにジャンプできます。

```
$ pwd
/etc                                        # ホームディレクトリーの外部でスタートする
$ cd Work
/home/smith/Work                            # $HOME の 1 つ下の階層にジャンプした
$ cd Family/School
/home/smith/Family/School
```

さらに、CDPATH に $HOME のサブディレクトリーを含めることで、それらのサブディレクトリーにも一気にジャンプできます。

```
$ pwd
/etc                              # ホームディレクトリーの外部のどこか
$ cd School
/home/smith/Family/School         # $HOME の 2 つ下の階層にジャンプした
```

ここまで、CDPATH 内のすべてのディレクトリーは、$HOME とそのサブディレクトリーの絶対パスでした。しかし、.. という相対パスを CDPATH に含めることで、「すべての」ディレクトリーで新しい cd の動作が可能になります。つまり、cd は現在の親ディレクトリーを検索するようになるので、ファイルシステム内のどこにいても、2 つのドットを入力することなく、名前によって、**兄弟**（sibling）ディレクトリー（`../sibling`）にジャンプできるようになるのです。たとえば、現在 /usr/bin にいて、/usr/lib に移動したいとしたら、cd lib と入力するだけで済みます。

```
$ pwd
/usr/bin                          # カレントディレクトリー
$ ls ..
bin   include   lib   src         # 兄弟ディレクトリー
$ cd lib
/usr/lib                          # 兄弟ディレクトリーにジャンプした
```

あるいは、src、include、docs というサブディレクトリーを持つプロジェクトで作業しているプログラマーであれば、

```
$ pwd
/usr/src/myproject
$ ls
docs   include   src
```

次のようにして、サブディレクトリー間で簡単にジャンプすることができます。

```
$ cd docs                         # カレントディレクトリーを変更する
$ cd include
/usr/src/myproject/include        # 兄弟ディレクトリーにジャンプした
$ cd src
/usr/src/myproject/src            # もう一度
```

**図4-1** のツリーに対する CDPATH には、ホームディレクトリー、その 5 つのサブディレクトリー、親ディレクトリーに対する相対パスという 7 個の項目を含めること

ができます。

```
# シェル構成ファイルの中に置き、ソーシングする
export CDPATH=$HOME:$HOME/Work:$HOME/Family:$HOME/Finances:$HOME/Linux:$HOME/Music:..
```

これを追加した構成ファイルをソーシングすると、長いディレクトリーパスを入力することなく、短いディレクトリー名だけで、多くの重要なディレクトリーに cd できるようになります。万歳！

このテクニックが最も効果を発揮するのは、CDPATH のディレクトリーの下のすべてのサブディレクトリーが独自の名前を持っている場合です。$HOME/Music と $HOME/Linux/Music のように、重複する名前が存在する場合は、希望する動作にならない場合があります。cd Music というコマンドを実行すると、$HOME/Linux より先に必ず $HOME がチェックされるので、検索によって $HOME/Linux/Music が見つかることはありません。

$HOME の最初の 2 つの階層の中で重複するサブディレクトリー名をチェックするには、次のブラッシュワンライナーを試してください。これは、$HOME のすべてのサブディレクトリーとサブサブディレクトリーをリスト表示し、cut を使ってサブサブディレクトリーの名前を取り出し、それらのリストをソートし、uniq を使って出現回数を数えます。

```
$ cd
$ (ls -d */ && (ls -d */*/ | cut -d/ -f2-)) | sort | uniq -c | sort -nr
| less
```

この重複チェックのテクニックは、「1.3　重複ファイルの検出」で見た覚えがあるかもしれません。表示される結果が 1 より大きければ、重複するものが存在するということです。このコマンドには、まだ説明していない機能がいくつか含まれていますが、二重のアンパサンド（&&）については「7.1.1　テクニック① 条件付きリスト」で、丸括弧については「7.4.2　テクニック⑩ 明示的なサブシェル」で、それぞれ説明します。

## 4.2　効率よくディレクトリーに戻る

ここまで、効率よくディレクトリーに移動する方法について見てきました。次に、戻る必要が生じた場合に、以前のディレクトリーに素早く戻る方法について説明し

ます。

## 4.2.1　「cd -」を使って、2つのディレクトリーを切り替える

ある深いディレクトリーで作業をしていて、cd を実行し、どこか別の場所に移動
したと仮定します。

```
$ pwd
/home/smith/Finances/Bank/Checking/Statements
$ cd /etc
```

そして、次のように考えます。「いや、待てよ。さっきまでいた Statements ディ
レクトリーに戻りたいな」。この場合、長いディレクトリーパスを再入力する必要は
ありません。引数としてダッシュ（-）を指定し、cd を実行するだけです。

```
$ cd -
/home/smith/Finances/Bank/Checking/Statements
```

このコマンドはシェルを以前のディレクトリーに戻し、現在どこにいるかがわかる
ように、その絶対パスを表示します。

2つのディレクトリーの間で行ったり来たりするには、cd -を繰り返し実行しま
す。1つのシェルの中で、2つのディレクトリーで集中的に作業している場合は、こ
れにより時間を節約できます。ただし、欠点もあります。シェルは、直前の1つの
ディレクトリーしか記憶しません。たとえば、/usr/local/bin と /etc を行き来
している場合、

```
$ pwd
/usr/local/bin
$ cd /etc          # シェルは/usr/local/bin を記憶する
$ cd -             # シェルは/etc を記憶する
/usr/local/bin
$ cd -             # シェルは/usr/local/bin を記憶する
/etc
```

引数を付けずに cd を実行し、ホームディレクトリーにジャンプすると、

```
$ cd               # シェルは/etc を記憶する
```

シェルは、以前のディレクトリーとして/usr/local/bin を忘れてしまいます。

```
$ cd -                    # シェルはホームディレクトリーを記憶する
/etc
$ cd -                    # シェルは/etc を記憶する
/home/smith
```

この制限を克服するためのテクニックを次に紹介します。

## 4.2.2　pushd と popd を使って、多くのディレクトリーを切り替える

cd -コマンドは 2 つのディレクトリーを切り替えますが、行き来したいディレクトリーが 3 つ以上ある場合はどうしたらよいでしょうか？ たとえば、Linux コンピューター上でローカルの Web サイトを作成していると仮定しましょう。この作業は、たいてい 4 つ以上のディレクトリーを必要とします。

- 配置され、公開される Web ページの場所 （/var/www/html など）
- Web サーバーの構成ディレクトリー（多くの場合、/etc/apache2）
- SSL 証明書の場所（多くの場合、/etc/ssl/certs）
- あなたの作業ディレクトリー（~/Work/Projects/Web/src など）

次のようなコマンドを入力し続けるのは、本当に退屈です。

```
$ cd ~/Work/Projects/Web/src
$ cd /var/www/html
$ cd /etc/apache2
$ cd ~/Work/Projects/Web/src
$ cd /etc/ssl/certs
```

複数のウィンドウを表示できる大きなディスプレイを持っていれば、それぞれのディレクトリーに対して別々のシェルウィンドウを開くことで、負担を軽減できます。しかし、（たとえば SSH 接続を介して）1 つのシェルで作業をしている場合は、**ディレクトリースタック**（directory stack）と呼ばれるシェルの機能を利用するとよいでしょう。これは、pushd、popd、dirs というシェルビルトインコマンドを使って、複数のディレクトリーを素早く行き来できるようにするものです。学習にかかる時間は 15 分程度で、スピードに関して大きな見返りが一生続きます[†2]。

---

†2　もう 1 つの方法は、screen や tmux などのコマンドラインプログラムを使って、複数の仮想ディスプレイを開くことです。これらは**ターミナルマルチプレクサー**（terminal multiplexer）と呼ばれ、ディレクトリースタックよりも覚えるのは大変ですが、一見の価値はあります。

　ディレクトリースタックとは、現在のシェルでユーザーが既にアクセスし、記憶しておくことに決めたディレクトリーのリストです。ディレクトリースタックを操作するには、**プッシュ**（pushing）および**ポップ**（popping）と呼ばれる 2 つの操作を実行します。あるディレクトリーをプッシュすると、リストの先頭——伝統的にスタックの**トップ**（top）と呼ばれます——にそのディレクトリーが追加されます。ポップすると、トップのディレクトリーがスタックから削除されます[†3]。スタックには、最初はカレントディレクトリーだけが含まれています。ディレクトリーを追加（プッシュ）したり削除（ポップ）したりすることで、それらのディレクトリーの間で素早く cd を実行することができます。

動作中のすべてのシェルは、独自のディレクトリースタックを保持します。

　まず基本的な操作（プッシュ、ポップ、表示）について説明し、その後でさらに詳しい使い方を紹介します。

## 4.2.2.1　スタックにディレクトリーをプッシュする

　pushd コマンド（「push directory」の略）は、次のすべてのことを行います。

1. 指定されたディレクトリーをスタックのトップに追加する
2. そのディレクトリーへの cd を実行する
3. 参照用に、スタックをトップからボトム（最後尾）まで表示する

　例として、4 つのディレクトリーから成るディレクトリースタックを作成します。次のように、ディレクトリーを一度に 1 つずつスタックにプッシュします。

```
$ pwd
/home/smith/Work/Projects/Web/src
$ pushd /var/www/html
/var/www/html ~/Work/Projects/Web/src
$ pushd /etc/apache2
/etc/apache2 /var/www/html ~/Work/Projects/Web/src
```

---

[†3]　コンピューターサイエンスの観点からスタックをご存じの方のために言うと、ディレクトリースタックは、正確にはディレクトリー名のスタックです。

```
$ pushd /etc/ssl/certs
/etc/ssl/certs /etc/apache2 /var/www/html ~/Work/Projects/Web/src
$ pwd
/etc/ssl/certs
```

シェルは、それぞれの pushd 操作の後でスタックを表示します。一番左（トップ）のディレクトリーがカレントディレクトリーです。

## 4.2.2.2　ディレクトリースタックを表示する

ディレクトリースタックを表示するには、dirs コマンドを使います。このコマンドによってスタックが変更されることはありません。

```
$ dirs
/etc/ssl/certs /etc/apache2 /var/www/html ~/Work/Projects/Web/src
```

スタックを上から下へと 1 行ずつ表示したい場合は、 -p オプションを使います。

```
$ dirs -p
/etc/ssl/certs
/etc/apache2
/var/www/html
~/Work/Projects/Web/src
```

出力結果をパイプで nl コマンドに渡し、ゼロからの番号を付けることもできます。

```
$ dirs -p | nl -v0
     0  /etc/ssl/certs
     1  /etc/apache2
     2  /var/www/html
     3  ~/Work/Projects/Web/src
```

もっと簡単に、dirs -v を実行して、行番号を付けてスタックを表示することもできます。

```
$ dirs -v
 0  /etc/ssl/certs
 1  /etc/apache2
 2  /var/www/html
 3  ~/Work/Projects/Web/src
```

上から下へのこの書式を好む場合は、エイリアスを作成するとよいでしょう。

```
# シェル構成ファイルの中に置き、ソーシングする
alias dirs='dirs -v'
```

### 4.2.2.3 スタックからディレクトリーをポップする

popd コマンド（「pop directory」の略）は、pushd の逆です。このコマンドは、次のすべてのことを行います。

1. スタックのトップから 1 つのディレクトリーを削除する
2. 新しいトップディレクトリーへの cd を実行する
3. 参照用に、スタックをトップからボトムまで表示する

たとえば、スタックに次の 4 つのディレクトリーが含まれている場合、

```
$ dirs
/etc/ssl/certs /etc/apache2 /var/www/html ~/Work/Projects/Web/src
```

popd を繰り返し実行すると、これらのディレクトリーをトップからボトムまで順にたどることができます。

```
$ popd
/etc/apache2 /var/www/html ~/Work/Projects/Web/src
$ popd
/var/www/html ~/Work/Projects/Web/src
$ popd
~/Work/Projects/Web/src
$ popd
bash: popd: directory stack empty
$ pwd
~/Work/Projects/Web/src
```

> pushd と popd は時間節約のためのコマンドなので、cd と同様に素早く入力できるように、2 文字のエイリアスを作成することを勧めます。
>
> ```
> # シェル構成ファイルの中に置き、ソーシングする
> alias gd=pushd
> alias pd=popd
> ```

### 4.2.2.4 スタック内のディレクトリーを入れ替える

ディレクトリースタックを作成する方法と空にする方法がわかったので、次に実際の活用事例を見てみましょう。引数を付けずに pushd を実行すると、スタック内

の先頭の 2 つのディレクトリーが入れ替わり、新しいトップディレクトリーに移動
します。単に pushd を実行して、 /etc/apache2 と作業ディレクトリーの間で何度
かジャンプしてみましょう。先頭の 2 つのディレクトリーは位置が入れ替わります
が、3 番目のディレクトリー /var/www/html はそのままであることに注目してくだ
さい。

```
$ dirs
/etc/apache2 ~/Work/Projects/Web/src /var/www/html
$ pushd
~/Work/Projects/Web/src /etc/apache2 /var/www/html
$ pushd
/etc/apache2 ~/Work/Projects/Web/src /var/www/html
$ pushd
~/Work/Projects/Web/src /etc/apache2 /var/www/html
```

　pushd は cd -コマンドと同様に動作し、2 つのディレクトリーを切り替えますが、
1 つのディレクトリーしか記憶できないという制限はありません。

## 4.2.2.5　間違えてしまった cd を pushd に変える

　pushd を使っていくつかのディレクトリーをジャンプしているときに、うっかりし
て pushd の代わりに cd を実行してしまい、ディレクトリーの記憶が失われてしまっ
たと仮定しましょう。

```
$ dirs
~/Work/Projects/Web/src /var/www/html /etc/apache2
$ cd /etc/ssl/certs
$ dirs
/etc/ssl/certs /var/www/html /etc/apache2
```

　cd コマンドを実行してしまったことで、スタック内の~/Work/Projects/Web/
src が/etc/ssl/certs に置き換わってしまいました。でも、心配は要りません。
失ってしまったディレクトリーを、その長いパスを入力することなく、スタックに戻
すことができます。それには、pushd を 2 回実行するだけです。ただし、1 回目は引
数のダッシュ（-）を付けて、2 回目は何も付けずに実行します。

```
$ pushd -
~/Work/Projects/Web/src /etc/ssl/certs /var/www/html /etc/apache2
$ pushd
/etc/ssl/certs ~/Work/Projects/Web/src /var/www/html /etc/apache2
```

なぜこれが機能するのか、細かく調べてみましょう。

- 1回目の pushd は、シェルの以前のディレクトリーである ~/Work/Projects/Web/src に戻し、それをスタックにプッシュします。cd と同様に pushd は、「以前のディレクトリーに戻る」ことを意味するダッシュ（-）を引数として受け付けます。
- 2回目の pushd は、先頭の2つのディレクトリーを入れ替え、カレントディレクトリーを /etc/ssl/certs に戻します。つまり、~/Work/Projects/Web/src をスタック内の2番目の位置──もしミスがなかったとしたら、そこにあったはずの位置──に戻すという結果になります。

「しまった、pushd を忘れてしまった」という場合のためのこのコマンドは、とても役に立つので、エイリアスにしておく価値があります。筆者はこれを slurp と名付けています。なぜなら、間違えて失ってしまったディレクトリーを「一気に読み込み直してくれる」（slurp back）ように感じるからです。

```
# シェル構成ファイルの中に置き、ソーシングする
alias slurp='pushd - && pushd'
```

## 4.2.2.6 スタックにさらに踏み込む

スタック内の先頭の2つ以外のディレクトリーへの cd を実行したいとしたら、どうすればよいでしょうか？ pushd と popd は、引数として正の整数または負の整数を受け付け、スタック内に深く働きかけることができます。次のコマンドは、

```
$ pushd +N
```

スタックのトップから $N$ 個のディレクトリーをボトムに移し、新しいトップディレクトリーへの cd を実行します。負の引数（-$N$）は、cd を実行する前に、スタック内のディレクトリーを逆方向に、ボトムからトップに移します[4]。

```
$ dirs
/etc/ssl/certs ~/Work/Projects/Web/src /var/www/html /etc/apache2
$ pushd +1
~/Work/Projects/Web/src /var/www/html /etc/apache2 /etc/ssl/certs
$ pushd +2
```

---

[4] プログラマーはこれらの操作を、スタックの回転として認識します。

```
/etc/apache2 /etc/ssl/certs ~/Work/Projects/Web/src /var/www/html
```

このようにして、簡単なコマンドを使って、スタック内のどのディレクトリーにも
ジャンプすることができます。ただし、スタックが長い場合には、ディレクトリー
の数値位置を目で見て判断するのが難しくなります。そこで、「4.2.2.2　ディレクト
リースタックを表示する」で見たように、dirs -v を使って、各ディレクトリーの数
値位置を表示します。

```
$ dirs -v
 0  /etc/apache2
 1  /etc/ssl/certs
 2  ~/Work/Projects/Web/src
 3  /var/www/html
```

/var/www/html をスタックのトップに移す（およびカレントディレクトリーにす
る）には、pushd +3 を実行します。

スタックのボトムのディレクトリーにジャンプするには、pushd -0 （ダッシュと
ゼロ）を実行する方法もあります。

```
$ dirs
/etc/apache2 /etc/ssl/certs ~/Work/Projects/Web/src /var/www/html
$ pushd -0
/var/www/html /etc/apache2 /etc/ssl/certs ~/Work/Projects/Web/src
```

また、popd に数値の引数を付けることで、トップ以外のディレクトリーをスタッ
クから削除することができます。次のコマンドは、

```
$ popd +N
```

トップから数えて N の位置にあるディレクトリーをスタックから削除します。負
の引数（-N）を指定すると、代わりに、スタックのボトムから数えます。どちらの場
合もゼロから数えるので、popd +1 は、トップから 2 番目のディレクトリーを削除
します。

```
$ dirs
/var/www/html /etc/apache2 /etc/ssl/certs ~/Work/Projects/Web/src
$ popd +1
/var/www/html /etc/ssl/certs ~/Work/Projects/Web/src
$ popd +2
/var/www/html /etc/ssl/certs
```

## 4.3 まとめ

この章で紹介したすべてのテクニックは、少しの練習で簡単に理解することができ、多くの時間と入力の手間を節約できます。特に人生が変わるようだと筆者が感じたテクニックは、次の3つです。

- 素早い移動のための CDPATH
- 素早く戻るための pushd と popd
- ときどき使用する cd - コマンド

# 第II部
# 次のレベルへ

ここまでで、コマンド、パイプ、シェル、ファイルシステム内の移動について基礎を理解できたので、いよいよ次の段階に進むべき時です。次の5つの章では、多くの新しい Linux プログラムといくつかの重要なシェルの概念について説明します。さらに、それらを応用して複雑なコマンドを作成し、Linux コンピューター上で現実的な問題に取り組みます。

- 5章　ツールボックスの拡張
- 6章　親と子、および環境
- 7章　コマンドを実行するための追加の11の方法
- 8章　ブラッシュワンライナーの作成
- 9章　テキストファイルの活用

# 5章
# ツールボックスの拡張

　Linux システムには、何千ものコマンドラインプログラムが付属していますが、一般に経験豊富なユーザーは、それらのコマンドの小さなサブセット——ある種のツールボックス——を何度も繰り返し利用しています。「1 章　コマンドの組み合わせ」では、とても役に立つ 6 個のコマンドを読者のツールボックスに加えましたが、この章では 10 個以上のコマンドを紹介します。それぞれのコマンドについて簡潔に説明し、いくつかの使用例を示します（使用可能なすべてのオプションについては、コマンドの man ページを参照してください）。また、awk と sed という、2 つの強力なコマンドも紹介します。これらを覚えるのは少し大変ですが、努力に見合う価値は十分にあります。全体として、この章で紹介するコマンドは、パイプラインやその他の複雑なコマンドを形成するための、一般的で現実的な次の 4 つのニーズを満たします。

### テキストの生成

　　日付、時刻、一連の数値と文字、ファイルパス、繰り返される文字列、パイプラインを活発にするためのその他の文字列などを出力します。

### テキストの抽出

　　grep、cut、head、tail の各コマンド、および awk の便利な機能を組み合わせて、テキストファイルの任意の部分を取り出します。

### テキストの結合

　　cat や tac を使って上から下へと、あるいは echo と paste を使って横に並べて、ファイルを結合します。また、paste や diff を使って、ファイルを交互に重ねることもできます。

**テキストの変換**

tr や rev のようなシンプルなコマンドを使って、または awk や sed のような強力なコマンドを使って、テキストを別のテキストに変換します。

この章ではコマンドの概要を示します。実際の使用例については、後の章で示します。

# 5.1 テキストの生成

すべてのパイプラインは、stdout に出力を行う単一コマンドで始まります。それは、選択したデータをファイルから取り出す、grep や cut のようなコマンドの場合もありますし、

```
$ cut -d: -f1 /etc/passwd | sort      # すべてのユーザー名を表示して、ソートする
```

複数ファイルのすべての内容を別のコマンドにパイプで渡すことに役立つ、cat のようなコマンドの場合もあります。

```
$ cat *.txt | wc -l                   # 行数の合計を求める
```

それ以外の多くの場合、パイプライン内の最初のテキストは、その他のソースによってもたらされます。読者は既にそのようなコマンドの 1 つを知っています。ls です。このコマンドは、ファイルやディレクトリーの名前と、関連する情報を出力します。そのほかに、テキストを生み出すコマンドとテクニックをいくつか見てみましょう。

date
    日付と時刻を、さまざまなフォーマットで出力する

seq
    一連の数値を出力する

**ブレース展開**
    一連の数値や文字を出力するシェルの機能

find

　　ファイルパスを出力する

yes

　　同じ行を繰り返し出力する

## 5.1.1　date コマンド

date コマンドは、現在の日付と時刻（またはそのいずれか）を、さまざまなフォーマットで出力します。

```
$ date                          # デフォルトのフォーマット
Mon Jun 28 16:57:33 EDT 2021
$ date +%Y-%m-%d                # 年-月-日のフォーマット
2021-06-28
$ date +%H:%M:%S                # 時:分:秒のフォーマット
16:57:33
```

　出力されるフォーマットを制御するには、プラス記号（+）で始まり、その後にテキストが続く引数を指定します。テキストは、現在の年を 4 桁で表す %Y や、現在の時間を 24 時間表記で表す %H など、パーセント記号（%）で始まる特別な式を含むことができます。この式の完全なリストについては、date の man ページを参照してください。

```
$ date +"I cannot believe it's already %A!"      # 曜日
I cannot believe it's already Tuesday!
```

## 5.1.2　seq コマンド

seq コマンドは、ある範囲内の一連の数値を出力します。範囲の下限と上限を表す 2 つの引数を指定すると、seq はその範囲全体を出力します。

```
$ seq 1 5                       # 1 から 5 までのすべての整数を出力する
1
2
3
4
5
```

　3 つの引数を指定すると、最初と最後の引数によって範囲が定義され、2 番目の引数は増分を表します。

```
$ seq 1 2 10              # 1 ずつではなく、2 ずつ増える
1
3
5
7
9
```

-1 のように負の増分を指定すると、降順の数値が生成されます。

```
$ seq 3 -1 0
3
2
1
0
```

小数の増分を指定すると、浮動小数点数が生成されます。

```
$ seq 1.1 0.1 2           # 0.1 ずつ増える
1.1
1.2
1.3
⋮
2.0
```

　デフォルトでは、値が改行文字で区切られますが、-s オプションの後に任意の文字を続けることで、セパレーター（区切り文字）を変更できます。

```
$ seq -s/ 1 5             # スラッシュを使って値を区切る
1/2/3/4/5
```

-w オプションを指定すると、必要に応じて先頭にゼロが追加され、すべての値が（文字数として）同じ幅になります。

```
$ seq -w 8 10
08
09
10
```

　seq は、このほかにもさまざまなフォーマットで数値を生成できますが（man ページを参照）、ここで紹介した例が最も一般的な使い方です。

## 5.1.3　ブレース展開（シェルの機能）

　シェルは、**ブレース展開**（brace expansion）と呼ばれる、一連の数値を出力する

ための独自の方法を提供しています。これは左波括弧（ { ）で始まり、2 つのドット
で区切られた 2 つの整数が続き、右波括弧（ } ）で終わります。

```
$ echo {1..10}                    # 1 から順に
1 2 3 4 5 6 7 8 9 10
$ echo {10..1}                    # 10 から逆に
10 9 8 7 6 5 4 3 2 1
$ echo {01..10}                   # 先頭にゼロを付けて（同じ幅）
01 02 03 04 05 06 07 08 09 10
```

　より一般的に言うと、{$x..y..z$} というシェルの式によって、$x$ から $y$ まで、$z$ ずつ
増える値が生成されます。

```
$ echo {1..1000..100}             # 1 から 100 ずつ数える
1 101 201 301 401 501 601 701 801 901
$ echo {1000..1..100}             # 1000 から逆に
1000 900 800 700 600 500 400 300 200 100
$ echo {01..1000..100}            # 先頭にゼロを付けて
0001 0101 0201 0301 0401 0501 0601 0701 0801 0901
```

**波括弧と角括弧**

角括弧（[]）は、ファイル名に関するパターンマッチング演算子です（「2 章
シェルについての理解」を参照）。それに対して、波括弧のブレース展開は、
ファイル名にはまったく依存せず、単に文字列のリストとして評価されます。
ブレース展開を使ってファイル名を「表示」することはできますが、パターン
マッチングは行われません。

```
$ ls
file1 file2 file4
$ ls file[2-4]          # 存在するファイル名にマッチする
file2 file4
$ ls file{2..4}         #「file2 file3 file4」として評価される
ls: cannot access 'file3': No such file or directory
file2  file4
```

　ブレース展開は、一連の文字を生み出すこともできます。これは、seq ではできま
せん。

```
$ echo {A..Z}
A B C D E F G H I J K L M N O P Q R S T U V W X Y Z
```

　ブレース展開は、数値や文字を、常にスペース文字で区切って 1 行に出力します。

これを変更するには、出力を、tr（「5.4.1　tr コマンド」を参照）などの別のコマンドにパイプで渡します。

```
$ echo {A..Z} | tr -d ' '        # スペースを削除する
ABCDEFGHIJKLMNOPQRSTUVWXYZ
$ echo {A..Z} | tr ' ' '\n'      # スペースを改行に変更する
A
B
C
⋮
Z
```

次のようにすると、英語のアルファベットの n 番目の文字を表示するエイリアスを作成できます。

```
$ alias nth="echo {A..Z} | tr -d ' ' | cut -c"
$ nth 10
J
```

## 5.1.4　find コマンド

find コマンドは、あるディレクトリー内のファイルを、サブディレクトリーへと再帰的に下降しながらリストアップし、それらのフルパスを表示します[†1]。結果は、アルファベット順ではありません（必要であれば、出力をパイプで sort に渡します）。

```
$ find /etc -print        # /etc のすべてのものを再帰的にリストアップする
/etc
/etc/issue.net
/etc/nanorc
/etc/apache2
/etc/apache2/sites-available
/etc/apache2/sites-available/default.conf
⋮
```

find には、組み合わせることのできる非常に多くのオプションがあります。ここでは、とても役に立つものをいくつか紹介します。 -type オプションを使うと、出力結果をファイルやディレクトリーだけに限定できます。

```
$ find . -type f -print        # ファイルのみ
$ find . -type d -print        # ディレクトリーのみ
```

---

†1　関連するコマンドの ls -R は、パイプラインにとってあまり使いやすくないフォーマットで出力を生成します。

　-name オプションを使うと、出力結果を、パターンにマッチするファイル名だけ
に限定できます。シェルが先にパターンを評価しないように、パターンを引用符で囲
むかエスケープします。

```
$ find /etc -type f -name "*.conf" -print        # .conf で終わるファイル
/etc/logrotate.conf
/etc/systemd/logind.conf
/etc/systemd/timesyncd.conf
⋮
```

　ファイル名のマッチングで大文字と小文字を区別しないようにするには、-iname
オプションを使います。

```
$ find . -iname "*.txt" -print
```

　find は、-exec を使って、出力結果のそれぞれのファイルパスに対して Linux コ
マンドを実行することができます。この構文は少し変わっています。

1. find コマンドを作成し、-print を省略する
2. -exec を追加し、実行したいコマンドをその後に続けて記述する。コマンド内
   でファイルパスが現れるべき場所を表すために、{} という式を使用する
3. ";" や\; のように、引用符付きのセミコロンまたはエスケープされたセミコロ
   ンで終了する

　次に示すのは、ファイルパスの両側に@記号を表示する簡単な例です。

```
$ find /etc -exec echo @ {} @ ";"
@ /etc @
@ /etc/issue.net @
@ /etc/nanorc @
⋮
```

　次のもう少し実用的な例は、/etc とそのサブディレクトリー内のすべての.conf
ファイルについて、長いリスト表示（ls -l）を実行します。

```
$ find /etc -type f -name "*.conf" -exec ls -l {} ";"
-rw-r--r-- 1 root root 703  Aug 21  2017 /etc/logrotate.conf
-rw-r--r-- 1 root root 1022 Apr 20  2018 /etc/systemd/logind.conf
-rw-r--r-- 1 root root 604  Apr 20  2018 /etc/systemd/timesyncd.conf
⋮
```

find -exec は、ディレクトリー階層全体にわたって大規模な削除を行う場合に効果的です（ただし、十分に注意してください！）。例として、$HOME/tmp ディレクトリーとそのサブディレクトリーの中で、名前がチルダ（~）で終わるファイルを削除してみましょう。安全のために、まず echo rm コマンドを実行して、どのファイルが削除されるかを確認し、その後で echo を取り除いて、実際にファイルを削除します。

```
$ find $HOME/tmp -type f -name "*~" -exec echo rm {} ";"    # 安全のために echo
rm /home/smith/tmp/file1~
rm /home/smith/tmp/junk/file2~
rm /home/smith/tmp/vm/vm-8.2.0b/lisp/vm-cus-load.el~
$ find $HOME/tmp -type f -name "*~" -exec rm {} ";"           # 実際に削除する
```

## 5.1.5 yes コマンド

yes コマンドは、終了させられるまで、何度も繰り返し同じ文字列を出力します。

```
$ yes              # デフォルトでは「y」を繰り返す
y
y
y Ctrl - C         # Ctrl-C を押してコマンドを終了させる
$ yes woof!        # 任意の他の文字列を繰り返す
woof!
woof!
woof! Ctrl - C
```

この不思議な動作の使い道は何でしょうか？ yes は、インタラクティブなプログラムに入力を供給し、ユーザーの手を介さずにそれらを実行できるようにします。たとえば、Linux のファイルシステムにエラーがあるかどうかをチェックする fsck プログラムは、処理を続行するためにユーザーにプロンプトを表示し、y または n の応答を待機します。fsck に yes コマンドからの出力をパイプで渡すと、ユーザーの代わりにすべてのプロンプトに応答することになるので、ユーザーはその場を離れることができ、fsck は最後まで実行されます[2]。

ここでの私たちの目的に関する yes の主な用途は、yes の出力をパイプで head に渡すことで、文字列を特定の回数だけ表示することです（実用的な例については、「8.5 テストファイルを生成する」で紹介します）。

---

[2] 現在では、fsck の実装によっては、すべてのプロンプトに対して「yes」または「no」と応答するための -y オプションと -n オプションを持つものもあります。そのような場合、yes コマンドは不要です。

```
$ yes "Efficient Linux" | head -n3          # 文字列を 3 回表示する
Efficient Linux
Efficient Linux
Efficient Linux
```

## 5.2　テキストの抽出

　ファイルの一部だけを必要とする場合は、grep、cut、head、tail を組み合わせて実行するのが最も簡単です。最初の 3 つについては、「1 章　コマンドの組み合わせ」で説明しました。grep は文字列にマッチする行を表示し、cut はファイルから列を表示し、head はファイルの最初の数行を表示します。新しいコマンドの tail は head の逆であり、ファイルの最後の数行を表示します。**図5-1** は、これらの 4 つのコマンドの連携を示しています。

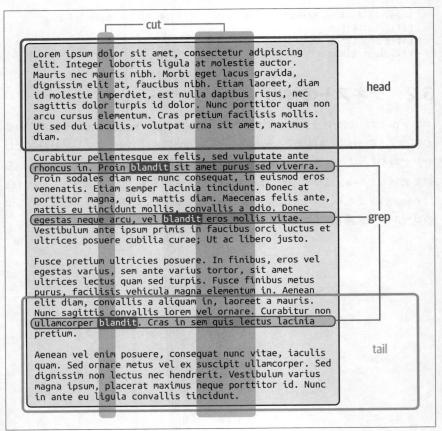

図5-1　head、grep、tail は行を抽出し、cut は列を抽出する。この例では grep は、「blandit」と
いう文字列を含んでいる行にマッチする

　ここでは、grep についてさらに詳しく調べ、tail についてあらためて説明しま
す。grep は、単純な文字列にマッチさせるだけでなく、はるかに多くのことを実行
できます。また、cut ではできない方法で列を抽出するための awk の機能について
も紹介します。これらの 5 つのコマンドを組み合わせると、1 つのパイプラインを
使って、あらゆるテキストを抽出できるようになります。

## 5.2.1　grep コマンドをさらに詳しく

　grep が、指定された文字列にマッチする行をファイルから表示することは既に説

明しました。

```
$ cat frost
Whose woods these are I think I know.
His house is in the village though;
He will not see me stopping here
To watch his woods fill up with snow.
This is not the end of the poem.
$ grep his frost                        #「his」を含んでいる行を表示する
To watch his woods fill up with snow.
This is not the end of the poem.        #「This」は「his」にマッチする
```

grep には、とても役に立つオプションがいくつかあります。-w オプションを使うと、単語全体だけにマッチします。

```
$ grep -w his frost                     #「his」という単語に厳密にマッチする
To watch his woods fill up with snow.
```

-i オプションを使うと、大文字と小文字の区別を無視します。

```
$ grep -i his frost
His house is in the village though;     #「His」にマッチする
To watch his woods fill up with snow.   #「his」にマッチする
This is not the end of the poem.        #「This」は「his」にマッチする
```

-l オプションを使うと、マッチする行を含んでいるファイル名だけを表示し、マッチする行そのものは表示しません。

```
$ grep -l his *                         # どのファイルが「his」という文字列を含んでいるか？
frost
```

しかし、grep の真の実力は、単純な文字列のマッチングではなく、**正規表現**（regular expression）と呼ばれるパターンのマッチングを行う場合に発揮されます[3]。この構文はファイル名のパターンとは異なります。その一部を**表5-1**に示します。

---

[3] grep という名前は「get regular expression and print」の略です。

表5-1　grep、awk、sed で共通の正規表現構文の一部[†4]

| これにマッチさせるには | この構文を使用する | 例 |
|---|---|---|
| 行の先頭 | `^` | `^a` = a で始まる行 |
| 行の末尾 | `$` | `!$` = 感嘆符で終わる行 |
| 任意の 1 文字（改行文字を除く） | `.` | `...` = 連続する任意の 3 文字 |
| 文字どおりのキャレット、ドル記号、その他の特殊文字 *c* | `\c` | `\$` = 文字どおりのドル記号 |
| 式 *E* の 0 回以上の出現 | `E*` | `_*` = 0 個以上のアンダースコア |
| 文字セット内の任意の 1 文字 | `[characters]` | `[aeiouAEIOU]` = 任意の母音字 |
| 文字セット内にない任意の 1 文字 | `[^characters]` | `[^aeiouAEIOU]` = 母音以外の任意の文字 |
| $c_1$ から $c_2$ までの範囲内の任意の文字 | `[c1-c2]` | `[0-9]` = 任意の数字 |
| $c_1$ から $c_2$ までの範囲内にない任意の文字 | `[^c1-c2]` | `[^0-9]` = 数字以外の任意の文字 |
| $E_1$ と $E_2$ の 2 つの式のいずれか | grep と sed では、$E_1$`\|`$E_2$ | `one\|two` = one または two |
| | awk では、$E_1$`\|`$E_2$ | `one|two` = one または two |
| 式 *E* をグループ化して優先させる | grep と sed では、`\(`*E*`\)`[†5] | `\(one\|two\)*` = one または two の 0 回以上の出現 |
| | awk では、`(`*E*`)` | `(one|two)*` = one または two の 0 回以上の出現 |

　正規表現を使った grep コマンドの例をいくつか紹介します。次のコマンドは、大文字で始まるすべての行にマッチします。

```
$ grep '^[A-Z]' myfile
```

　次のコマンドは、空でないすべての行にマッチします（つまり、空の行にマッチさせ、-v を使ってそれらを除外します）。

```
$ grep -v '^$' myfile
```

　次のコマンドは、「cookie」または「cake」を含んでいるすべての行にマッチします。

```
$ grep 'cookie\|cake' myfile
```

　次のコマンドは、5 文字以上の長さのすべての行にマッチします。

---

†4　この 3 つのコマンドは、正規表現の扱い方に違いがあります。**表5-1** は、その一部を示したものです。

†5　sed では、この構文はグループ化以上のことを行います。「5.4.3.4　sed による部分式のマッチ」を参照してください。

```
$ grep '.....' myfile
```

次のコマンドは、HTML コードの行のように、大なり記号（>）の前のどこかに小なり記号（<）が存在するすべての行にマッチします。

```
$ grep '<.*>' page.html
```

正規表現は素晴らしいものですが、邪魔になってしまう場合もあります。たとえば、frost ファイルの中で、w の後にピリオドが続いている行を検索したいと仮定しましょう。次のコマンドは、誤った結果を生み出してしまいます。なぜなら、ピリオドは「任意の 1 文字」を意味する正規表現だからです。

```
$ grep w. frost
Whose woods these are I think I know.
He will not see me stopping here
To watch his woods fill up with snow.
```

この問題を回避するために、特殊文字をエスケープすることもできます。

```
$ grep 'w\.' frost
Whose woods these are I think I know.
To watch his woods fill up with snow.
```

しかし、この解決策は、エスケープすべき特殊文字が数多くある場合には面倒です。ありがたいことに、-F オプション（「fixed」の意味）を使うことで、正規表現のことは忘れて、入力内のすべての文字を文字どおりに検索するよう grep に強制することができます。あるいは、grep の代わりに fgrep を実行しても同じ結果が得られます。

```
$ grep -F w. frost
Whose woods these are I think I know.
To watch his woods fill up with snow.
$ fgrep w. frost
Whose woods these are I think I know.
To watch his woods fill up with snow.
```

grep には、ほかにも多くのオプションがあります。ここでは、よくある問題を解決するためのもう 1 つのオプションを紹介します。-f オプション（小文字。-F と混同しないように！）を使うと、1 つの文字列ではなく、文字列のセットに対してマッチさせることができます。実用的な例として、「1.2.5 コマンド⑤ sort」で紹介し

た /etc/passwd ファイルの中で見つかったシェルをすべて表示してみましょう。覚えているでしょうが、/etc/passwd 内のそれぞれの行は、ユーザーに関する情報を含んでおり、コロンで区切られたフィールドとして構成されています。各行の最後のフィールドは、ユーザーのログイン時に起動されるプログラムです。このプログラムは、多くの場合はシェルですが、必ずしもそうとは限りません。

```
$ cat /etc/passwd
root:x:0:0:root:/root: /bin/bash            # 第 7 フィールドはシェル
daemon:x:1:1:daemon:/usr/sbin: /usr/sbin/nologin  # 第 7 フィールドはシェルではない
⋮
```

　プログラムがシェルかどうかを判断するには、どうしたらよいでしょうか？/etc/shells ファイルには、Linux システム上のすべての有効なログインシェルが記述されています。

```
$ cat /etc/shells
/bin/sh
/bin/bash
/bin/csh
```

　したがって、cut を使って /etc/passwd の 7 番目のフィールドを抽出し、sort -u を使って重複を取り除き、grep -f を使って結果を /etc/shells と照合することで、/etc/passwd 内のすべての有効なシェルを表示することができます。また、用心のために -F オプションを追加し、たとえ /etc/shells 内の行に特殊文字が含まれていたとしても、それらがすべて文字どおりに扱われるようにします。

```
$ cut -d: -f7 /etc/passwd | sort -u | grep -f /etc/shells -F
/bin/bash [6]
```

## 5.2.2　tail コマンド

　tail コマンドは、ファイルの最後の数行――デフォルトでは 10 行――を表示します。これは head コマンドの相棒です。たとえば、alphabet という名前のファイルがあり、1 文字につき 1 行ずつ、全部で 26 の行が含まれていると仮定します。

---

[6]　訳注：Ubuntu のデフォルト状態ではこのように /bin/bash が表示されますが、コマンドの実行結果は環境によって異なります。たとえば、実行結果に /bin/sh や /bin/zsh などが表示される場合もあります。

```
$ cat alphabet
A is for aardvark
B is for bunny
C is for chipmunk
⋮
X is for xenorhabdus
Y is for yak
Z is for zebu
```

tail を使って、最後の 3 行を表示してみましょう。-n オプションは、head コマンドと同様に、表示すべき行数を表します。

```
$ tail -n3 alphabet
X is for xenorhabdus
Y is for yak
Z is for zebu
```

数字の前にプラス記号（+）を付けると、その行番号からファイルの終わりまでを表示します。次のコマンドは、ファイルの 25 行目から表示します。

```
$ tail -n+25 alphabet
Y is for yak
Z is for zebu
```

head と tail を組み合わせると、ファイルから任意の範囲の行を表示することができます。たとえば、4 行目だけを表示するには、最初の 4 行を抽出し、最後の 1 行を切り離します。

```
$ head -n4 alphabet | tail -n1
D is for dingo
```

一般に、$M$ 行目から $N$ 行目までを表示するには、head を使って最初の $N$ 行を抽出し、tail を使って最後の $N - M + 1$ 行を切り離します。たとえば、alphabet ファイルの 6 行目から 8 行目までを表示するには、次のようにします。

```
$ head -n8 alphabet | tail -n3
F is for falcon
G is for gorilla
H is for hawk
```

head と tail はどちらも、 -n を使わずに行数を指定するための、より簡単な構文をサポートしています。この構文は古くからあるもので、文書化されておらず、使用も推奨されていませんが、おそらくずっとサポートされたままになるでしょう。

```
$ head -4 alphabet      # head -n4 alphabet と同じ
$ tail -3 alphabet      # tail -n3 alphabet と同じ
$ tail +25 alphabet     # tail -n+25 alphabet と同じ
```

## 5.2.3　awkの{print}コマンド

awk コマンドは、何百もの用途がある、汎用のテキストプロセッサー（テキスト処理プログラム）です。その 1 つの小さな機能である print について見てみましょう。これは、cut コマンドではできない方法で、ファイルから列を抽出します。システムファイルの/etc/hosts について考えてみましょう。このファイルには、IP アドレスとホスト名が、任意の数のスペースで区切られて含まれています。

```
$ less /etc/hosts
127.0.0.1       localhost
127.0.1.1          myhost       myhost.example.com
192.168.1.2        frodo
192.168.1.3     gollum
192.168.1.28        gandalf
```

各行の 2 番目の単語を表示することで、ホスト名を抽出したいと仮定しましょう。問題となるのは、それぞれのホスト名の前に任意の数のスペースが存在することです。cut は、その列が、文字の位置によってきちんと並んでいるか（-c）、または一貫した 1 つの文字によって区切られている（-f）ことを必要とします。したがって、各行の 2 番目の単語を表示するには別のコマンドが必要ですが、awk はその機能を簡単に提供します。

```
$ awk '{print $2}' /etc/hosts
localhost
myhost
frodo
gollum
gandalf
```

awk では、ドル記号の後に列（フィールド）の番号を続けることで、任意の列を参照できます。たとえば、$7 は 7 番目の列を表します。列の番号が 2 桁以上になる

場合は、 `$(25)` のように、列の番号を丸括弧で囲みます。最後の列を参照するには、`$NF`（「number of fields」の意味）を使うこともできます。行全体を参照するには、`$0` を使います。

awk は、デフォルトでは、値の間にスペースを表示しません。スペースが必要な場合は、値をカンマ（,）で区切ります。

```
$ echo Efficient fun Linux | awk '{print $1 $3}'      # スペースなし
EfficientLinux
$ echo Efficient fun Linux | awk '{print $1, $3}'     # スペースあり
Efficient Linux
```

awk の print 文は、整然とした列から逸脱したコマンド出力を処理するのに最適です。そのような例の 1 つが df です。このコマンドは、Linux システムの空きディスク領域と使用ディスク領域のサイズを表示します。

```
$ df / /data
Filesystem      1K-blocks      Used  Available Use% Mounted on
/dev/sda1      1888543276  902295944  890244772  51% /
/dev/sda2      7441141620 1599844268 5466214400  23% /data
```

列の位置は、Filesystem（ファイルシステム）のパスの長さ、各種のディスクサイズ、df に渡したオプションなどによって変わるので、cut を使って確実に値を抽出することはできません。しかし、awk を使うと、たとえば各行の 4 番目の値（使用可能なディスク領域）を簡単に取り出すことができます。

```
$ df / /data | awk '{print $4}'
Available
890244772
5466214400
```

また、1 より大きい行番号だけを表示するという、ちょっとした awk のマジックを使って、最初の行（ヘッダー）を取り除くこともできます。

```
$ df / /data | awk 'FNR>1 {print $4}'
890244772
5466214400
```

入力がスペース以外の文字で区切られている場合は、-F オプションを使って、awk のフィールドセパレーター（フィールドの区切り文字）を任意の正規表現に変更できます。

```
$ echo efficient:::::linux | awk -F':*' '{print $2}'      # 任意の数のコロン
linux
```

awk については、「5.4.3.1　awk の要点」でさらに詳しく説明します。

## 5.3　テキストの結合

さまざまなファイルからテキストを結合するコマンドを、読者は既にいくつか知っています。その 1 つが cat です。このコマンドは、複数のファイルの内容を stdout に出力します。これは、ファイルを上から下へと結合するツールであり、それこそがコマンド名の由来です——「it con**cat**enates files」（ファイルを連結する）。

```
$ cat poem1
It is an ancient Mariner,
And he stoppeth one of three.
$ cat poem2
'By thy long grey beard and glittering eye,
$ cat poem3
Now wherefore stopp'st thou me?
$ cat poem1 poem2 poem3
It is an ancient Mariner,
And he stoppeth one of three.
'By thy long grey beard and glittering eye,
Now wherefore stopp'st thou me?
```

これまで見てきた、テキスト結合のためのもう 1 つのコマンドが、echo です。これは、与えられた引数が何であれ、それらを 1 つのスペース文字で区切って表示するシェルビルトインです。このコマンドは、文字列を横に並べて結合します。

```
$ echo efficient          linux      in     $HOME
efficient linux in /home/smith
```

このほかに、テキストを結合するコマンドをいくつか調べてみましょう。

tac
    テキストファイルを下から上へと結合するコマンド

paste
    テキストファイルを横に並べて結合するコマンド

diff

2 つのファイルの違いを表示することで、それらのファイルからテキストを交互に重ねるコマンド

## 5.3.1 tac コマンド

tac コマンドは、ファイルを 1 行ずつ反転させます（逆順で表示します）。このコマンドの名前は、cat を逆につづったものです。

```
$ cat poem1 poem2 poem3 | tac
Now wherefore stopp'st thou me?
'By thy long grey beard and glittering eye,
And he stoppeth one of three.
It is an ancient Mariner,
```

テキストを反転させる前に 3 つのファイルを連結していることに注目してください。もし、tac に複数のファイルを引数として与えていたとしたら、tac は、順番にそれぞれのファイルの行を反転させ、異なる出力を生成していたでしょう。

```
$ tac poem1 poem2 poem3
And he stoppeth one of three.          # 反転された最初のファイル
It is an ancient Mariner,
'By thy long grey beard and glittering eye,   # 2 番目のファイル
Now wherefore stopp'st thou me?        # 3 番目のファイル
```

tac は、時系列順に並んでいるが、sort -r コマンドでは逆順に並べ替えることのできないデータを処理するのに適しています。典型的な例は、Web サーバーのログファイルを反転させ、新しい行から古い行へと順番に処理することです。

```
192.168.1.34 - - [30/Nov/2021:23:37:39 -0500] "GET / HTTP/1.1" ...
192.168.1.10 - - [01/Dec/2021:00:02:11 -0500] "GET /notes.html HTTP/1.1"
...
192.168.1.8 - - [01/Dec/2021:00:04:30 -0500] "GET /stuff.html HTTP/1.1"
...
⋮
```

これらの行は、タイムスタンプによって時系列順に並んでいますが、アルファベット順でも数値順でもないので、sort -r コマンドは役に立ちません。tac コマンドは、タイムスタンプを考慮することなく、これらの行を反転させることができます。

## 5.3.2　paste コマンド

　paste コマンドは、ファイルを横に並べ、それぞれを 1 つの列として、1 つのタブ文字で区切って結合します。このコマンドは、タブ区切りファイルから列を抽出する cut コマンドの相棒です。

```
$ cat title-words1
EFFICIENT
AT
COMMAND
$ cat title-words2
linux
the
line
$ paste title-words1 title-words2
EFFICIENT       linux
AT      the
COMMAND line
$ paste title-words1 title-words2 | cut -f2   # cut と paste は互いに補完する
linux
the
line
```

　-d オプション（「delimiter」の意味）を使うと、セパレーターを、カンマなどの別の文字に変更できます。

```
$ paste -d, title-words1 title-words2
EFFICIENT,linux
AT,the
COMMAND,line
```

　-s オプションを使うと、出力を入れ替え、結合した列の代わりに、結合した行を生成します。

```
$ paste -d, -s title-words1 title-words2
EFFICIENT,AT,COMMAND
linux,the,line
```

　セパレーターを改行文字（\n）に変更すると、paste は 2 つ以上のファイルからデータを交互に重ねます。

```
$ paste -d "\n" title-words1 title-words2
EFFICIENT
linux
```

```
AT
the
COMMAND
line
```

## 5.3.3　**diff**コマンド

　diff コマンドは、2つのファイルを行ごとに比較し、それらの違いについて簡潔なレポートを表示します。

```
$ cat file1
Linux is all about efficiency.
I hope you will enjoy this book.
$ cat file2
MacOS is all about efficiency.
I hope you will enjoy this book.
Have a nice day.
$ diff file1 file2
1c1
< Linux is all about efficiency.
---
> MacOS is all about efficiency.
2a3
> Have a nice day.
```

　1c1 という表記法は、ファイル間の変更（change）または相違を表します。これは、最初のファイルの1行目が2番目のファイルの1行目と異なっていることを意味します。この表記法の後には、file1 の該当する行、3つのダッシュ記号のセパレーター（---）、file2 の該当する行が続きます。先頭の<という記号は、常に最初のファイルの行を表し、>は2番目のファイルの行を表します。

　2a3 という表記法は、追加（addition）を表します。これは、file2 には、file1 の2行目の後に存在していない3番目の行があることを意味します。この表記法の後には、file2 の追加の行、すなわち「Have a nice day.」が続きます。

　diff の出力結果には、このほかの表記法が含まれる場合もあり、別の書式を取ることもあります。しかし、2つのファイルから行を交互に重ねるテキストプロセッサーとして diff を使用するという、ここでの目的のためには、この短い説明で十分でしょう。多くのユーザーは、diff をこのようなコマンドとは考えていませんが、ある種の問題を解決するためにパイプラインを形成する目的で役立ちます。たとえば、grep と cut を使って、ファイル間で異なっている行を抽出することができます。

```
$ diff file1 file2 | grep '^[<>]'
< Linux is all about efficiency.
> MacOS is all about efficiency.
> Have a nice day.
$ diff file1 file2 | grep '^[<>]' | cut -c3-
Linux is all about efficiency.
MacOS is all about efficiency.
Have a nice day.
```

　実用的な例については、「7.2.2　テクニック④　プロセス置換」と「8.3　対応する
ファイルのペアをチェックする」で紹介します。

## 5.4　テキストの変換

　「1章　コマンドの組み合わせ」では、stdin からテキストを読み込み、それを何か
ほかのものに変換して stdout に出力するコマンドを、いくつか紹介しました。wc
は、行数、単語数、文字数を出力します。sort は、行をアルファベット順または数
値順に並べ替えます。uniq は、重複する行を統合します。このほかに、入力を変換
するコマンドをいくつか見てみましょう。

tr
　　　文字を別の文字に変換する（translate）

rev
　　　行内の文字を反転させる（reverse）

awk と sed
　　　汎用のテキスト変換プログラム

## 5.4.1　tr コマンド

　tr コマンドは、一方のセットの文字を、もう一方のセットの文字に変換します。
「2章　シェルについての理解」では、コロンを改行文字に変換してシェルの PATH を
表示する、という例を紹介しました。

```
$ echo $PATH | tr : "\n"          # コロンを改行に変換する
/home/smith/bin
/usr/local/bin
/usr/bin
/bin
```

```
/usr/games
/usr/lib/java/bin
```

tr は引数として 2 つのセットの文字を取り、最初のセットのメンバーを、それに対応する 2 番目のセットのメンバーに変換します。よくある使い方は、テキストを大文字や小文字に変換したり、

```
$ echo efficient | tr a-z A-Z      # a を A に、b を B に、といった具合に変換する
EFFICIENT
$ echo Efficient | tr A-Z a-z
efficient
```

スペースを改行に変換したり、

```
$ echo Efficient Linux | tr " " "\n"
Efficient
Linux
```

-d（delete）オプションを使って、空白文字を削除したりすることです。

```
$ echo efficient linux | tr -d ' \t'       # スペースとタブを削除する
efficientlinux
```

## 5.4.2　rev コマンド

rev コマンドは、入力の各行の文字を反転させます[7]。

```
$ echo Efficient Linux! | rev
!xuniL tneiciffE
```

娯楽としての価値以上に、rev は、ファイルから扱いにくい情報を抽出するために役立ちます。たとえば、次のように有名人の名前が書かれたファイルがあると仮定しましょう。

```
$ cat celebrities
Jamie Lee Curtis
Zooey Deschanel
Zendaya Maree Stoermer Coleman
Rihanna
```

ここで、各行の最後の単語（Curtis、Deschanel、Coleman、Rihanna）を抽出し

---

[7]　クイズ：rev myfile | tac | rev | tac というパイプラインは何をするでしょうか？

たいとします。各行のフィールドの数が同じであれば、`cut -f` を使って簡単に実現できますが、フィールドの数は同じではありません。そこで、`rev` を使うと、すべての行を反転させ、「最初の」フィールドを `cut` で切り出し、もう一度反転させることで、目的を容易に達成できます[†8]。

```
$ rev celebrities
sitruC eeL eimaJ
lenahcseD yeooZ
nameloC remreotS eeraM ayadneZ
annahiR
$ rev celebrities | cut -d' ' -f1
sitruC
lenahcseD
nameloC
annahiR
$ rev celebrities | cut -d' ' -f1 | rev
Curtis
Deschanel
Coleman
Rihanna
```

### 5.4.3　awk および sed コマンド

awk と sed は、テキストを処理するための汎用の「スーパーコマンド」です。これらは、この章で紹介した他のコマンドが行うことを、ほぼすべて実行できますが、より暗号のような構文を用います。簡単な例として、head コマンドと同様に、ファイルの最初の 10 行を表示してみましょう。

```
$ sed 10q myfile          # 10 行を表示して、終了する（q）
$ awk 'FNR<=10' myfile    # 行番号が 10 以下の間だけ表示する
```

文字列の置換や入れ替えなど、他のコマンドではできないこともできます。

```
$ echo image.jpg | sed 's/\.jpg/.png/'          # .jpg を .png に置き換える
image.png
$ echo "linux efficient" | awk '{print $2, $1}' # 2 つの単語を入れ替える
efficient linux
```

awk と sed には、独自の小さなプログラミング言語が組み込まれているので、これまで紹介してきたコマンドよりも覚えるのは大変です。これらのコマンドは非常に多

---

[†8]　すぐ後で、awk や sed を使った簡単な解決策を紹介しますが、この二重の rev の手法は、知っておくと役に立ちます。

くの機能を備えており、これらについて書かれた専門書もたくさんあります[†9]。時間を取って、両方のコマンド（または、少なくともどちらか）を学ぶことを強く勧めます。その手始めとして、ここでは各コマンドの基本的な概念を説明し、一般的な使い方をいくつか紹介します。また、パワフルで重要なこれらのコマンドについてさらに学ぶために、オンラインチュートリアルを参照することを勧めます。

awk や sed の機能をすべて覚えようとする必要はありません。これらのコマンドについては、次のことができるようになれば成功と言えます。

- これらのコマンドによって可能となる変換処理の「種類」を理解し、困ったときに「ああ、これは awk（または sed）の仕事だ！」と判断し、それを利用できるようになること
- これらのコマンドの man ページを読めるようになり、Stack Exchange（https://oreil.ly/0948M）などのオンラインリソースで完全な解決策を見つけられるようになること

## 5.4.3.1 awk の要点

awk は、**awk プログラム**と呼ばれる一連の命令を使って、ファイル（または stdin）のテキスト行を別のテキストに変換します[†10]。awk プログラムがうまく書けるようになればなるほど、テキストをより柔軟に操作できるようになります。awk プログラムは、コマンドライン上で次のように指定します（*program* が awk プログラムで、*input-files* は 1 つまたは複数の入力ファイルです）。

```
$ awk program input-files
```

1 つまたは複数の awk プログラムをファイルに保存し、-f オプションを使ってそれらを参照することもできます。その場合、それらの awk プログラム（*program-file1*、*program-file2*、...）は順番に実行されます。

```
$ awk -f program-file1 -f program-file2 -f program-file3 input-files
```

1 つの awk プログラムは、1 つ以上の**アクション**（action）を含みます。アクショ

---

[†9] O'Reilly Media の書籍『sed & awk』（https://oreil.ly/FjtTm）もその 1 つです。
[†10] awk という名前は、作成者である Aho、Weinberger、Kernighan の各氏の頭文字を取ったものです。

ンとは、「値を計算する」、「テキストを表示する」などといったものであり、入力行
が**パターン**（pattern）にマッチする場合に実行されます。awk プログラム内のそれ
ぞれの命令は、次の形式を取ります。

```
pattern {action}
```

よく使われるパターンには、次のようなものがあります。

**BEGIN という単語**

そのアクションは、awk が入力の処理を開始する前に、一度だけ実行されます。

**END という単語**

そのアクションは、awk がすべての入力を処理し終わった後で、一度だけ実行
されます。

**スラッシュで囲まれた正規表現**（**表5-1** を参照）

たとえば、 /^[A-Z]/ は、大文字で始まる行にマッチします。

**awk 固有のその他の式**

たとえば、入力行の 3 番目のフィールド（$3）が大文字で始まっているかどう
かをチェックするためのパターンは、$3~/^[A-Z]/ となります。入力の最初
の 5 行を読み飛ばすように awk に指示するには、FNR>5 とします。

パターンを持たないアクションは、すべての入力行に対して実行されます（「5.2.3
awk の {print} コマンド」で見たいくつかの awk プログラムは、このタイプのもの
でした）。awk を使うと、「5.4.2　rev コマンド」の「有名人の名字を表示する」とい
う問題を、各行の最後の単語をそのまま表示することで、エレガントに解決できます。

```
$ awk '{print $NF}' celebrities
Curtis
Deschanel
Coleman
Rihanna
```

awk プログラムをコマンドラインで指定する場合は、awk の特殊文字がシェル
によって評価されないように、awk プログラムを引用符で囲みます。必要に応
じて、単一引用符または二重引用符を使います。

逆に、アクションを持たないパターンは、デフォルトのアクションである
{print}を実行します。この場合、パターンにマッチする入力行がそのまま表示
されます。

```
$ echo efficient linux | awk '/efficient/'
efficient linux
```

より完全なデモンストレーションのために、**例1-1** のタブ区切りファイル
animals.txt を処理して、小ぎれいな書誌情報を作成してみましょう。次のよ
うな各行のフォーマットを、

```
python  Programming Python      2010    Lutz, Mark
```

次のフォーマットに変換します。

```
Lutz, Mark (2010). "Programming Python"
```

このためには、3 つのフィールドを並べ替え、丸括弧や二重引用符などの文字を追
加する必要があります。次の awk プログラムは、-F オプションを使って、入力セパ
レーターをスペースからタブ（\t）に変更することで、目的を達成します。

```
$ awk -F'\t' '{print $4, "(" $3 ").", "\"" $2 "\""}' animals.txt
Lutz, Mark (2010). "Programming Python"
Barrett, Daniel (2005). "SSH, The Secure Shell"
Schwartz, Randal (2012). "Intermediate Perl"
Bell, Charles (2014). "MySQL High Availability"
Siever, Ellen (2009). "Linux in a Nutshell"
Boney, James (2005). "Cisco IOS in a Nutshell"
Roman, Steven (1999). "Writing Word Macros"
```

「horse」の書籍だけを処理するには、次の正規表現を追加します。

```
$ awk -F'\t' '/^horse/{print $4, "(" $3 ").", "\"" $2 "\""}'
animals.txt
Siever, Ellen (2009). "Linux in a Nutshell"
```

2010 年以降の書籍だけを処理するには、$3 フィールドが^201 にマッチするかど
うかをテストします。

```
$ awk -F'\t' '$3~/^201/{print $4, "(" $3 ").", "\"" $2 "\""}'
animals.txt
Lutz, Mark (2010). "Programming Python"
Schwartz, Randal (2012). "Intermediate Perl"
Bell, Charles (2014). "MySQL High Availability"
```

　最後に、見出しを表示するための BEGIN 命令、インデントのためのダッシュ記号、より詳しい情報に読者を導くための END 命令を追加します。

```
$ awk -F'\t' \
  'BEGIN {print "Recent books:"} \
  $3~/^201/{print "-", $4, "(" $3 ").", "\"" $2 "\""} \
  END {print "For more books, search the web"}' \
  animals.txt
Recent books:
- Lutz, Mark (2010). "Programming Python"
- Schwartz, Randal (2012). "Intermediate Perl"
- Bell, Charles (2014). "MySQL High Availability"
For more books, search the web
```

　awk は、テキストの表示以外にも、多くのことを実行できます。1 から 100 までの合計を求めるような計算も実行できます。

```
$ seq 1 100 | awk '{s+=$1} END {print s}'
5050
```

　awk については、数ページでそのすべてを説明することはできません。さらに詳しく学ぶには、https://www.tutorialspoint.com/awk/ や https://riptutorial.com/awk などのチュートリアルを参照するか、Web で「awk tutorial」（awk チュートリアル）と検索してください。きっと学習してよかったと思うでしょう。

## 5.4.3.2　重複ファイルの検出パイプラインを改善する

　「1.3　重複ファイルの検出」では、重複する JPEG ファイルをチェックサムによってカウントおよび検出するパイプラインを作成しましたが、ファイル名を表示できるほど強力なものではありませんでした。

```
$ md5sum *.jpg | cut -c1-32 | sort | uniq -c | sort -nr | grep -v "      1 "
      3 f6464ed766daca87ba407aede21c8fcc
      2 c7978522c58425f6af3f095ef1de1cd5
      2 146b163929b6533f02e91bdf21cb9563
```

　しかし、awk という存在を知ったので、これで、ファイル名まで表示するための
ツールがそろいました。md5sum のそれぞれの出力行を読み込む新しいコマンドを作
成してみましょう。

```
$ md5sum *.jpg
146b163929b6533f02e91bdf21cb9563    image001.jpg
63da88b3ddde0843c94269638dfa6958    image002.jpg
146b163929b6533f02e91bdf21cb9563    image003.jpg
⋮
```

　それぞれのチェックサムの出現回数を数えるだけでなく、後で表示するためにファ
イル名も保存しておきます。このためには、**配列**（array）および**ループ**（loop）と
呼ばれる、2 つの awk の機能が必要です。

　配列とは、値の集まりを保持するための変数です。たとえば、A という名前の配列
があり、7 個の値を保持しているとしたら、A[1]、A[2]、A[3] などとして（最大
で A[7] まで）それらの値にアクセスすることができます。1 から 7 までの値は配列
の**キー**（key）と呼ばれ、A[1] から A[7] までは配列の**要素**（element）と呼ばれま
す。ただし、キーは数値とは限らず、どのようなキーでも作成することができます。
たとえば、ディズニーキャラクターの名前を使って配列の 7 個の要素にアクセスした
ければ、A["Doc"]、A["Grumpy"]、A["Bashful"]、A["Dopey"] などのように命
名することもできます。

　重複する画像をカウントするために、それぞれのチェックサムに対して 1 つの要素
を持つ、counts という配列を作成します。この配列のキーはチェックサムであり、
それに関連づけられた各要素は、入力内でのそのチェックサムの出現回数を保持しま
す。たとえば、counts["f6464ed766daca87ba407aede21c8fcc"] という配列要
素は、3 という値を持ちます。次の awk プログラムは、md5sum の出力の各行を調
べ、チェックサムを抽出し（$1）、それを counts 配列のキーとして使います。++ 演
算子は、配列の要素に関連づけられたチェックサムが出現するたびに、その要素の値
を 1 ずつ増やします。

```
$ md5sum *.jpg | awk '{counts[$1]++}'
```

　このままでは、この awk プログラムは何も出力しません——それぞれのチェック
サムをカウントして、終了するだけです。カウントを表示するには、for ループと呼
ばれる、もう 1 つの awk の機能が必要です。for ループは、配列の中をキーごとに
繰り返し進み、次の構文を使って、それぞれの要素を順番に処理します（*variable*

はキーを表す変数名、*array* は配列名です)。

```
for (variable in array) array[variable] を使って何かを行う
```

たとえば、counts 配列の各要素の値を、そのキー(変数名は key)を使って表示するには、次のようにします。

```
for (key in counts) print counts[key]
```

すべてのカウントが終わった後でこのループが実行されるように、これを END 命令の中に置きます。

```
$ md5sum *.jpg \
  | awk '{counts[$1]++} \
        END { for (key in counts) print counts[key] }'
1
2
2
⋮
```

次に、チェックサムを出力に追加します。配列のそれぞれのキーがチェックサムなので、それをカウントの後に出力するだけです。

```
$ md5sum *.jpg \
  | awk '{counts[$1]++} \
        END {for (key in counts) print counts[key] " " key }'
1 714eceeb06b43c03fe20eb96474f69b8
2 146b163929b6533f02e91bdf21cb9563
2 c7978522c58425f6af3f095ef1de1cd5
⋮
```

ファイル名を収集して表示するために、もう 1 つの配列 names を使います。この配列も、チェックサムをキーとして使います。awk が md5sum の出力の各行を処理するときに、names 配列内の対応する要素に、ファイル名($2)を、セパレーターとしてスペースと一緒に追加します。END のループ内で、チェックサム(key)を表示した後に、コロンと、そのチェックサムについて収集されたファイル名を表示します。

```
$ md5sum *.jpg \
  | awk '{counts[$1]++; names[$1]=names[$1] " " $2 } \
        END {for (key in counts) print counts[key] " " key
":" names[key] }'
1 714eceeb06b43c03fe20eb96474f69b8: image011.jpg
```

```
2 146b163929b6533f02e91bdf21cb9563: image001.jpg image003.jpg
2 c7978522c58425f6af3f095ef1de1cd5: image019.jpg image020.jpg
⋮
```

1 で始まる行は、一度しか現れないチェックサムを表すので、そのファイルは重複していません。出力を grep -v にパイプで渡してそれらの行を取り除き、sort -nr を使って、数値順に大きいものから小さいものへと結果をソートすると、希望する出力結果が得られます。

```
$ md5sum *.jpg \
  | awk '{counts[$1]++; names[$1]=names[$1] " " $2} \
         END {for (key in counts) print counts[key] " " key ":"
names[key]}' \
  | grep -v '^1 ' \
  | sort -nr
3 f6464ed766daca87ba407aede21c8fcc: image007.jpg image012.jpg
image014.jpg
2 c7978522c58425f6af3f095ef1de1cd5: image019.jpg image020.jpg
2 146b163929b6533f02e91bdf21cb9563: image001.jpg image003.jpg
```

## 5.4.3.3 sed の要点

sed は、awk と同様に、**sed スクリプト**と呼ばれる一連の命令を使って、ファイル（または stdin）のテキストを別のテキストに変換します[†11]。sed スクリプトは、一見すると、まるで暗号のようです。たとえば、s/Windows/Linux/g は、すべての Windows という文字列を Linux に置き換えることを意味します[†12]。ここでの「スクリプト」という言葉は、（シェルスクリプトのような）ファイルではなく、文字列を意味します。コマンドラインで、1 つのスクリプトを指定して sed を呼び出すには、次のようにします（*script* は sed スクリプト、*input-files* は 1 つまたは複数の入力ファイルです）。

```
$ sed script input-files
```

または、-e オプションを使って、複数のスクリプトを指定します。これらのスクリプトは、順番に入力を処理します。

---

[†11] sed という名前は「stream editor」（ストリームエディター）の略であり、テキストのストリーム（連続したテキストデータの流れ）を編集するため、このように呼ばれます。

[†12] vi、vim、ex、ed といったエディターになじみのある人であれば、sed スクリプトの構文は見慣れたものかもしれません。

```
$ sed -e script1 -e script2 -e script3 input-files
```

sed スクリプトをファイルに保存し、-f オプションを使ってそれらを参照することもできます。それらのスクリプトファイル（*script-file1*、*script-file2*、…）は順番に実行されます。

```
$ sed -f script-file1 -f script-file2 -f script-file3 input-files
```

awk と同様に、sed がどれだけ役に立つかは、sed スクリプトを作成するユーザーのスキルにかかっています。最もよく使われる種類のスクリプトは、文字列を別の文字列に置き換える置換スクリプトです。その構文は次のとおりです。

```
s/regexp/replacement/
```

ここで *regexp* は、それぞれの入力行に対してマッチされる正規表現であり（**表5-1**を参照）、*replacement* は、マッチしたテキストを置き換える文字列です。簡単な例として、1つの単語を別の単語に変更します。

```
$ echo Efficient Windows | sed "s/Windows/Linux/"
Efficient Linux
```

sed スクリプトをコマンドラインで指定する場合は、sed の特殊文字がシェルによって評価されないように、sed スクリプトを引用符で囲みます。必要に応じて、単一引用符または二重引用符を使います。

sed を使うと、「5.4.2　rev コマンド」の「有名人の名字を表示する」という問題を、正規表現を使って簡単に解決できます。最後のスペースまでのすべての文字（.\*）をマッチさせ、それらを空の文字列に置き換えるだけです。

```
$ sed 's/.* //' celebrities
Curtis
Deschanel
Coleman
Rihanna
```

**置換とスラッシュ**
置換におけるスラッシュは、他の任意の文字に変えることができます。これは、正規表現そのものにスラッシュが含まれている場合に便利です（もしそうでな

ければ、エスケープする必要があったでしょう）。次の 3 つの sed スクリプト
は同じです。

```
s/one/two/   s_one_two_   s@one@two@
```

置換文字列の後にいくつかのオプションを続けることで、置換の動作を変更できま
す。i オプションは、大文字と小文字を区別しないようにします。

```
$ echo Efficient Stuff | sed "s/stuff/linux/"    # 大文字と小文字を区別する
Efficient Stuff
$ echo Efficient Stuff | sed "s/stuff/linux/i"   # 大文字と小文字を区別しない
Efficient linux
```

g オプション（「global」の意味）は、正規表現の最初の出現箇所だけでなく、すべ
ての出現箇所を置き換えます。

```
$ echo efficient stuff | sed "s/f/F/"        # 最初の「f」だけを置き換える
eFficient stuff
$ echo efficient stuff | sed "s/f/F/g"       # すべての「f」を置き換える
eFficient stuFF
```

よく使われるもう 1 つの種類の sed スクリプトは、削除スクリプトです。これは、
行番号によって行を削除します。

```
$ seq 10 14 | sed 4d                  # 4 行目を削除する
10
11
12
14
```

または、正規表現にマッチする行を削除します。

```
$ seq 101 200 | sed '/[13579]$/d'      # 奇数で終わる行を削除する
102
104
106
⋮
200
```

## 5.4.3.4　sed による部分式のマッチ

たとえば、次のような複数のファイル名があり、

```
$ ls
image.jpg.1  image.jpg.2  image.jpg.3
```

　これらを基に、`image1.jpg`、`image2.jpg`、`image3.jpg`という新しい名前を作成したいと仮定しましょう。sedは、**部分式**（subexpression）と呼ばれる機能によって、ファイル名をいくつかのパーツに分割し、それらの位置を変えることができます。まず、ファイル名にマッチする正規表現を作成します。

```
image\.jpg\.[1-3]
```

　ファイル名の最後の数字を前方に移したいので、`\(`と`\)`の記号で囲むことで、その数字を取り出します。これらの記号により、部分式——正規表現内の指定された部分——が定義されます。

```
image\.jpg\.\([1-3]\)
```

　sedは、番号によって部分式を参照し、それらを操作することができます。ここでは1つの部分式だけを作成しているので、その名前は`\1`になります。2番目の部分式がある場合は`\2`になり、最大で`\9`までです。希望する新しいファイル名は、`image\1.jpg`という形式になります。したがって、sedスクリプトは次のようになります。

```
$ ls | sed "s/image\.jpg\.\([1-3]\)/image\1.jpg/"
image1.jpg
image2.jpg
image3.jpg
```

　話をもう少し複雑にするために、ファイル名にはバリエーションがあると仮定しましょう。それらは小文字で構成されています。

```
$ ls
apple.jpg.1  banana.png.2  carrot.jpg.3
```

　ベースファイル名、拡張子、最後の数字を取得するために、3つの部分式を作成します。

```
\([a-z][a-z]*\)          # \1 = 1文字以上のベースファイル名
\([a-z][a-z][a-z]\)      # \2 = 3文字の拡張子
\([0-9]\)                # \3 = 1桁の数字
```

エスケープしたドット（\.）でそれらをつなぎ合わせ、次のような正規表現を形成します。

```
\([a-z][a-z]*\) \. \([a-z][a-z][a-z]\) \. \([0-9]\)
```

変換されるファイル名を\1\3.\2 として指定すると、sed による最終的な置換は次のようになります。

```
$ ls | sed "s/\([a-z][a-z]*\)\.\([a-z][a-z][a-z]\)\.\([0-9]\)/\1\3.\2/"
apple1.jpg
banana2.png
carrot3.jpg
```

このコマンドは、ファイルをリネームするものではありません――単に新しい名前を表示するだけです。「8.2　一連のファイル名の中にファイル名を挿入する」では、リネームまで行う同様の例を紹介します。

sed については、数ページでそのすべてを説明することはできません。さらに詳しく学ぶには、https://www.tutorialspoint.com/sed や https://www.grymoire.com/Unix/Sed.html などのチュートリアルを参照するか、Web で「sed tutorial」（sed チュートリアル）と検索してください。

# 5.5　さらに大きなツールボックスに向けて

ほとんどの Linux システムには何千ものコマンドラインプログラムが付属しており、それらの多くには、動作を変更するための数多くのオプションがあります。しかし、それらをすべて学習し、覚えるようなことはしないでしょう。そこで、必要な場合に、目的を達成するために新しいプログラムを見つけるには――あるいは、既に知っているプログラムを適応させるには――どうしたらよいでしょうか？

最初の（明白な）ステップは、Web の検索エンジンを利用することです。たとえば、長すぎる行を折り返すことで、テキストファイル内の行の幅を制限するコマンドが必要な場合は、「Linux command wrap lines」（Linux コマンド 行 折り返す）などと検索すれば、fold コマンドが見つかるでしょう。

```
$ cat title.txt
This book is titled "Efficient Linux at the Command Line"
$ fold -w40 title.txt
This book is titled "Efficient Linux at
```

the Command Line"

　自分の Linux システムに既にインストールされているコマンドを見つけるには、
man -k というコマンドを実行します（apropos としても同じです）。単語が指定さ
れると、man -k は、man ページの先頭の短い説明文の中でその単語を探します。

```
$ man -k width
DisplayWidth (3)      - image format functions and macros
DisplayWidthMM (3)    - image format functions and macros
fold (1)              - wrap each input line to fit in specified width
⋮
```

　man -k は、検索文字列として、awk スタイルの正規表現を受け付けます（**表5-1**
を参照）。

```
$ man -k "wide|width"
```

　自分のシステムにインストールされていないコマンドは、システムのパッケージマ
ネージャー（パッケージ管理システム）を通じてインストールすることができます。
パッケージマネージャーとは、使用しているシステムでサポートされている Linux
プログラムをインストールするためのソフトウェアです。よく知られているパッケー
ジマネージャーには、apt、dnf、emerge、pacman、rpm、yum、zypper などがあ
ります。man コマンドを使って、自分のシステムにどのパッケージマネージャーがイ
ンストールされているかを把握し、インストールされていないパッケージを検索する
方法を学びます。多くの場合、これは 2 つの連続するコマンドになります。1 つは、
利用可能なパッケージに関する最新のデータ（メタデータ）を、インターネットから
自分のシステムにコピーするためのコマンドであり、もう 1 つは、そのメタデータを
検索するためのコマンドです。たとえば、Ubuntu または Debian Linux ベースのシ
ステムでは、これらのコマンドは次のようになります。

```
$ sudo apt update          # 最新のメタデータをダウンロードする
$ apt-file search string   # string（文字列）を検索する
```

　いろいろ探してみても、ニーズに合うコマンドが見つからない、または作成できな
い場合は、オンラインフォーラムで助けを求めるとよいでしょう。Stack Overflow
の「How Do I Ask a Good Question?」（よい質問をするには、どうすればよいか？）
というヘルプページ（https://oreil.ly/J0jho）は、効果的な質問をするための優れ

た出発点になります。一般に、他人の時間を尊重するような聞き方で質問すると、エキスパートたちは、より答えたい気持ちになります。質問を短く、要領を得たものにして、エラーメッセージやその他の出力結果を文言どおりに含めるようにし、自分自身でこれまで何を試してみたかを説明するようにします。時間をかけて、質の高い質問をするようにしてください。そうすれば、有益な回答を得る機会が増えるだけでなく、そのフォーラムが公開されていて検索可能であれば、同じような問題を抱える他のユーザーの助けにもなります。

## 5.6　まとめ

　この章では、「1 章　コマンドの組み合わせ」で示した小さなツールボックスよりもはるかに多くのことを学習し、より困難なビジネスの課題にコマンドラインで取り組むための準備ができました。この後の章では、新たに学んだコマンドをさまざまな状況で使用する実用的な例を紹介します。

## 監訳補 正規表現で日本語を扱うときのヒント

　数字やアルファベットは、[0-9]、[a-z]、[A-Z] のように、正規表現でシンプルに範囲指定できます。しかし、日本語のような2バイト文字（マルチバイト文字）を扱う場合は文字コードの問題があるので注意が必要です。たとえばテキストファイルからひらがな（[ぁ-ん]）が含まれる行を抽出する際に、コマンドを実行している環境と検索対象ファイルの文字コードが異なると、コマンドが正しくても意図した結果を得ることはできません。

　Linux で2バイト文字の処理を行う場合、文字コードを UTF-8 に統一することで混乱を防げます。文字コードにさえ気をつければ、日本語も正規表現で範囲指定できます（**表5-2**）。

表5-2　2バイト文字を正規表現で範囲指定する方法（UTF-8）

| 文字種 | 正規表現 | 備考 |
|---|---|---|
| ひらがな | [ぁ-ん] | https://unicode.org/charts/PDF/U3040.pdf |
| カタカナ | [ァ-ケ] | https://unicode.org/charts/PDF/U30A0.pdf |
| 漢字 | [一-龠] | https://unicode.org/charts/PDF/U4E00.pdf |
| ひらがな | \p{Hiragana} | Perl Unicode サポート機能（perlunicode） |
| カタカナ | \p{Katakana} | Perl Unicode サポート機能（perlunicode） |
| 漢字 | \p{Han} | Perl Unicode サポート機能（perlunicode） |

　ただし、ここで紹介している手法は汎用的ではあるものの完全ではないので注意してください。たとえば、[一-龠] で指定している範囲外にも漢字は存在します。また、\p{Han} には日本では使われない漢字も含まれます。詳細は、Unicode 標準化団体のホームページ（https://unicode.org/）で確認してください。日本語の情報は Unicode 15.1 Character Code Charts（https://unicode.org/charts/）の「East Asian Scripts」の欄にあります。文字プロパティを、https://util.unicode.org/UnicodeJsps/character.jsp で検索することもできます。

　ここでは、内容が同じで文字コードだけが異なる2つのテキストファイル——Shift_JIS の myfile-shift_jis、UTF-8 の myfile-utf-8——を使って説明します。これらのファイルは、本書日本語版のサポートサイト（https://github.com/oreilly-japan/efficientlinux-ja）から入手できます。

　myfile-shift_jis は、文字コードが Shift_JIS、改行コードが CRLF

（Carriage Return+Line Feed の略。Windows 標準で用いられる改行コード）のテキストファイルです。

```
$ file myfile-shift_jis
myfile-shift_jis: Non-ISO extended-ASCII text, with CRLF line terminators
```

myfile-utf-8 は、文字コードが UTF-8、改行コードが LF（Line Feed の略。Linux 標準で用いられる改行コード）のテキストファイルです。

```
$ file myfile-utf-8
myfile-utf-8: Unicode text, UTF-8 text
```

cat でファイル内容をコンソールへ表示した場合、myfile-utf-8 は問題なく表示されますが、myfile-shift_jis は文字化けしてしまい、正常に表示されません。これはコンソールで表示する際の文字コードとファイルの文字コードが異なっているため、コンソールがユーザーの意図していない解釈をしてしまうためです。

```
$ cat myfile-utf-8
クッキーをたべる。
ケーキを食べましょう。
お菓子も食べてみよう。

$ cat myfile-shift_jis      # 文字化けする
�N�b�L�[�����'�B
�P�[�L��H�' ○��儀�B
���`q���H�'Ä○悳�B
```

単にコンソール出力が読めないだけなら、大きな問題にはなりにくいかもしれません。しかし、パイプにより次のコマンドへ結果を受け渡す場合などは、意図した結果を得られなくなる恐れがあります。たとえば、2 バイト文字が含まれる Shift_JIS のテキストファイルに対して、次のように grep コマンドでひらがな（[ぁ-ん]）を抽出しようとしても、何もマッチせず、意図した結果を得られません。

```
$ grep '[ぁ-ん]' myfile-shift_jis
# （マッチする文字なし）
```

同様に、Shift_JIS のファイルから、Perl の正規表現を使って漢字（\p{Han}）

を抽出しようとしてもエラーになります。

```
$ grep -P '\p{Han}' myfile-shift_jis
grep: myfile-shift_jis: binary file matches
```

この問題は、文字コードを UTF-8 に統一することで解決できます。次の例で
は、Shift_JIS ファイルの標準出力を iconv（https://ja.wikipedia.org/wiki/
Iconv）で UTF-8 に変換してから、grep コマンドで「あ」から「け」までのひ
らがな（[あ-け]）を抽出しています。

```
$ cat myfile-shift_jis \
  | iconv --from-code=SHIFT_JIS --to-code=UTF-8 \
  | grep '[あ-け]'
ケーキを食べましょう。
お菓子も食べてみよう。
```

grep で Perl の正規表現を利用する場合は、 -P オプションを追加します。
次の例では、UTF-8 のファイルからひらがな（\p{Hiragana}）を抽出してい
ます。

```
$ grep -P '\p{Hiragana}' myfile-utf-8
クッキーをたべる。
ケーキを食べましょう。
お菓子も食べてみよう。
```

Shift_JIS のファイルから抽出する場合は、先ほどと同様、文字コードを
iconv で UTF-8 に変換する必要があります。

```
$ cat myfile-shift_jis \
  | iconv --from-code=SHIFT_JIS --to-code=UTF-8 \
  | grep -P '\p{Hiragana}'
クッキーをたべる。
ケーキを食べましょう。
お菓子も食べてみよう。
```

iconv で文字コードの変換を行って、コンソールの文字コードとファイルの
文字コードを揃えた後は、アルファベットと同様のシンプルな正規表現で範囲指
定できます。

```
# 文字コードを UTF-8 に変換して myfilej に書き出す
$ cat myfile-shift_jis \
  | iconv --from-code=SHIFT_JIS --to-code=UTF-8 \
  > myfilej

$ file myfilej
myfilej: Unicode text, UTF-8 text, with CRLF line terminators

# クッキーまたはケーキを含む行を抽出
$ grep 'クッキー\|ケーキ' myfilej
クッキーを食べる。
ケーキを食べましょう。

# カタカナで始まる行を抽出
$ grep '^[ア-ケー]' myfilej
クッキーを食べる。
ケーキを食べましょう。

# カタカナを含む行を抽出
$ grep '[ア-ケー]' myfilej
クッキーを食べる。
ケーキを食べましょう。

# 漢字を含む行を抽出
$ grep '[一-龠]' myfilej
ケーキを食べましょう。
お菓子も食べてみよう。
```

## iconv と nkf

iconv は文字コードを変換するコマンドです。iconv の出力をファイルへ書き出す場合は、-o（--output）オプションを付けて書き出すか、リダイレクトを利用します。iconv は非常に多くの文字コードに対応しています。対応している文字コードは iconv --list で確認できます。その他のオプションについては man iconv を参照してください。

iconv では、改行コードは変換できません。改行コードを変換する場合は、tr を併用するか、nkf を利用してください。次の例では、cat でコンソールへ出力した結果の文字コードを変換してファイルへ書き込んでいますが、cat せずに直接ファイルから読み込んで文字コードを変換し、ファイルへ書き出すことも可能です。

iconv では、次のように文字コードと改行コードを変換します。

```
$ file myfile-shift_jis
myfile-shift_jis: Non-ISO extended-ASCII text, with CRLF line terminators
```
ASCII 以外、CRLF のテキストファイル

```
$ cat myfile-shift_jis \
  | iconv --from-code=SHIFT_JIS --to-code=UTF-8 \   # UTF-8 に変換
  | tr -d \\r > myfile-shift_jis-LF                  # CRLF を LF に変換

$ file myfile-shift_jis-LF
myfile-shift_jis-LF: Unicode text, UTF-8 text
```
UTF-8、LF のテキストファイル

nkf では、次のように文字コードと改行コードを変換します。

```
$ cat myfile-shift_jis \
  | nkf -w -Lu -d > myfile-shift_jis-LF-nkf     # UTF-8 と LF に変換

$ file myfile-shift_jis-LF-nkf
myfile-shift_jis-LF-nkf: Unicode text, UTF-8 text
```
UTF-8、LF のテキストファイル

# 6章
# 親と子、および環境

　シェルの目的——コマンドを実行すること——は Linux にとって非常に基本的なことなので、シェルは何か特別な方法で Linux に組み込まれていると考える人もいるかもしれません。しかし、そうではありません。シェルは、ls や cat のような普通のプログラムにすぎません。シェルは、次に示すステップを、何度も何度も何度も... 繰り返すようにプログラムされています。

1. プロンプトを表示する
2. stdin からコマンドを読み込む
3. コマンドを評価し、実行する

　シェルは普通のプログラムである、という事実を隠すという点で、Linux は素晴らしい仕事をしています。ユーザーがログインすると、Linux はユーザーの代わりに、**ログインシェル**（login shell）と呼ばれるシェルのインスタンスを自動的に実行します。これはとてもシームレスに起動されるので、実際には、ユーザーが Linux と対話するために起動されるプログラムにすぎないのに、あたかも Linux の一部であるかのように見えるのです。

**ログインシェルはどこにある？**

グラフィカルでないターミナルで（たとえば、SSH クライアントプログラムを使って）ログインする場合、ログインシェルは、ユーザーが対話する最初のシェルです。ログインシェルは最初のプロンプトを表示し、ユーザーのコマンドを待機します。

あるいは、グラフィカルなディスプレイを持つコンピューターで作業をする場合、ログインシェルは舞台裏で動作しており、GNOME、Unity、Cinnamon、

KDE Plasma などのデスクトップ環境を起動します。その後でユーザーは、ターミナルウィンドウを開いて、追加のインタラクティブシェルを実行することができます。

　シェルについて理解すればするほど、Linux をより効果的に使うことができ、その内部の仕組みについて迷信を生み出すことが少なくなります。この章では、次のようなシェルに関する謎について、「2章　シェルについての理解」よりもさらに深く探ります。

- シェルプログラムは、どこに存在しているか
- 異なるシェルインスタンス同士は、どのように関連するか
- 異なるシェルインスタンス同士は、なぜ同じ変数、値、エイリアス、その他のコンテキストを持てるのか
- 構成ファイルを編集し、シェルのデフォルトの動作を変更するには、どうしたらよいか

この章が終わるまでには、これらの謎が謎でなくなっていることを願っています。

## 6.1　シェルは実行可能ファイルである

　多くの Linux システムでのデフォルトのシェルは bash であり[†1]、これは、cat、ls、grep などの見慣れたコマンドと一緒にシステムディレクトリー/bin に存在している、普通のプログラム——実行可能ファイル——です。

```
$ cd /bin
$ ls -l bash cat ls grep
-rwxr-xr-x 1 root root 1113504 Jun  6  2019 bash
-rwxr-xr-x 1 root root   35064 Jan 18  2018 cat
-rwxr-xr-x 1 root root  219456 Sep 18  2019 grep
-rwxr-xr-x 1 root root  133792 Jan 18  2018 ls
```

　また、bash は、おそらく読者の Linux システムで唯一のシェルではありません。通常、/etc/shells ファイルには、有効なシェルが 1 行に 1 つずつリストされています。

---

†1　他のシェルを使用している場合は、「付録 B　他のシェルを使用する場合」も併せて参照してください。

```
$ cat /etc/shells
/bin/sh
/bin/bash
/bin/csh
/bin/zsh
```

どのシェルを実行しているかを確認するには、シェル変数 SHELL を echo で表示します。

```
$ echo $SHELL
/bin/bash
```

　理論的には、Linux システムは、「どのプログラムでも」有効なログインシェルとして扱うことができます。ただし、ログイン時にそれが起動されるようにユーザーアカウントが構成されており、/etc/shells にそれがリストされている必要があります（使用しているシステムでそのように要求されている場合）。スーパーユーザー権限があれば、**例6-1** のスクリプトのように、独自のシェルを作成してインストールすることさえできます。このスクリプトは任意のコマンドを読み込み、「I'm sorry, I'm afraid I can't do that」（すみません、それはできません）と応答します。このカスタムシェルは、わざとばかげたものにしてありますが、どのようなプログラムでも、/bin/bash とまったく同様に正当なものになり得ることを示しています。

例6-1　halshell：コマンドの実行を拒否するシェル

```
#!/bin/bash
# プロンプトを表示する
echo -n '$ '
# ループ内でユーザーの入力を読み込む。ユーザーがCtrl-Dを押すと終了する
while read line; do
  # 入力の$lineを無視し、メッセージを表示する
  echo "I'm sorry, I'm afraid I can't do that"
  # 次のプロンプトを表示する
  echo -n '$ '
done
```

　bash は単なるプログラムなので、他のコマンドと同様に、手動で実行することもできます。

```
$ bash
```

　このように実行すると、まるでこのコマンドが何の効果もなかったかのように、た

だ別のプロンプトが表示されます。

```
$
```

しかし、実際には bash の新しいインスタンスが実行されています。この新しいインスタンスは、プロンプトを表示し、ユーザーのコマンドを待機しています。この新しいインスタンスをより明確にするために、シェル変数 PS1 を設定してプロンプトを（たとえば %% に）変更し、コマンドをいくつか実行してみます。

```
$ PS1="%% "
%% ls                            # プロンプトが変更された
animals.txt
%% echo "This is a new shell"
This is a new shell
```

次に、exit を実行して、この新しいインスタンスを終了します。ドル記号のプロンプトを持つ、元のシェルに戻ります。

```
%% exit
$
```

ここで強調しておかなければならないことは、%% から $ に戻ったのはプロンプトの変更ではない、ということです。これは、シェル全体の変更です。bash の新しいインスタンスが終了したので、元のシェルがプロンプトを表示して、次のコマンドを待機しているのです。

bash を手動で実行することは、娯楽としての価値のためだけではありません。「7章　コマンドを実行するための追加の 11 の方法」では、大いに役に立つものとして、手動で呼び出したシェルを使います。

## 6.2　親プロセスと子プロセス

前の例のように、シェルの 1 つのインスタンスが別のインスタンスを呼び出す場合、元のシェルは**親**、新しいインスタンスは**子**と呼ばれます。同じことが、別の Linux プログラムを呼び出す Linux プログラムにも当てはまります。呼び出している側のプログラムが親であり、呼び出されているプログラムがその子です。実行中の Linux プログラムは**プロセス**（process）と呼ばれるので、**親プロセス**や**子プロセス**といった用語も目にすることがあるでしょう。1 つのプロセスは任意の数の子プロセス

を呼び出すことができますが、それぞれの子には 1 つの親しかありません。

　すべてのプロセスは、独自の環境を持っています。「2.8　環境と初期化ファイル（簡略版）」で説明したように、環境には、カレントディレクトリー、検索パス、シェルプロンプト、シェル変数に保持されているその他の重要な情報などが含まれます。子プロセスが作成されるときに、その環境の大部分は、親プロセスの環境のコピーです（「6.3　環境変数」でさらに詳しく説明します）。

　単一コマンドを実行すると、そのたびに子プロセスが作成されます。これは、Linuxを理解するためにとても重要なポイントなので、繰り返し言います。ls のような単一コマンドを実行する場合でさえ、そのコマンドは、独自の（コピーされた）環境を持つ新しい子プロセスの中で、ひそかに実行されているのです。子シェルの中でプロンプト変数 PS1 を変更するなど、子に変更を加えても、影響が及ぶのはその子だけであり、子が終了するとその変更は失われます。同様に、親に変更を加えても、既に実行中の子には影響がありません。ただし、「将来」の子には影響が及びます。なぜなら、それぞれの子の環境は、起動時に親の環境からコピーされるからです。

　コマンドが子プロセスの中で実行されることの何が問題なのでしょうか？　1 つの理由としては、実行されるどのプログラムもファイルシステム全体に cd を行うことができますが、そのプログラムが終了すると、現在のシェル（親）のカレントディレクトリーは元のままであることが挙げられます。次に示すのは、それを証明するためのちょっとした実験です。cd コマンドを含んでいる、cdtest というシェルスクリプトをホームディレクトリー内に作成します。

```
#!/bin/bash
cd /etc
echo "Here is my current directory:"
pwd
```

　これを実行可能にします。

```
$ chmod +x cdtest
```

カレントディレクトリーの名前を表示し、その後でスクリプトを実行します。

```
$ pwd
/home/smith
$ ./cdtest
Here is my current directory:
/etc
```

ここで、カレントディレクトリーをチェックします。

```
$ pwd
/home/smith
```

cdtest スクリプトでは /etc ディレクトリーに移動したにもかかわらず、カレントディレクトリーは変わっていません。これは、cdtest が、独自の環境を持つ子プロセスの中で実行されたからです。子の環境に加えられた変更は親の環境には影響を及ぼさないので、親のカレントディレクトリーは変更されなかったのです。cat や grep のような実行可能プログラムを実行する場合にも、同じことが起こります——それらのプログラムは、プログラムの実行が終わると終了する子プロセスの中で実行され、環境の変更はその中で行われます。

**cd は、なぜシェルビルトインでなければならないか**
Linux プログラムがシェルのカレントディレクトリーを変更できないとしたら、cd コマンドは、どうやってそれを変更しているのでしょうか? 実は、cd はプログラムではなく、**シェルの組み込み機能**（別名、**シェルビルトイン**）です。もし cd がシェルの外部プログラムだったとしたら、ディレクトリーを変更することは不可能だったでしょう——それらは子プロセスの中で実行され、親に影響を及ぼすことはできなかったでしょう。

　パイプラインは、複数の子プロセスを起動します。つまり、パイプライン内の各コマンドに対して 1 つずつ子プロセスを起動します。「1.2.6　コマンド⑥ uniq」で見た次のコマンドは、6 個の子プロセスを起動します。

```
$ cut -f1 grades | sort | uniq -c | sort -nr | head -n1 | cut -c9
```

# 6.3　環境変数

　「2.3　変数の評価」で学んだように、シェルのすべてのインスタンスは、さまざまな変数を持っています。変数の中には、1 つのシェルだけにローカルなものもあります。それらは**ローカル変数**（local variable）と呼ばれます。それ以外の変数は、特定のシェルからそのすべての子に自動的にコピーされます。これらの変数は**環境変数**（environment variable）と呼ばれ、それらは集合的にシェルの環境を形成します。環境変数のいくつかの例とその使い方を示します。

HOME

ホームディレクトリーのパス。この値は、ログインするときに、ログインシェル
によって自動的に設定されます。vim や emacs などのテキストエディターは、
HOME 変数を読み取り、自身の構成ファイル（$HOME/.vim や $HOME/.emacs）
を見つけて読み込みます。

PWD

シェルのカレントディレクトリー。この値は、別のディレクトリーに cd す
るたびに、シェルによって自動的に設定され、維持されます。pwd コマンド
は PWD 変数を読み取って、シェルのカレントディレクトリーの名前を表示し
ます。

EDITOR

ユーザーの好みのテキストエディターの名前（またはそのパス）。この値は通
常、シェル構成ファイルの中で、ユーザーによって設定されます。エディター
以外のプログラムは、この変数を読み取って、ユーザーのために適切なエディ
ターを起動します。

シェルの環境変数を表示するには、printenv コマンドを使います。出力結果は 1
行につき 1 つの変数で、ソートされておらず、非常に長くなる場合があるので、sort
や less にパイプで渡して、読みやすくします[2]

```
$ printenv | sort -i | less
⋮
DISPLAY=:0
EDITOR=emacs
HOME=/home/smith
LANG=en_US.UTF-8
PWD=/home/smith/Music
SHELL=/bin/bash
TERM=xterm-256color
USER=smith
⋮
```

printenv の出力結果には、ローカル変数は含まれません。それらの値を表示する
には、変数名の前にドル記号を付け、echo を使って表示します。

---

[2] ここでは、代表的な環境変数を表示するために、出力結果の一部を切り取っています。おそらく読者の出
力結果は、これよりはるかに長く、よくわからない変数名でいっぱいでしょう。

```
$ title="Efficient Linux"
$ echo $title
Efficient Linux
$ printenv title                              # （何も出力されない）
```

## 6.3.1　環境変数の作成

ローカル変数を環境変数に変更するには、export コマンドを使います。

```
$ MY_VARIABLE=10                # ローカル変数
$ export MY_VARIABLE            # 環境変数にするためにエクスポートする。または
$ export ANOTHER_VARIABLE=20    # 1つのコマンドで設定とエクスポートを行う
```

export は、その変数と値が、現在のシェルから将来のすべての子にコピーされることを明示します。ローカル変数は、将来の子にはコピーされません。

```
$ export E="I am an environment variable"    # 環境変数を設定する
$ L="I am just a local variable"             # ローカル変数を設定する
$ echo $E
I am an environment variable
$ echo $L
I am just a local variable
$ bash                                       # 子シェルを実行する
$ echo $E                                    # 環境変数がコピーされた
I am an environment variable
$ echo $L                                    # ローカル変数はコピーされなかった
                                             # 空の文字列が表示される
$ exit                                       # 子シェルを終了する
```

覚えておいてほしいのは、子の変数は「コピー」だということです。コピーに変更を加えても、親のシェルには影響はありません。

```
$ export E="I am the original value"         # 環境変数を設定する
$ bash                                       # 子シェルを実行する
$ echo $E
I am the original value                      # 親の値がコピーされた
$ E="I was modified in a child"              # 子のコピーを変更する
$ echo $E
I was modified in a child
$ exit                                       # 子シェルを終了する
$ echo $E
I am the original value                      # 親の値は変わっていない
```

新しいシェルを起動して、その環境内で何かを変更しても、そのシェルを終了する

と、すべての変更は消滅します。これは、シェルの機能を安全に試せることを意味しています——手動でシェルを実行して子を作成し、終わったらシェルを終了するだけです。

## 6.3.2 迷信警報:「グローバル」変数

Linux は、その内部の仕組みをあまりにもうまく隠している場合があります。そのよい例が、環境変数の振る舞いです。HOME や PATH などの変数は、どういうわけかマジックのように、すべてのシェルインスタンスで一貫した値を持っています。それらは、ある意味で「グローバル変数」のようです（O'Reilly Media 以外の Linux の書籍で、このような記述を見かけたことさえあります）。しかし、環境変数はグローバルではありません！ それぞれのシェルインスタンスは独自のコピーを持ちます。1つのシェルの中で環境変数を変更しても、実行中の他のシェルの値は変わりません。変更は、そのシェルの（まだ呼び出されていない）将来の子だけに影響を及ぼします。

そうだとしたら、HOME や PATH のような変数は、すべてのシェルインスタンスで、どうやってその値を維持しているように見えるのでしょうか？ これを可能にする方法は 2 つあり、**図6-1** はそれを示しています。要約すると、次のようになります。

**子が親からコピーする**

HOME のような変数については、その値は通常、ログインシェルによって設定およびエクスポートされます。（ログアウトするまで）すべての将来のシェルはログインシェルの子なので、それらは変数と値のコピーを受け取ります。この種のシステム定義環境変数は、実際にはめったに変更されることがないのでグローバルに見えますが、それらは通常の規則に従う普通の変数にすぎません（実行中のシェルの中でそれらの値を変更することもできますが、そのシェルおよび他のプログラムの動作を混乱させてしまう恐れがあります）。

**さまざまなインスタンスが同じ構成ファイルを読み込む**

ローカル変数は子にはコピーされませんが、$HOME/.bashrc などの Linux 構成ファイルの中で、それらの値を設定することができます（「6.5 環境を構成する」で詳しく説明します）。シェルのそれぞれのインスタンスは、起動時に、しかるべき構成ファイルを読み込んで実行します。結果として、これらのローカル変数が、シェルからシェルへとコピーされていくように見えます。同じことが、エイリアスなど、エクスポートされないその他のシェル機能にも当

てはまります。

　このような振る舞いのために、一部のユーザーは、export コマンドがグローバル変数を作成すると信じてしまっていますが、そうではありません。たとえば、export WHATEVER というコマンドは、WHATEVER 変数が現在のシェルから将来のすべての子にコピーされることを単に宣言するものです。

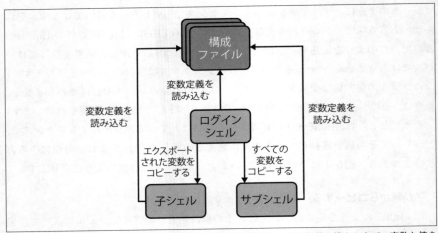

**図6-1**　シェルは、エクスポートすることで、または同じ構成ファイルを読み込むことで、変数と値を共有する

# 6.4　子シェルとサブシェル

　子シェルは、親シェルの部分的なコピーです。たとえば、子シェルには親シェルの環境変数のコピーが含まれますが、親シェルのローカル変数（エクスポートされていない変数）やエイリアスは含まれません。

```
$ alias                     # エイリアスを表示する
alias gd='pushd'
alias l='ls -CF'
alias pd='popd'
$ bash --norc               # bashrc ファイルを無視して子シェルを実行する
$ alias                     # エイリアスを表示する - 何もない
$ echo $HOME                # 環境変数はコピーされている
/home/smith
```

```
$ exit                           # 子シェルを終了する
```

今まで、シェルスクリプトの中でなぜエイリアスが使えないのか疑問に思っていた
人も、これで理解できたでしょう。シェルスクリプトは子シェルの中で実行されます
が、子シェルは、親シェルのエイリアスのコピーを受け取らないのです。

対照的に、**サブシェル**（subshell）は、親シェルの完全なコピーです[3]。サブシェ
ルには、親シェルのすべての変数、エイリアス、関数などが含まれます。コマンドを
サブシェル内で起動するには、コマンドを丸括弧で囲みます。

```
$ (ls -l)                        # サブシェル内で ls -l を起動する
-rw-r--r-- 1 smith smith 325 Oct 13 22:19 animals.txt
$ (alias)                        # サブシェル内でエイリアスを表示する
alias gd=pushd
alias l=ls -CF
alias pd=popd
⋮
$ (l)                            # 親からコピーしたエイリアスを実行する
animals.txt
```

シェルインスタンスがサブシェルかどうかをチェックするには、BASH_SUBSHELL
変数を表示します。サブシェルの場合はゼロ以外の値、サブシェルでない場合はゼロ
になります。

```
$ echo $BASH_SUBSHELL            # 現在のシェルをチェックする
0                                # サブシェルではない
$ bash                           # 子シェルを実行する
$ echo $BASH_SUBSHELL            # 子シェルをチェックする
0                                # サブシェルではない
$ exit                           # 子シェルを終了する
$ (echo $BASH_SUBSHELL)          # 明示的なサブシェルを実行する
1                                # サブシェルである
```

サブシェルの実用的な使い方については、「7.4.2　テクニック⑩　明示的なサブシェ
ル」で説明します。ここでは、サブシェルというものを作成することができ、サブ
シェルは親のエイリアスをコピーすることを知っておけば十分です。

---

[3]　トラップを除けば完全です。トラップは、サブシェルが起動時に親から継承した値にリセットされます
　　（man bash より）。トラップについては、本書では説明しません。

## 6.5　環境を構成する

bash は、起動されると、**構成ファイル**（configuration file）と呼ばれる一連のファイルを読み込み、それらの内容を実行することで、自身を構成します。構成ファイルは、変数、エイリアス、関数、その他のシェル機能を定義し、任意の Linux コマンドを含むことができます（シェルの構成を行うシェルスクリプトのようなものです）。一部の構成ファイルはシステム管理者によって定義され、システム全体のすべてのユーザーに適用されます。それらのファイルは、/etc ディレクトリーにあります。その他の構成ファイルは、個々のユーザーによって所有され、変更されます。それらは、ユーザーのホームディレクトリーにあります。**表6-1** は、bash の標準的な構成ファイルを示しています。それらは、いくつかの種類に分けられます。

### 起動ファイル（startup file）

ユーザーがログインするときに自動的に実行される構成ファイル——つまり、ログインシェルにのみ適用されます。このファイルに含まれるコマンドとしては、環境変数の設定とエクスポートを行うコマンドなどが挙げられます。このファイル内でエイリアスを定義しても、あまり役に立ちません。エイリアスは子にはコピーされないからです。

### 初期化ファイル（initialization file）

ログインシェル以外のすべてのシェルインスタンスについて実行される構成ファイル——たとえば、インタラクティブシェルを手動で実行する場合や（インタラクティブではない）シェルスクリプトを実行する場合に、実行されます。**init ファイル**とも呼ばれます。このファイルに含まれるコマンドとしては、変数を設定するコマンドやエイリアスを定義するコマンドなどが挙げられます。

### クリーンアップファイル（cleanup file）

ログインシェルが終了する直前に実行される構成ファイル。このファイルに含まれるコマンドとしては、ログアウト時に画面を消去する clear コマンドなどが挙げられます。

表6-1 bash によって読み込まれる標準的な構成ファイル

| ファイルの種類 | 何によって実行されるか | システム全体の場所 | 個人用ファイルの場所（呼び出される順に） |
|---|---|---|---|
| 起動ファイル | ログインシェルによって起動時に実行 | `/etc/profile` | `$HOME/.bash_profile`、`$HOME/.bash_login`、`$HOME/.profile` |
| 初期化ファイル | インタラクティブシェル（非ログインシェル）によって起動時に実行 | `/etc/bash.bashrc` | `$HOME/.bashrc` |
| | シェルスクリプトによって起動時に実行 | BASH_ENV 変数を初期化ファイルの絶対パスに設定する（例：BASH_ENV=/usr/local/etc/bashrc） | BASH_ENV 変数を初期化ファイルの絶対パスに設定する（例：BASH_ENV=/usr/local/etc/bashrc） |
| クリーンアップファイル | ログインシェルによって終了時に実行 | `/etc/bash.bash_logout` | `$HOME/.bash_logout` |

　ホームディレクトリー内の個人用の起動ファイルについては、3つの選択肢があることに注目してください（`.bash_profile`、`.bash_login`、`.profile`）。ほとんどのユーザーは、そのうちの1つを選び、それだけを使い続けるとよいでしょう。読者が使用している Linux ディストリビューションでは、おそらくそれらのうちの1つがあらかじめ提供されており、（完璧に）役に立つコマンドが事前に記述されています。Bourne シェル（`/bin/sh`）や Korn シェル（`/bin/ksh`）など、他のシェルを実行している場合は、事情が少し異なります。これらのシェルも `.profile` を読み込みますが、実行すべきコマンドとして bash 固有のコマンドが与えられると、失敗する恐れがあります。bash 固有のコマンドは、代わりに、`.bash_profile` または `.bash_login` の中に入れるようにしてください（この場合も、1つだけを選んでください）。

　個人用の起動ファイルと個人用の初期化ファイルの区別が付きにくいと感じるユーザーもいます。ログインシェルに、なぜ他のシェル（たとえば、複数のウィンドウ内で開くシェル）と異なる動作をさせる必要があるのでしょうか？ 多くの場合、その答えは、それらに異なる動作をさせる必要はないということです。そうであれば、個人用の起動ファイルは、個人用の初期化ファイルである `$HOME/.bashrc` をソーシングする以外にあまりやることがないので、すべてのインタラクティブシェルは（ログインシェルでも非ログインシェルでも）、ほとんど同じ構成を持つことになるのです。

　そうではなく、起動ファイルと初期化ファイルとで責任を分けることを望むユーザーもいます。たとえば、個人用の起動ファイルでは、（将来の子にコピーされるように）環境変数を設定およびエクスポートし、$HOME/.bashrc では、（子にはコピーされない）すべてのエイリアスを定義する、といった具合です。

　もう 1 つ考慮すべきことは、グラフィカルなウィンドウデスクトップ環境（GNOME、Unity、KDE Plasma など）にログインするかどうかです。そのような環境では、ログインシェルは隠されます。この場合は、ログインシェルの子としか対話しないので、ログインシェルがどのように動作するかは気にしないでしょう。したがって、ほとんどの、またはすべての構成を $HOME/.bashrc の中に入れることができます[†4]。これに対して、SSH クライアントのような、グラフィカルでないターミナルプログラムから主にログインする場合は、ログインシェルと直接対話するので、その構成はとても重要です。

　いずれの場合にも、概して、個人用の起動ファイルに個人用の初期化ファイルをソーシングさせると役に立ちます。

```
# $HOME/.bash_profile またはその他の個人用起動ファイルの中に入れる
if [ -f "$HOME/.bashrc" ]
then
    source "$HOME/.bashrc"
fi
```

　何をするにしても、まったく同じ構成コマンドを、異なる 2 つの構成ファイルの中に入れないようにしてください。それは混乱のもとであり、維持するのが困難です。なぜなら、1 つのファイルに加えた変更を、もう 1 つのファイルにも忘れずに加えなければならない（そして忘れてしまう）からです。代わりに、説明したように、一方のファイルをもう一方のファイルからソーシングするようにしてください。

## 6.5.1　構成ファイルの再読み込み

　「2.8　環境と初期化ファイル（簡略版）」で説明したように、起動ファイルや初期化ファイルを変更したら、そのファイルをソーシングすることで、実行中のシェルに強制的に再読み込みさせることができます。

---

[†4]　問題をさらに複雑にしてしまいますが、デスクトップ環境の中には、独自のシェル構成ファイルを持つものもあります。たとえば、GNOME には $HOME/.gnomerc があり、その基礎となっている X Window System には $HOME/.xinitrc があります。

```
$ source ~/.bash_profile          # ビルトインの source コマンドを使用する
$ . ~/.bash_profile               # ドットを使用する
```

 **なぜ source コマンドが存在するか**
構成ファイルを、chmod を使って実行可能にして、シェルスクリプトのように
実行する代わりに、それをソーシングするのはなぜでしょうか？ それは、スク
リプトが子プロセスの中で実行されるからです。スクリプト内のコマンドは、
意図するシェル（親シェル）には影響を及ぼしません。子シェルにだけ影響を
及ぼし、それが終了すると、変更は何も残りません。

## 6.5.2　環境との付き合い方

　複数の場所で多くの Linux マシンを使用していると、どこかの時点で、入念に作
成した構成ファイルを複数のマシンにインストールしたくなります。しかし、個々の
ファイルをマシンからマシンへとコピーしてはいけません——そのようなやり方は、
最終的に混乱へと至ります。代わりに、GitHub（https://github.com）の無料アカ
ウント、またはバージョン管理を備えた同様のソフトウェア開発サービスにファイル
を保存し、管理します。そのようにすると、どの Linux マシンに対しても、構成ファ
イルのダウンロード、インストール、更新を一貫して便利に行うことができます。も
し構成ファイルの編集でミスをしても、1 つか 2 つのコマンドを発行することで、前
のバージョンに戻すことができます。バージョン管理については、本書の範囲を超え
ています。詳しくは「11.2.6　日常的なファイルにバージョン管理を適用する」を参
照してください。

　Git や Subversion のようなバージョン管理システムに不慣れな場合は、Dropbox、
Google Drive、OneDrive などのシンプルなファイルサービスに構成ファイルを保
存してください。構成ファイルの更新に関してはバージョン管理システムほど便利で
はありませんが、少なくとも、他の Linux システムにコピーするためにファイルを簡
単に利用することができます。

## 6.6　まとめ

　筆者はこれまで、親プロセスと子プロセス、環境、シェル構成ファイルの目的につ
いて頭を悩ませている（または理解していない）Linux ユーザーに数多く出会ってき
ました。この章を読むことで、読者がこれらについて、より明確に理解できたことを

願っています。「7章　コマンドを実行するための追加の 11 の方法」では、コマンドを柔軟な方法で実行するための強力なツールとして、これらが関係してきます。

# 7章
# コマンドを実行するための
# 追加の11の方法

　前章までで、読者のツールボックスには多くのコマンドが追加され、シェルについても十分に理解できたので、いよいよ... コマンドの実行方法について学ぶべき時です。ちょっと待ってください、この本の初めから何度もコマンドを実行してきましたよね？ 確かにそのとおりです。しかし、2つの方法でしか実行してきませんでした。1つは、次のような、単一コマンドの通常の実行であり、

```
$ grep Nutshell animals.txt
```

　もう1つは、「1章　コマンドの組み合わせ」で説明した、複数の単一コマンドのパイプラインです。

```
$ cut -f1 grades | sort | uniq -c | sort -nr
```

　この章では、コマンドを実行するための追加の 11 の方法を紹介し、なぜそれを学ぶ必要があるかを説明します。それぞれのテクニックには長所と短所があり、より多くのテクニックを知れば知るほど、より柔軟に、より効率よく Linux と対話できるようになります。この章では、それぞれのテクニックの基礎に的を絞り、次の2つの章で、より複雑な例を紹介します。

## 7.1　リストに関するテクニック

　リストとは、1つのコマンドライン上の一連のコマンドのことを言います。読者は既に1つの種類のリスト——パイプライン——を知っていますが、シェルは、異なる動作をするその他のリストもサポートしています。

**条件付きリスト**

　それぞれのコマンドの実行は、前のコマンドの成否に依存する

**無条件リスト**

　コマンドは単純に、次から次へと実行される

## 7.1.1　テクニック① 条件付きリスト

　たとえば、dir というディレクトリーの中で、new.txt というファイルを作成したいと仮定します。典型的な一連のコマンドは次のようになるでしょう。

```
$ cd dir              # そのディレクトリーに移動する
$ touch new.txt       # ファイルを作成する
```

　2 番目のコマンドが、最初のコマンドの成功に依存していることに注目してください。もし dir ディレクトリーが存在していなければ、touch コマンドを実行しても意味がありません。このような依存関係をシェルに対して明示することができます。1 つのコマンドライン上で、2 つのコマンドの間に**&&演算子**（「and」と発音します）を置くと、

```
$ cd dir && touch new.txt
```

　2 番目のコマンド（touch）は、最初のコマンド（cd）が成功した場合にのみ実行されます。これが、**条件付きリスト**（conditional list）です（コマンドにとって「成功」が何を意味するかについては、後述のコラム「終了コードは成功または失敗を表す」を参照してください）。

　おそらく読者は、このように前のコマンドに依存するコマンドを毎日のように実行しているでしょう。たとえば、安全のためにファイルのバックアップコピーを作成し、元のファイルを変更して、終わったらバックアップを削除した経験はありませんか？

```
$ cp myfile.txt myfile.safe    # バックアップコピーを作成する
$ nano myfile.txt              # 元のファイルを変更する
$ rm myfile.safe               # バックアップを削除する
```

　これらの各コマンドは、前のコマンドが成功した場合にのみ意味をなします。したがって、この一連のコマンドは条件付きリストの候補になります。

```
$ cp myfile.txt myfile.safe && nano myfile.txt && rm myfile.safe
```

　もう1つの例として、バージョン管理システム Git を使ってファイルを管理しているユーザーであれば、おそらく、いくつかのファイルを変更した後で、次の一連のコマンドを実行することに慣れているでしょう。つまり、git add を実行してコミットのためにファイルを準備し、次に git commit を実行し、最後に git push を実行して、コミットした変更を共有します。これらのコマンドのいずれかが失敗したら、（失敗の原因を修正するまで）残りのコマンドは実行しないでしょう。したがって、これらの3つのコマンドは、条件付きリストとしてうまく機能します。

```
$ git add . && git commit -m"fixed a bug" && git push
```

　&&演算子は、最初のコマンドが成功した場合にのみ2番目のコマンドを実行しますが、それと同様に、関連する演算子||（「or」と発音します）は、最初のコマンドが失敗した場合にのみ2番目のコマンドを実行します。たとえば次のコマンドは、dirへの移動を試み、失敗した場合は、dir を作成します[†1]。

```
$ cd dir || mkdir dir
```

　||演算子はスクリプトの中でよく使われ、エラーが発生した場合にそのスクリプトを終了させます。

```
# ディレクトリーに移動できない場合は、エラーコード 1 で終了する
cd dir || exit 1
```

　&&演算子と||演算子を組み合わせると、成功と失敗について、より複雑なアクションを設定できます。次のコマンドは dir ディレクトリーへの移動を試み、失敗した場合は、ディレクトリーを作成して移動します。すべて失敗した場合は、エラーメッセージを表示します。

```
$ cd dir || mkdir dir && cd dir || echo "I failed"
```

　条件付きリストの中のコマンドは、単一コマンドである必要はありません。パイプラインや、その他の複合コマンドであっても構いません。

---

[†1]　mkdir -p dir というコマンドは、まだ存在していない場合にのみディレクトリーパスを作成するので、この場合は、よりエレガントな解決策と言えるでしょう。

---

### 終了コードは成功または失敗を表す

　Linux コマンドにとって、成功や失敗とは何を意味するのでしょうか？ すべ
ての Linux コマンドは、終了するときに、**終了コード**（exit code）と呼ばれる
結果を生成します。慣例により、終了コードのゼロは成功を表し、ゼロ以外は失
敗を表します[†2]。疑問符（?）で表される特別なシェル変数を表示することで、
シェルで最後に終了したコマンドの終了コードを参照できます。

```
$ ls myfile.txt
myfile.txt
$ echo $?                              # ?変数の値を表示する
0                                      # ls は成功した
$ cp nonexistent.txt somewhere.txt
cp: cannot stat 'nonexistent.txt': No such file or directory
$ echo $?
1                                      # cp は失敗した
```

---

## 7.1.2　テクニック② 無条件リスト

　リスト内のコマンドは、必ずしも互いに依存する必要はありません。セミコロン
（;）を使ってコマンドを区切ると、それらは単に、順番に実行されます。コマンドの
成否がリスト内の後続のコマンドに影響を及ぼすことはありません。これが**無条件リ
スト**（unconditional list）です。

　筆者は、その日の仕事が終わった後に 1 回限りのコマンドを起動するための無条件
リストが好きです。次のコマンドは、2 時間（7,200 秒）スリープし（何もしない）、
その後で大事なファイルをバックアップします。

```
$ sleep 7200; cp -a ~/important-files /mnt/backup_drive
```

　次に示すのは、原始的なリマインダーシステムとして機能する、同様のコマンドで
す。5 分間スリープし、その後、自分に E メールを送信します[†3]。

---

[†2]　この振る舞いは、ゼロが失敗を意味する、多くのプログラミング言語とは逆です。
[†3]　代わりの方法として、バックアップジョブのために cron を、リマインダーのために at を使うこともでき
　　　ますが、Linux では柔軟性——同じ結果を得るために複数の方法を見つけること——が大事です。

```
$ sleep 300; echo "remember to walk the dog" | mail -s reminder $USER
```

無条件リストは利便性のための機能です。つまり、複数のコマンドを個別に入力して、それぞれの後に Enter を押すのと（ほとんど）同じ結果を生み出します。唯一の大きな違いは、終了コードです。無条件リストでは、最後のものを除いて、個々のコマンドの終了コードは捨てられてしまいます。リスト内の最後のコマンドの終了コードだけが、シェル変数?に割り当てられます。

```
$ mv file1 file2; mv file2 file3; mv file3 file4
$ echo $?
0                        #「mv file3 file4」の終了コード
```

# 7.2 　置換に関するテクニック

**置換**とは、コマンドのテキストを別のテキストに自動的に置き換えることを意味します。ここでは、パワフルな可能性に満ちた2種類の置換を紹介します。

### コマンド置換

コマンドが、その出力結果によって置き換えられる

### プロセス置換

コマンドが、ファイル（のようなもの）によって置き換えられる

## 7.2.1 　テクニック③ コマンド置換

たとえば、楽曲を表す数千のテキストファイルがあると仮定しましょう。それぞれのファイルには、曲名（Title）、アーティスト名（Artist）、アルバムタイトル（Album）、歌詞が含まれています。

```
Title: Carry On Wayward Son
Artist: Kansas
Album: Leftoverture

Carry on my wayward son
There'll be peace when you are done
⋮
```

このファイルを、アーティストごとにサブディレクトリーに整理したいとします。この作業を手動で行うとしたら、grep を使って、たとえば Kansas のすべての曲の

ファイルを検索し、

```
$ grep -l "Artist: Kansas" *.txt
carry_on_wayward_son.txt
dust_in_the_wind.txt
belexes.txt
```

それぞれのファイルを kansas ディレクトリーに移動します。

```
$ mkdir kansas
$ mv carry_on_wayward_son.txt kansas
$ mv dust_in_the_wind.txt kansas
$ mv belexes.txt kansas
```

これは、とても退屈な作業です。もし、「Artist: Kansas という文字列を含んでいるすべてのファイルを kansas ディレクトリーに移動して」とシェルに指示することができたら、素晴らしいと思いませんか？ Linux の表現で言うと、grep -l コマンドからファイル名のリストを取得し、それを mv コマンドに渡したいということです。**コマンド置換**（command substitution）と呼ばれるシェルの機能を使うと、これを簡単に実現できます。

```
$ mv $(grep -l "Artist: Kansas" *.txt) kansas
```

次に示す構文は、

```
$(any command here)
```

丸括弧の中のコマンド（*any command here* の部分）を実行し、そのコマンドを、その出力結果に置き換えます。したがって、前のコマンドラインの例では、grep -l コマンドが、それによって出力されるファイル名のリストに置き換えられ、あたかも次のようにファイル名を入力したかのようになります。

```
$ mv carry_on_wayward_son.txt dust_in_the_wind.txt belexes.txt kansas
```

あるコマンドの出力結果を、その後のコマンドラインにコピーしていると感じた場合にはいつでも、コマンド置換を使って時間を節約できます。コマンド置換には、エイリアスを含めることもできます。なぜなら、その内容はサブシェル内で実行され、サブシェルには親のエイリアスのコピーが含まれるからです。

### 特殊文字とコマンド置換

grep -l を使った前の例は、Linux のほとんどのファイル名に対して有効ですが、スペースやその他の特殊文字を含んだファイル名には有効ではありません。出力結果が mv に渡される前にシェルがこれらの文字を評価してしまい、予期せぬ結果が生じる可能性があります。たとえば、grep -l が dust in the wind.txt を出力したとすると、シェルはスペースをセパレーターとして扱い、mv は、dust、in、the、wind.txt という、存在しない 4 つのファイルを移動しようとします。

別の例を見てみましょう。PDF 形式でダウンロードされた、数年分の銀行取引明細書があると仮定します。ダウンロードされたファイルは、たとえば 2021 年 8 月 26 日についての eStmt_2021-08-26.pdf のように、明細書の年月日を含んだ名前になっています[†4]。カレントディレクトリーに存在する最新の明細書を表示したいとしましょう。それを手動で行うこともできます。つまり、ディレクトリーをリスト表示し、最新の日付のファイルを見つけ（リスト内で最後のファイルになるでしょう）、それを okular などの PDF ビューアーを使って表示します。しかし、これらをすべて手動で行う必要があるでしょうか？ コマンド置換を使って処理を簡単にしましょう。まず、ディレクトリー内で最新の PDF ファイルの名前を表示するコマンドを作成します。

```
$ ls eStmt*pdf | tail -n1
```

これを、コマンド置換を使って okular に渡します。

```
$ okular $(ls eStmt*pdf | tail -n1)
```

ls コマンドはすべての明細書ファイルをリスト表示し、tail コマンドは、eStmt_2021-08-26.pdf のように、最後のファイルだけを表示します。コマンド置換によって、その 1 つのファイル名がコマンドライン上に配置され、あたかも okular eStmt_2021-08-26.pdf と入力されたかのようになります。

---

[†4]　バンク・オブ・アメリカのダウンロード可能な明細書ファイルは、本書の出版時点では、このように命名されています。

コマンド置換の当初の構文は、バッククォート（`）を使ったものでした。した
がって、次の 2 つのコマンドは同じです。

```
$ echo Today is $(date +%A).
Today is Saturday.
$ echo Today is `date +%A`.
Today is Saturday.
```

バッククォートは、ほとんどのシェルでサポートされています。それに対して、
$() という構文は、より簡単にネストする（入れ子にする）ことができます。

```
$ echo $(date +%A) | tr a-z A-Z                      # 単独
SATURDAY
$ echo Today is $(echo $(date +%A) | tr a-z A-Z)!    # ネスト
Today is SATURDAY!
```

　スクリプトでのコマンド置換のよくある使い方は、コマンドの出力結果を変数に保
存することです（次の構文で *VariableName* は変数名を表し、*some command here*
の部分には何らかのコマンドが入ります）。

```
VariableName=$(some command here)
```

　たとえば、Kansas の曲を含んでいるファイル名を取得し、それらを変数に保存す
るには、次のようにコマンド置換を使います。

```
$ kansasFiles=$(grep -l "Artist: Kansas" *.txt)
```

　出力結果は複数行になる可能性があるので、すべての改行文字を保護するために、
どこで使う場合も、変数を必ず引用符で囲むようにしてください。

```
$ echo "$kansasFiles"
```

## 7.2.2　テクニック④ プロセス置換

　今まで見てきたように、コマンド置換は、コマンドをその場で、その出力結果に、
文字列として置き換えます。**プロセス置換**（process substitution）もコマンドをそ
の出力結果に置き換えますが、出力結果を、あたかもそれがファイル内に保存されて
いたかのように扱います。この大きな違いは、最初はわかりにくいかもしれないの
で、段階を追って説明します。

　現在、1.jpg から 1000.jpg までと命名された JPEG 画像ファイルでいっぱいの

ディレクトリーにいるが、不思議なことにいくつかのファイルが見当たらず、それら
を特定したいと仮定しましょう。次のコマンドを使って、そのようなディレクトリー
を再現します。

```
$ mkdir /tmp/jpegs && cd /tmp/jpegs
$ touch {1..1000}.jpg
$ rm 4.jpg 981.jpg
```

　見当たらないファイルを突き止めるための貧弱な方法は、ディレクトリーをリスト
表示し、数値順にソートして、目で見てギャップを探すことです。

```
$ ls -1 | sort -n | less
1.jpg
2.jpg
3.jpg
5.jpg                    # 4.jpg が欠けている
⋮
```

　より強力で自動化された解決策は、diff コマンドを使って、存在するファイル名の
リストと 1.jpg から 1000.jpg までの完全なファイル名のリストとを比較すること
です。この解決策を実現するための 1 つの方法は、一時ファイルを使うことです。存
在するファイル名をソートし、original-list という一時ファイルに保存します。

```
$ ls *.jpg | sort -n > /tmp/original-list
```

　次に、1.jpg から 1000.jpg までの完全なファイル名のリストを、full-list と
いう別の一時ファイルに出力します。これを実現するために、seq を使って 1 から
1000 までの整数を生成し、sed を使って各行に .jpg を追加します。

```
$ seq 1 1000 | sed 's/$/.jpg/' > /tmp/full-list
```

　diff コマンドを使って 2 つの一時ファイルを比較し、4.jpg と 981.jpg が欠け
ていることを見つけ出し、一時ファイルを削除します。

```
$ diff /tmp/original-list /tmp/full-list
3a4
> 4.jpg
979a981
> 981.jpg
$ rm /tmp/original-list /tmp/full-list        # 終わったら片づける
```

　このように、多くのステップが必要です。もし一時ファイルにわずらわされずに、2 つのファイル名のリストを直接比較できたら素晴らしいと思いませんか？　問題は、diff が、stdin からの 2 つのリストを比較できないことです。diff は、引数としてファイルを要求します[5]。プロセス置換は、両方のリストが diff にはファイルのように見えるようにすることで、この問題を解決します（技術的な詳細については、後述のコラム「プロセス置換はどのように機能するか」で解説します）。次の構文は、

```
<(any command here)
```

*any command here* の部分に書かれたコマンドをサブシェル内で実行し、その出力結果を、あたかもそれがファイルに含まれていたかのように提示します。たとえば次の式は、ls -1 | sort -n の出力結果を、あたかもそれがファイルに含まれていたかのように表現します。

```
<(ls -1 | sort -n)
```

そのファイル（のようなもの）を cat したり、

```
$ cat <(ls -1 | sort -n)
1.jpg
2.jpg
⋮
```

cp を使ってコピーしたりできます。

```
$ cp <(ls -1 | sort -n) /tmp/listing
$ cat /tmp/listing
1.jpg
2.jpg
⋮
```

　そして、お察しのように、diff を使って、そのファイル（のようなもの）同士を比較することができます。2 つの一時ファイルを生成していた 2 つのコマンドを、もう一度見てみましょう。

```
ls *.jpg | sort -n
seq 1 1000 | sed 's/$/.jpg/'
```

---

[5]　厳密に言うと、ファイル名としてダッシュ記号を指定すると、diff は stdin から 1 つのリストを読み込むことができますが、2 つのリストは読み込めません。

これらにプロセス置換を適用し、`diff` がこれらをファイルとして扱えるようにすると、一時ファイルを使用することなく、前と同じ出力結果が得られます。

```
$ diff <(ls *.jpg | sort -n) <(seq 1 1000 | sed 's/$/.jpg/')
3a4
> 4.jpg
979a981
> 981.jpg
```

`>`で始まる行を `grep` で検索し、`cut` を使って最初の 2 文字を取り除いて簡潔にすると、欠けているファイルのレポートが出来上がります。

```
$ diff <(ls *.jpg | sort -n) <(seq 1 1000 | sed 's/$/.jpg/') \
    | grep '>' \
    | cut -c3-
4.jpg
981.jpg
```

筆者のコマンドラインの使い方は、プロセス置換によって大きく変わりました。ディスクファイルからしか読み込めないコマンドも、突如として、stdin から読み込めるようになりました。練習することで、それまで不可能と思っていたコマンドも簡単にできるようになりました。

---

### プロセス置換はどのように機能するか

Linux オペレーティングシステムは、ディスクファイルを開くときに、**ファイル記述子**（file descriptor）と呼ばれる整数を使って、ファイルを表現します。プロセス置換は、コマンドを実行し、その出力をファイル記述子に関連づけることで、ファイルを模倣します。そのため、それにアクセスするプログラムの観点からすると、コマンドの出力がディスクファイル内にあるかのように見えるのです。ファイル記述子は、echo を使って表示できます。

```
$ echo <(ls)
/dev/fd/63
```

この例では、`<(ls)` のファイル記述子は 63 であり、システムディレクトリー `/dev/fd` の中で追跡されます。

> **興味深い事実**：stdin、stdout、stderr は、それぞれファイル記述子の 0、1、
> 2 によって表現されます。stderr のリダイレクトが 2>という構文なのは、
> このためです。

　<(…) という式は、読み取りのためのファイル記述子を作成します。関連す
る式である>(…) は、書き出しのためのファイル記述子を作成しますが、25 年
間、筆者がそれを必要としたことはありません。

　プロセス置換は非 POSIX 機能であり、シェルによっては無効になって
いるかもしれません。非 POSIX 機能を現在のシェルで有効にするには、
set +o posix を実行します。

## 7.3　文字列としてのコマンドに関するテクニック

　すべてのコマンドは文字列ですが、コマンドの中には、他のコマンドよりも「文字
列の度合いが強い」ものがあります。ここでは、文字列を少しずつ作成し、その文字
列をコマンドとして実行するテクニックをいくつか紹介します。

● コマンドを bash に引数として渡す
● コマンドを bash の stdin にパイプで渡す
● ssh を使って、コマンドを別のホストに送信する
● xargs を使って、一連のコマンドを実行する

　これから紹介するテクニックは、表示されないテキストをシェルに送って実行
するので、危険な場合があります。これらをやみくもに行うことは避けてくだ
さい。必ずテキストを理解してから（および、その生成元を信頼してから）実
行するようにしてください。誤って「rm -rf $HOME」という文字列を実行し、
すべてのファイルを消してしまいたくはないでしょう。

### 7.3.1　テクニック⑤ コマンドを bash に引数として渡す

　「6.1　シェルは実行可能ファイルである」で説明したように、bash は他のコマン
ドと同じく普通のコマンドなので、コマンドラインで、その名前によって実行するこ
とができます。前に見たように、デフォルトでは、bash を実行すると、コマンドを

入力して実行するためのインタラクティブシェルが起動されます。もう 1 つの方法と
して、 -c オプションを使って、コマンドを文字列として bash に渡すことができま
す。bash は、その文字列をコマンドとして実行し、終了します。

```
$ bash -c "ls -l"
-rw-r--r-- 1 smith smith 325 Jul  3 17:44 animals.txt
```

　なぜこれが役に立つのでしょうか？ それは、新しい bash プロセスが（カレント
ディレクトリーや、値を持った変数など）独自の環境を持つ子シェルだからです。子
シェルに加えた変更は、現在実行中のシェルには影響を及ぼしません。次の bash -c
コマンドは、ファイルを削除する間だけディレクトリーを /tmp に変更し、終了し
ます。

```
$ pwd
/home/smith
$ touch /tmp/badfile                        # 一時ファイルを作成する
$ bash -c "cd /tmp && rm badfile"
$ pwd
/home/smith                                 # カレントディレクトリーは変わっていない
```

　しかし、bash -c の最も有益で最も素晴らしい使い方は、ある種のコマンドをスー
パーユーザーとして実行する場合に姿を現します。具体的に言うと、sudo と入出力
のリダイレクトを組み合わせる場合に、興味深い状況（場合によっては頭がおかしく
なりそうな状況）が生じ、そこでは bash -c が成功のカギとなります。
　たとえば、システムディレクトリー /var/log の中でログファイルを作成したいと
仮定しましょう。このディレクトリーは、一般ユーザーにとっては書き込み可能では
ありません。次のように、sudo コマンドを実行してスーパーユーザー権限を取得し、
ログファイルの作成を試みますが、不思議なことにこのコマンドは失敗します。

```
$ sudo echo "New log file" > /var/log/custom.log
bash: /var/log/custom.log: Permission denied
```

　ちょっと待ってください── sudo は、任意のファイルを任意の場所に作成する許
可を与えてくれるはずです。どうしてこのコマンドが失敗してしまうのでしょうか？
なぜ sudo は、パスワードのためのプロンプトすら表示してくれなかったのでしょう
か？ その答えは、sudo が実行されなかったからです。確かに、echo コマンドには
sudo を適用しましたが、出力のリダイレクトには適用していなかったのです。その
リダイレクトが最初に実行され、失敗したのです。詳しく説明すると、次のようにな

ります。

1. あなたは Enter を押しました。
2. シェルは、リダイレクト（>）を含めて、コマンド全体の評価を開始しました。
3. シェルは、保護されているディレクトリー /var/log の中で、custom.log というファイルを作成しようとしました。
4. /var/log に書き込む許可を持っていなかったので、シェルはあきらめて、「Permission denied」（アクセス許可がない）というメッセージを表示しました。

　このような理由で、sudo は実行されなかったのです。この問題を解決するには、「出力のリダイレクトを含めて、コマンド全体をスーパーユーザーとして実行する」とシェルに指示する必要があります。これこそが、bash -c が解決する類いの状況です。次のように、実行したいコマンドを文字列として作成し、

```
'echo "New log file" > /var/log/custom.log'
```

これを sudo bash -c に引数として渡します。

```
$ sudo bash -c 'echo "New log file" > /var/log/custom.log'
[sudo] password for smith: xxxxxxxx
$ cat /var/log/custom.log
New log file
```

　今度は、echo だけでなく、bash 全体がスーパーユーザーとして実行され、bash は文字列全体をコマンドとして実行します。リダイレクトも成功します。sudo とリダイレクトを組み合わせる場合はいつも、このテクニックを思い出してください。

## 7.3.2　テクニック⑥ コマンドを bash にパイプで渡す

　シェルは、ユーザーが stdin で入力するすべてのコマンドを読み取ります。このことは、bash というプログラムがパイプラインに参加できることを意味しています。たとえば、"ls -l" という文字列を表示して、それを bash にパイプで渡すと、bash はその文字列をコマンドとして扱い、実行します。

```
$ echo "ls -l"
ls -l
$ echo "ls -l" | bash
-rw-r--r-- 1 smith smith 325 Jul  3 17:44 animals.txt
```

やみくもにテキストを bash にパイプで渡すことは避けてください。自分が何を実行しているかを常に意識してください。

　このテクニックは、多くの同様のコマンドを連続して実行したい場合に、素晴らしく役に立ちます。コマンドを文字列として表示することができれば、その文字列をbash にパイプで渡して実行できるのです。例として、現在、多くのファイルを含んでいるディレクトリーにいて、それらの最初の文字ごとにサブディレクトリーに整理したいと仮定しましょう。たとえば、apple という名前のファイルはサブディレクトリー a に移動し、cantaloupe という名前のファイルはサブディレクトリー c に移動します[†6]（話を簡単にするために、すべてのファイル名は小文字で始まり、スペースや特殊文字は含まないと想定します）。

　まず、ソートされたファイル名をリスト表示します。ここでは、a から z までのサブディレクトリー名と衝突しないように、すべてのファイル名は 2 文字以上である（??*というパターンにマッチする）と想定します。

```
$ ls -1 ??*
apple
banana
cantaloupe
carrot
⋮
```

ブレース展開を使って、必要となる 26 個のサブディレクトリーを作成します。

```
$ mkdir {a..z}
```

次に、必要となる mv コマンドを文字列として生成します。ファイル名の最初の文字を式 1（\1）として取得するための sed の正規表現から始めましょう。

```
^\(.\)
```

ファイル名の残りの部分を、式 2（\2）として取得します。

```
\(.*\)$
```

---

[†6]　このディレクトリー構造は、チェイン法を用いたハッシュテーブルに似ています。

2 つの正規表現をつなぎ合わせます。

```
^\(.\)  \(.*\)$
```

「mv」という単語の後に、スペース、ファイル名全体（\1\2）、もう 1 つのスペース、最初の文字（\1）を続けて、mv コマンドを形成します。

```
mv \1\2 \1
```

mv コマンドを生成するコマンド全体は、次のようになります。

```
$ ls -1 ??* | sed 's/^\(.\)\(.*\)$/mv \1\2 \1/'
mv apple a
mv banana b
mv cantaloupe c
mv carrot c
⋮
```

この出力結果には、まさに必要とする mv コマンドが含まれています。これを less にパイプで渡してページごとに表示するなどして、出力結果が正しいことを確認します。

```
$ ls -1 ??* | sed 's/^\(.\)\(.*\)$/mv \1\2 \1/' | less
```

生成されたコマンドが正しいことを確認したら、出力結果を bash にパイプで渡して実行します。

```
$ ls -1 ??* | sed 's/^\(.\)\(.*\)$/mv \1\2 \1/' | bash
```

完了したこれらのステップは、繰り返し利用することが可能なパターンです。

1. 文字列を操作することで、一連のコマンドを表示する
2. less などを使って結果を読み、正しいかどうかをチェックする
3. 結果を bash にパイプで渡す

### 7.3.3 テクニック⑦ ssh を使って文字列をリモートで実行する

**免責事項**
このテクニックは、リモートホストにログインするための SSH（セキュアシェ
ル）に慣れている場合にのみ意味をなします。ホスト間の SSH のセットアッ
プについては、本書の範囲を超えています。詳しく学ぶには、SSH のチュート
リアルを探してください。

次のような、リモートホストにログインするための通常の方法のほかに、

```
$ ssh myhost.example.com
```

コマンドラインで文字列を ssh に渡すことで、リモートホストで 1 つのコマンドを
実行することができます。ssh のコマンドラインの後に文字列を追加するだけです。

```
$ ssh myhost.example.com ls
remotefile1
remotefile2
remotefile3
```

このテクニックは概して、ログインし、コマンドを実行し、ログアウトするよりも
迅速です。コマンドがリダイレクト記号のような特殊文字を含んでいて、それらがリ
モートホスト上で評価されるようにしたい場合は、そのコマンドを引用符で囲むかエ
スケープします。そうしないと、ローカルのシェルによって先に評価されてしまいま
す。次のコマンドはどちらもリモートで ls を実行しますが、出力のリダイレクトは
異なるホスト上で行われます。

```
$ ssh myhost.example.com ls > outfile      # outfile はローカルホストに作成される
$ ssh myhost.example.com "ls > outfile"    # outfile はリモートホストに作成される
```

また、コマンドを ssh にパイプで渡し、リモートホストで実行することもできま
す。これは、コマンドを bash にパイプで渡し、ローカルで実行することとよく似て
います。

```
$ echo "ls > outfile" | ssh myhost.example.com
```

コマンドを ssh にパイプで渡す場合、リモートホストは診断メッセージやその他
のメッセージを表示する可能性があります。一般にこれらのメッセージはリモートコ

マンドには影響を与えないので、次のようにして、それらのメッセージを抑制することができます。

- 「Pseudo-terminal will not be allocated because stdin is not a terminal」 (stdin はターミナルではないので、疑似ターミナルは割り当てられない) など、疑似ターミナルや疑似 tty に関するメッセージが表示される場合は、リモートの SSH サーバーがターミナルを割り当てるのを防ぐために、 -T オプションを付けて ssh を実行します。

  ```
  $ echo "ls > outfile" | ssh -T myhost.example.com
  ```

- ふだんログイン時に表示されるウェルカムメッセージ (Welcome to Linux!) やその他の不必要なメッセージが表示される場合は、リモートホストで bash を実行するように ssh に明示的に指示すると、それらのメッセージは表示されません。

  ```
  $ echo "ls > outfile" | ssh myhost.example.com bash
  ```

## 7.3.4 テクニック⑧ xargs を使ってコマンドのリストを実行する

多くの Linux ユーザーは、xargs というコマンドを聞いたことがないかもしれませんが、これは、複数の同様のコマンドを作成して実行するための強力なツールです。xargs を知ったことで、筆者の Linux 体験は大きく変化しました。読者もそうであることを願っています。

xargs は 2 つの入力を受け付けます。

**stdin では「空白文字で区切られた文字列のリスト」**
　　　ls や find によって生成されるファイルパスがその一例ですが、どのような文字列でも構いません。これらを、**入力文字列**と呼ぶことにします。

**コマンドラインでは「いくつかの引数が欠けている不完全なコマンド」**
　　　これを、**コマンドテンプレート**と呼ぶことにします。

xargs は入力文字列とコマンドテンプレートを組み合わせて、新しい完全なコマン

ドを生成し、実行します。このコマンドを、**生成コマンド**と呼ぶことにします。小さ
な例を使って、この過程を説明します。現在、3つのファイルが含まれているディレ
クトリーにいると仮定しましょう。

```
$ ls -1
apple
banana
cantaloupe
```

xargs の入力文字列として機能するように、ディレクトリーのリストを xargs に
パイプで渡し、コマンドテンプレートとして機能するように、wc -l をコマンドライ
ンで指定します。

```
$ ls -1 | xargs wc -l
 3 apple
 4 banana
 1 cantaloupe
 8 total
```

xargs は、約束どおりに、コマンドテンプレートの wc -l を入力文字列に適用し、
それぞれのファイルの行数を数えます。行数を数える代わりに、cat を使ってこの3
つのファイルを表示したければ、コマンドテンプレートを「cat」に変えるだけです。

```
$ ls -1 | xargs cat
```

xargs を使ったこの小さな例には、2つの欠点があります。1つは致命的なもの、
もう1つは現実的なものです。致命的な欠点とは、入力文字列にスペースなどの特殊
文字が含まれている場合に、xargs は間違ったことをする可能性があることです。堅
固な解決策については、後述のコラム「find と xargs に関する安全性」で示します。
　現実的な欠点は、この場合、xargs は必要ではないことです——ファイルパターン
マッチングを使えば、もっと簡単に同じ課題を解決できるからです。

```
$ wc -l *
 3 apple
 4 banana
 1 cantaloupe
 8 total
```

では、なぜ xargs を使うのでしょうか？　その真の力が発揮されるのは、入力文字
列が、単純なディレクトリーリストよりも興味深いものである場合です。たとえば、

あるディレクトリーと（再帰的に）そのすべてのサブディレクトリーに含まれるファイルの行数を数えたいが、名前が.py で終わる Python のソースファイルだけを対象としたいと仮定しましょう。find を使って、そのようなファイルパスのリストを生成するのは簡単です。

```
$ find . -type f -name \*.py -print
./fruits/raspberry.py
./vegetables/leafy/lettuce.py
```

ここで xargs を使うと、wc -l というコマンドテンプレートをそれぞれのファイルパスに適用することができ、その他の方法では得るのが難しかったであろう再帰的な結果を得ることができます。安全のために、-print オプションを -print0 に、xargs を xargs -0 にそれぞれ置き換えます。理由については、コラム「find と xargs に関する安全性」で説明します。

```
$ find . -type f -name \*.py -print0 | xargs -0 wc -l
 6 ./fruits/raspberry.py
 3 ./vegetables/leafy/lettuce.py
 9 total
```

find と xargs を組み合わせることで、任意のコマンドをファイルシステム内で再帰的に実行できるようになり、指定した基準にマッチするファイル（およびディレクトリー）だけに影響を及ぼすことができます（find だけでも、-exec オプションを使うことで同じ結果が得られる場合がありますが、xargs はたいてい、より簡潔な解決策になります）。

xargs には、生成コマンドの作成および実行方法を制御するための多くのオプションがあります（man xargs を参照）。筆者の考えでは、（-0 を除いて）最も重要なオプションは -n と -I です。-n オプションは、それぞれの生成コマンドに xargs によって追加される引数の数を制御します。デフォルトの動作は、シェルの制限に収まる範囲で、できるだけ多くの引数を追加することです[7]。

```
$ ls | xargs echo              # できるかぎり多くの入力文字列を受け入れる：
apple banana cantaloupe carrot #   echo apple banana cantaloupe carrot
$ ls | xargs -n1 echo          # 1 つの echo コマンドにつき 1 つの引数：
apple                          #   echo apple
banana                         #   echo banana
cantaloupe                     #   echo cantaloupe
```

[7]　正確な数は、使用している Linux システムの長さの制限に依存します。man xargs を参照してください。

```
carrot                          #    echo carrot
$ ls | xargs -n2 echo           # 1 つの echo コマンドにつき 2 つの引数：
apple banana                    #    echo apple banana
cantaloupe carrot               #    echo cantaloupe carrot
$ ls | xargs -n3 echo           # 1 つの echo コマンドにつき 3 つの引数：
apple banana cantaloupe         #    echo apple banana cantaloupe
carrot                          #    echo carrot
```

---

### find と xargs に関する安全性

find と xargs を組み合わせる場合、入力文字列内の予期せぬ特殊文字を保護するために、xargs だけでなく、xargs -0（ダッシュ記号とゼロ）を使います。これを、(find -print の代わりの) find -print0 によって生成される出力と組み合わせます。

```
$ find options... -print0 | xargs -0 options...
```

通常、xargs は、その入力文字列が（改行文字などの）空白文字によって区切られていることを期待します。このことは、入力文字列そのものに別の空白文字が含まれている場合（たとえばファイル名の中にスペースが含まれている場合）に問題になります。デフォルトでは、xargs はそれらのスペースを入力セパレーターとして扱い、不完全な文字列に対して操作を行い、誤った結果を生み出してしまいます。たとえば、xargs への入力に prickly pear.py という行が含まれていたとすると、xargs はそれを 2 つの入力文字列として扱い、次のようなエラーが表示されるでしょう。

```
prickly: No such file or directory
pear.py: No such file or directory
```

このような問題を避けるために、xargs -0（ゼロ）を使って、別の文字、すなわちヌル文字（ASCII のゼロ）を入力セパレーターとして受け付けます。ヌルはテキスト内にはめったに現れないので、入力文字列に対するセパレーターとしては明確で理想的です。

では、改行の代わりにヌルを使って入力文字列を区切るには、どうしたらよいでしょうか？ 幸いなことに、まさにそれを行うためのオプションが find にあります。それが、-print の代わりの -print0 です。

ls コマンドには、残念なことに、ヌルを使って出力を区切るためのオプションがないので、前に示した、ls を使った小さな例は安全ではありません。次のように、tr を使って改行をヌルに変換するか、

```
$ ls | tr '\n' '\0' | xargs -0 ...
```

または、次のような便利なエイリアスを使います。これは、カレントディレクトリーの項目をヌルで区切ってリスト表示するもので、xargs にパイプで渡すのに適しています。

```
alias ls0="find . -maxdepth 1 -print0"
```

-I オプションは、生成コマンドの中のどこに入力文字列が挿入されるかを制御します。デフォルトでは、入力文字列はコマンドテンプレートの後に追加されますが、それ以外の場所に挿入されるようにすることもできます。-I の後には、（自分で選んだ）任意の文字列を続けます。この文字列は、コマンドテンプレート内で入力文字列が挿入されるべき場所を示すプレースホルダーとなります。

```
# プレースホルダーとして XYZ を使用する
$ ls | xargs -I XYZ echo XYZ is my favorite food
apple is my favorite food
banana is my favorite food
cantaloupe is my favorite food
carrot is my favorite food
```

この例では、入力文字列のためのプレースホルダーとして任意に「XYZ」を選び、それを echo のすぐ後に配置して、入力文字列をそれぞれの出力行の先頭に移しました。-I オプションは、xargs の入力文字列を、1 つの生成コマンドにつき 1 つに制限していることに注意してください。このほかに制御できることについて学ぶには、xargs の man ページを読むことを勧めます。

### 長い引数リスト

xargs は、コマンドラインが非常に長くなる場合の問題を解決してくれます。たとえば、file1.txt から file1000000.txt までと名付けられた 100 万個のファイルがカレントディレクトリーにあり、パターンマッチングを使ってそれらを削除しようとしていると仮定しましょう。

```
$ rm *.txt
bash: /bin/rm: Argument list too long
```

`*.txt` というパターンは、1,400 万文字以上の文字列として評価されますが、これは Linux がサポートしている文字数を超えています。この制限を回避するには、削除するファイルのリストを xargs にパイプで渡します。xargs は、ファイルのリストを複数の rm コマンドに分割します。次のように、ディレクトリーリスト全体を grep にパイプで渡し、.txt で終わるファイル名だけをマッチさせることでファイルのリストを形成し、それを xargs にパイプで渡します。

```
$ ls | grep '\.txt$' | xargs rm
```

この解決策は、ファイルパターンマッチング（ls *.txt）よりも優れています。その方法では、「Argument list too long」（引数リストが長すぎる）という同じエラーが出てしまうからです。さらに優れた方法は、前述のコラム「find と xargs に関する安全性」で説明したように、find -print0 を実行することです。

```
$ find . -maxdepth 1 -name \*.txt -type f -print0 \
 | xargs -0 rm
```

# 7.4　プロセス制御に関するテクニック

ここまで説明してきたすべてのコマンドは、終了するまで親シェルを占有します。親シェルとの異なる関係を構築するテクニックをいくつか見てみましょう。

### バックグラウンドコマンド
直ちにプロンプトを返し、見えないところで実行される

### 明示的なサブシェル
複合コマンドの途中で起動することができる

### プロセス交換
親シェルに取って代わる

## 7.4.1　テクニック⑨ コマンドのバックグラウンド実行

ここまで紹介してきたすべてのテクニックは、完了するまでコマンドを実行し、そ

の間ユーザーを待たせ、完了したら次のシェルプロンプトを表示します。しかし、時間がかかるコマンドについては、必ずしも待つ必要はありません。視界からは消えているが実行は継続されているという特別な方法でコマンドを起動し、現在のシェルをすぐに解放して、さらにコマンドを実行できるようにすることができます。このようなテクニックを、コマンドの**バックグラウンド実行**と呼び、「バックグラウンドでコマンドを実行する」とも言います。それに対して、シェルを占有するコマンドは、**フォアグラウンドコマンド**と呼ばれます。シェルインスタンスは、最大で、一度に 1 つのフォアグラウンドコマンドと任意の数のバックグラウンドコマンドを実行できます。

### 7.4.1.1　バックグラウンドでコマンドを起動する

　バックグラウンドでコマンドを実行するには、コマンドの後にアンパサンド（&）を追加するだけです。シェルは、コマンドがバックグラウンドで実行されていることを示す、暗号のようなメッセージによって応答し、次のプロンプトを表示します。

```
$ wc -c my_extremely_huge_file.txt &      # 巨大なファイルの文字数を数える
[1] 74931                                 # 暗号のような応答
$
```

　この後、このシェルでは、別のフォアグラウンドコマンド（またはさらに多くのバックグラウンドコマンド）を実行することができます。バックグラウンドコマンドからの出力は、いつでも——ユーザーが入力しているときでさえも——表示される可能性があります。バックグラウンドコマンドが終了して成功すると、シェルは、Doneというメッセージを表示して通知します。

```
59837483748 my_extremely_huge_file.txt
[1]+  Done                    wc -c my_extremely_huge_file.txt
```

失敗した場合は、Exit というメッセージと終了コードが表示されます。

```
[1]+  Exit 1                  wc -c my_extremely_huge_file.txt
```

アンパサンド（&）は、&&や||と同様にリスト演算子です。

```
$ command1 & command2 & command3 &      # 3 つのコマンドをすべて
[1] 57351                               # バックグラウンドで実行
[2] 57352
[3] 57353
$ command4 & command5 & echo hi         # echo 以外の 2 つを
[1] 57431                               # バックグラウンドで実行
```

```
[2] 57432
hi
```

## 7.4.1.2　コマンドを一時停止してバックグラウンドに送る

これに関連するテクニックの 1 つは、フォアグラウンドコマンドを実行し、実行中に気が変わり、そのコマンドをバックグラウンドに送ることです。[Ctrl]-[Z] を押してコマンドを一時的に中断し（コマンドの**一時停止**と呼ばれます）、シェルプロンプトに戻ります。その後で、bg と入力して、コマンドの実行をバックグラウンドで再開します。

## 7.4.1.3　ジョブとジョブ制御

バックグラウンドコマンドは、**ジョブ制御**（job control）と呼ばれるシェル機能の一部です。ジョブ制御とは、バックグラウンド実行、一時停止、再開など、実行中のコマンドをさまざまな方法で操作することです。**ジョブ**（job）とは、シェルの仕事の単位であり、シェルで実行されているコマンドの 1 つのインスタンスです。単一コマンド、パイプライン、条件付きリストは、すべてジョブの例です——基本的に、コマンドラインで実行できるものはすべてジョブです。

ジョブは Linux のプロセスよりも大きなものです。1 つのジョブは、1 つのプロセス、2 つのプロセス、あるいはそれ以上のプロセスで構成されます。たとえば、6 個のプログラムのパイプラインは、（少なくとも）6 個のプロセスを含む 1 つのジョブです。ジョブはシェルの構成体です。Linux オペレーティングシステムは、ジョブを追跡しません。その基礎となっているプロセスだけを追跡します。

シェルはいつでも、実行中の状態の複数のジョブを持つことができます。特定のシェルにおけるそれぞれのジョブは、ジョブ ID またはジョブ番号と呼ばれる、正の整数の ID を持ちます。コマンドをバックグラウンドで実行すると、シェルはジョブ番号と、そのジョブ内で実行する最初のプロセスの ID を表示します。次のコマンドでは、ジョブ番号は 1 であり、プロセス ID は 74931 です。

```
$ wc -c my_extremely_huge_file.txt &
[1] 74931
```

## 7.4.1.4　一般的なジョブ制御の操作

シェルには、ジョブを制御するためのビルトインコマンドがあります。それらを**表7-1** に示します。ここでは例として、一連のジョブを実行し、それらを操作する

ことで、最も一般的なジョブ制御の操作を説明します。ジョブをシンプルかつ予測可能なものにするために、sleepコマンドを実行します。このコマンドは、指定された秒数の間スリープし（何もしないでただ存在し）、その後で終了します。たとえば、sleep 10は10秒間スリープします。

表7-1 ジョブ制御コマンド

| コマンド | 意味 |
| --- | --- |
| bg | 現在の一時停止ジョブをバックグラウンドに移動する |
| bg %*n* | 番号 *n* の一時停止ジョブをバックグラウンドに移動する（例：bg %1） |
| fg | 現在のバックグラウンドジョブをフォアグラウンドに移動する |
| fg %*n* | 番号 *n* のバックグラウンドジョブをフォアグラウンドに移動する（例：fg %2） |
| kill %*n* | 番号 *n* のバックグラウンドジョブを終了させる（例：kill %3） |
| jobs | シェルのジョブを表示する |

ジョブをバックグラウンドで、完了するまで実行します。

```
$ sleep 20 &                    # バックグラウンドで実行する
[1] 126288
$ jobs                          # このシェルのジョブをリスト表示する
[1]+  Running              sleep 20 &
$
... 最終的に...
[1]+  Done                 sleep 20
```

ジョブが完了しても、次に Enter を押すまでは、**Done** メッセージは表示されません。

バックグラウンドジョブを実行し、それをフォアグラウンドに移動します。

```
$ sleep 20 &                    # バックグラウンドで実行する
[1] 126362
$ fg                            # フォアグラウンドに移動する
sleep 20
... 最終的に...
$
```

フォアグラウンドジョブを実行し、一時停止し、フォアグラウンドに戻します。

```
$ sleep 20                           # フォアグラウンドで実行する
Ctrl - Z                             # Ctrl-Z を押してジョブを一時停止する
[1]+  Stopped          sleep 20
$ jobs                               # このシェルのジョブをリスト表示する
[1]+  Stopped          sleep 20
$ fg                                 # フォアグラウンドに戻す
sleep 20                             # （出力は表示されない）
```

フォアグラウンドジョブを実行し、それをバックグラウンドに送ります。

```
$ sleep 20                           # フォアグラウンドで実行する
Ctrl - Z                             # ジョブを一時停止する
[1]+  Stopped          sleep 20
$ bg                                 # バックグラウンドに移動する
[1]+ sleep 20 &
$ jobs                               # このシェルのジョブをリスト表示する
[1]+  Running          sleep 20 &
$
... 最終的に...
[1]+  Done             sleep 20
```

複数のバックグラウンドジョブを操作してみましょう。ジョブを参照するには、パーセント記号（%）に続けてジョブ番号を指定します（%1、%2 など）。

```
$ sleep 100 &                        # 3 つのコマンドをバックグラウンドで実行する
[1] 126452
$ sleep 200 &
[2] 126456
$ sleep 300 &
[3] 126460
$ jobs                               # このシェルのジョブをリスト表示する
[1]   Running          sleep 100 &
[2]-  Running          sleep 200 &
[3]+  Running          sleep 300 &
$ fg %2                              # ジョブ 2 をフォアグラウンドに移動する
sleep 200
Ctrl - Z                             # ジョブ 2 を一時停止する
[2]+  Stopped          sleep 200
$ jobs                               # ジョブ 2 が一時停止された（"Stopped"）
[1]   Running          sleep 100 &
[2]+  Stopped          sleep 200
[3]-  Running          sleep 300 &
$ kill %3                            # ジョブ 3 を終了させる（何も表示されない）
$ jobs                               # ジョブ 3 がなくなった
[1]-  Running          sleep 100 &
[2]+  Stopped          sleep 200
```

```
$ bg %2                              # ジョブ 2 をバックグラウンドで再開する
[2]+ sleep 200 &
$ jobs                               # ジョブ 2 が再び実行されている（"Running"）
[1]-  Running            sleep 100 &
[2]+  Running            sleep 200 &
$
```

## 7.4.1.5　バックグラウンドでの出力と入力

　バックグラウンドコマンドは stdout に出力することができますが、出力すると不便な場合や紛らわしい場合があります。たとえば、Linux のディクショナリーファイル（10 万行の長さ）をバックグラウンドでソートして最初の 2 行を表示するとしたら、何が起こるか注目してください。予想どおり、シェルはすぐに、ジョブ番号（1）、プロセス ID（81089）、次のプロンプトを表示します。

```
$ sort /usr/share/dict/words | head -n2 &
[1] 81089
$
```

　ジョブが完了するまで待つと、その時点でカーソルがどこにあったとしても、stdout に 2 つの行が出力されます。次の例では、カーソルが 2 番目のプロンプトのところにあるので、このように見づらい結果になります。

```
$ sort /usr/share/dict/words | head -n2 &
[1] 81089
$ A
A's
```

Enter を押すと、ジョブが完了したことを示すメッセージが表示されます。

```
[1]+  Done                  sort /usr/share/dict/words | head -n2
$
```

　バックグラウンドジョブからの画面出力は、ジョブが実行されている間、いつでも表示される可能性があります。この種の乱雑さを避けるには、stdout をファイルにリダイレクトし、都合のいいときにファイルを調べるようにします。

```
$ sort /usr/share/dict/words | head -n2 > /tmp/results &
[1] 81089
$
[1]+  Done                  sort /usr/share/dict/words | head -n2 >
/tmp/results
```

```
$ cat /tmp/results
A
A's
$
```

　バックグラウンドジョブが stdin から読み込もうとすると、別の奇妙なことが起こります。シェルはジョブを一時停止して、Stopped というメッセージを表示し、バックグラウンドで入力を待機します。次の例でこれを説明します。stdin から読み込むように、引数を付けずにバックグラウンドで cat を実行します。

```
$ cat &
[1] 82455
[1]+  Stopped                 cat                    # Enter 押下後に出力される
```

　ジョブはバックグラウンドでは入力を読み込むことができないので、fg を使ってジョブをフォアグラウンドに移動し、入力を与えます。

```
$ fg
cat
Here is some input
Here is some input
⋮
```

　すべての入力を与えたら、次のいずれかを行います。

● 完了するまで、フォアグラウンドでコマンドの実行を継続する
● Ctrl - Z を押し、それに続いて bg と入力することで、コマンドを一時停止し、バックグラウンドで実行する
● Ctrl - D を押して入力を終了するか、Ctrl - C を押してコマンドを終了させる

## 7.4.1.6　バックグラウンド実行に関するヒント

　バックグラウンド実行は、長い編集セッションを実行中のテキストエディターや、独自のウィンドウを開くプログラムなど、時間のかかるコマンドを実行するのに適しています。たとえば、テキストエディターを終了する代わりに一時停止することで、プログラマーは多くの時間を節約できます。筆者はこれまで、経験豊富なエンジニアが、テキストエディターでコードを修正し、それを保存してエディターを終了し、

コードをテストし、再びエディターを起動して、コード内で最後に作業していた場所
を探している姿を何度も見てきました。彼らは、エディターを終了するたびに、ジョ
ブの切り替えに 10 秒から 15 秒ほど損しています。もし代わりに、[Ctrl] - [Z] でエ
ディターを一時停止し、コードをテストし、fg でエディターを再開したら、時間を
無駄にすることを避けられるのです。

　バックグラウンド実行は、次のように条件付きリストを使って、一連のコマンドを
バックグラウンドで実行することにも適しています。リスト内のいずれかのコマンド
が失敗したら、残りのコマンドは実行されず、ジョブは終了します（ただし、入力を
読み込むコマンドには注意してください。それらのコマンドはジョブを一時停止さ
せ、入力を待機するからです）。

```
$ command1 && command2 && command3 &
```

## 7.4.2　テクニック⑩ 明示的なサブシェル

「6.2　親プロセスと子プロセス」で説明したように、単一コマンドを起動するたび
に、それらは子プロセスの中で実行されます。コマンド置換とプロセス置換では、サ
ブシェルが作成されます。しかし、場合によっては、追加のサブシェルを明示的に起
動すると役に立つことがあります。サブシェルを明示的に起動するには、コマンドを
単に丸括弧で囲みます。すると、そのコマンドはサブシェル内で実行されます。

```
$ (cd /usr/local && ls)
bin   etc   games   lib   man   sbin   share
$ pwd
/home/smith                              # 「cd /usr/local」はサブシェル内で実行される
```

　このテクニックは、コマンド全体に適用する場合には、特に便利というわけではあ
りません。ただし、前のディレクトリーに戻るために cd コマンドをもう一度実行す
る必要がない、といったメリットがあります。しかし、複合コマンドの 1 つの構成要
素のまわりに丸括弧を置くと、いくつか便利なことができるようになります。その典
型的な例が、実行の途中でディレクトリーを変更するパイプラインです。たとえば、
package.tar.gz という圧縮された tar ファイルをダウンロード済みであり、その
ファイルを展開したいと仮定しましょう。ファイルを展開するための tar コマンド
は次のとおりです。

```
$ tar xvf package.tar.gz
Makefile
src/
src/defs.h
src/main.c
  ⋮
```

展開は、カレントディレクトリーに対して相対的に行われます[†8]。もし、別のディ
レクトリーに展開したいとしたら、どうすればよいでしょうか？ 別のディレクトリー
に cd してから tar を実行する（そして cd で戻る）こともできますが、これらの作
業を 1 つのコマンドで行うこともできます。その方法は、tar データをサブシェルに
パイプで渡し、サブシェル内でディレクトリー操作を行い、stdin からデータを読み
込むように tar を実行することです[†9]。

```
$ cat package.tar.gz | (mkdir -p /tmp/other && cd /tmp/other && tar xzvf -)
```

このテクニックは、2 つの tar プロセス（1 つは stdout に出力、もう 1 つは stdin
から入力）を使って、あるディレクトリー dir1 から別の既存のディレクトリー dir2
にファイルをコピーする場合にも有効です。

```
$ tar czf - dir1 | (cd /tmp/dir2 && tar xzvf -)
```

同じテクニックを利用して、SSH を介して、別のホスト上の既存のディレクトリー
にファイルをコピーすることもできます。

```
$ tar czf - dir1 | ssh myhost '(cd /tmp/dir2 && tar xzvf -)'
```

---

### どのテクニックによってサブシェルが作成されるか？

この章で紹介したテクニックの多くは、サブシェルを起動します。サブシェル
は、親の環境（変数とその値）に加えて、エイリアスなどのその他のシェルコン
テキストを継承します。そのほかに、子プロセスだけを起動するテクニックもあ

---

[†8] ここでは、tar アーカイブが、絶対パスではなく相対パスを使って作成されていると想定しています。こ
れは、ダウンロードされるソフトウェアでは、よくあることです。
[†9] この問題は、ターゲットディレクトリーを指定するための、tar の -C オプションまたは --directory オ
プションを使えば、より簡単に解決できます。ここでは、サブシェルを使用する一般的なテクニックを紹
介するために、このようにしています。

ります。それらを見分ける最も簡単な方法は、BASH_SUBSHELL 変数を評価することです。サブシェルであればゼロ以外、そうでなければゼロになります。詳細は「6.4　子シェルとサブシェル」を参照してください。

```
$ echo $BASH_SUBSHELL              # 通常の実行
0                                  # サブシェルではない
$ (echo $BASH_SUBSHELL)            # 明示的なサブシェル
1                                  # サブシェル
$ echo $(echo $BASH_SUBSHELL)      # コマンド置換
1                                  # サブシェル
$ cat <(echo $BASH_SUBSHELL)       # プロセス置換
1                                  # サブシェル
$ bash -c 'echo $BASH_SUBSHELL'    # bash -c
0                                  # サブシェルではない
```

 bash の丸括弧を、計算における丸括弧のように、単純にコマンドをグループ化するものと見なしがちですが、そうではありません。丸括弧のペアは、サブシェルを起動します。

## 7.4.3　テクニック⑪ プロセス交換

「6.2　親プロセスと子プロセス」で説明したように、通常はコマンドを実行すると、シェルは独立したプロセスの中でそれを実行し、そのプロセスはコマンドが終了すると消滅します。しかし、シェルビルトインである exec コマンドを使うと、この動作を変更できます。このコマンドは、実行中のシェル（プロセス）を、ユーザーが選んだ別のコマンド（別のプロセス）と「交換」します。これを**プロセス交換**（process replacement）と呼びます。コマンドの実行が終了しても、シェルプロンプトは表示されません。なぜなら、元のシェルはなくなったからです。

これを説明するために、新しいシェルを手動で実行し、そのプロンプトを変更します。

```
$ bash                 # 子シェルを実行する
$ PS1="Doomed> "       # 新しいシェルのプロンプトを変更する
Doomed> echo hello     # 任意のコマンドを実行する
hello
```

ここで、exec コマンドを実行して、この新しいシェルが消滅する様子を見てみま

しょう。

```
Doomed> exec ls          # ls は子シェルと交換され、実行され、終了する
animals.txt
$                        # 元の（親の）シェルによるプロンプト
```

**exec の実行は致命的になる可能性がある**

シェルの中で exec を実行すると、その後、そのシェルは終了します。シェル
がターミナルウィンドウ内で実行されていた場合は、ウィンドウが閉じます。
シェルがログインシェルだった場合は、ログアウトされます。

では、いったいなぜ、exec を実行するのでしょうか？ 1 つの理由は、別プロセス
を起動しないようにして、リソースを節約することです。シェルスクリプトでは、ス
クリプト内の最後のコマンドで exec を実行することで、この最適化の手法が使われ
る場合があります。そのスクリプトが何度も（たとえば、何百万回または何十億回
も）実行される場合、この節約は大いに価値があります。

exec には、もう 1 つの機能があります。それは、stdin、stdout、stderr を現在の
シェルで再割り当てすることです。これは、次のようなシェルスクリプトで最も役に
立ちます。この小さな例では、/tmp/outfile というファイルに情報を出力します。

```
#!/bin/bash
echo "My name is $USER"                                  > /tmp/outfile
echo "My current directory is $PWD"                      >> /tmp/outfile
echo "Guess how many lines are in the file /etc/hosts?"  >> /tmp/outfile
wc -l /etc/hosts                                         >> /tmp/outfile
echo "Goodbye for now"                                   >> /tmp/outfile
```

それぞれのコマンドの出力を個別に /tmp/outfile にリダイレクトする代わりに、
exec を使って、スクリプト全体について、stdout を /tmp/outfile にリダイレク
トします。後続のコマンドは、stdout に出力するだけで済みます。

```
#!/bin/bash
# このスクリプトについて、stdoutをリダイレクトする
exec > /tmp/outfile2
# 後続のすべてのコマンドは、/tmp/outfile2に出力される
echo "My name is $USER"
echo "My current directory is $PWD"
echo "Guess how many lines are in the file /etc/hosts?"
wc -l /etc/hosts
echo "Goodbye for now"
```

このスクリプトを実行し、/tmp/outfile2 ファイルを調べて、結果を確認します。

```
$ cat /tmp/outfile2
My name is smith
My current directory is /home/smith
Guess how many lines are in the file /etc/hosts?
122 /etc/hosts
Goodbye for now
```

おそらく、exec を頻繁に使うことはないかもしれませんが、必要な場合には大いに役立ちます。

## 7.5　まとめ

これで、コマンドを実行するための 13 個のテクニック——この章で紹介した 11 個に加えて、単一コマンドとパイプライン——をマスターしました。**表7-2** は、さまざまなテクニックの一般的な使用事例をまとめたものです。

表7-2　コマンドを実行するための一般的なテクニック

| 問題 | 解決策 |
|---|---|
| あるプログラムの stdout を別のプログラムの stdin に送る | パイプライン |
| 出力（stdout）をコマンド内に挿入する | コマンド置換 |
| stdin からではなくディスクファイルから読み込むコマンドに、出力（stdout）を供給する | プロセス置換 |
| 1 つの文字列をコマンドとして実行する | bash -c、または bash にパイプで渡す |
| 複数のコマンドを stdout に出力し、それらを実行する | bash にパイプで渡す |
| 多くの同様のコマンドを連続して実行する | xargs、または文字列としてコマンドを作成し、bash にパイプで渡す |
| 別のコマンドの成功に依存するコマンドを管理する | 条件付きリスト |
| 複数のコマンドを同時に実行する | バックグラウンド実行 |
| 互いの成功に依存する複数のコマンドを同時に実行する | 条件付きリストのバックグラウンド実行 |
| リモートホストで 1 つのコマンド（host command）を実行する | ssh host command を実行する |
| パイプラインの途中でディレクトリーを変更する | 明示的なサブシェル |
| 後でコマンドを実行する | sleep の後にコマンドが続く無条件リスト |

表7-2 コマンドを実行するための一般的なテクニック（続き）

| 問題 | 解決策 |
|---|---|
| 保護されたファイル（*file*）へのリダイレクト | `sudo bash -c "command > file"` を実行する |

　次の2つの章では、複数のテクニックを組み合わせて、ビジネスの目標を効率よく実現する方法を説明します。

# 8章
# ブラッシュワンライナーの作成

「まえがき」で紹介した、次のような長くて複雑なコマンドを覚えていますか？

```
$ paste <(echo {1..10}.jpg | sed 's/ /\n/g') \
        <(echo {0..9}.jpg | sed 's/ /\n/g') \
  | sed 's/^/mv /' \
  | bash
```

このような「魔法の呪文」は、**ブラッシュワンライナー**（brash one-liner）と呼ばれています[1]。これが何を行い、どのように機能するかを理解するために、これを分解してみましょう。最も内側にある echo コマンドは、ブレース展開を使って、JPEG ファイル名のリストを生成します。

```
$ echo {1..10}.jpg
1.jpg 2.jpg 3.jpg ... 10.jpg
$ echo {0..9}.jpg
0.jpg 1.jpg 2.jpg ... 9.jpg
```

これらのファイル名を sed にパイプで渡し、スペースを改行に置き換えます。

```
$ echo {1..10}.jpg | sed 's/ /\n/g'
1.jpg
2.jpg
⋮
10.jpg
$ echo {0..9}.jpg | sed 's/ /\n/g'
0.jpg
1.jpg
```

---

[1] 筆者が知るかぎり、この用語が使われている最も古いものは、BSD Unix 4.x での lorder(1) の man ページです（https://oreil.ly/ro621）。Bob Byrnes さん、見つけてくれてありがとう。

```
⋮
9.jpg
```

paste コマンドは、2 つのリストを横に並べて表示します。プロセス置換を使う
と、paste は 2 つのリストを、あたかもファイルであるかのように読み込むことがで
きます。

```
$ paste <( echo {1..10}.jpg | sed 's/ /\n/g' ) \
        <( echo {0..9}.jpg | sed 's/ /\n/g' )
1.jpg    0.jpg
2.jpg    1.jpg
⋮
10.jpg   9.jpg
```

各行の先頭に「mv」を追加すると、mv コマンドとなる一連の文字列が表示され
ます。

```
$ paste <(echo {1..10}.jpg | sed 's/ /\n/g') \
        <(echo {0..9}.jpg | sed 's/ /\n/g') \
  | sed 's/^/mv /'
mv 1.jpg    0.jpg
mv 2.jpg    1.jpg
⋮
mv 10.jpg   9.jpg
```

これで、このコマンドの目的が明らかになりました。つまり、このコマンドは、
1.jpg から 10.jpg までの画像ファイルの名前を変更するための 10 個のコマンド
を生成します。新しいファイル名は、0.jpg から 9.jpg までです。この出力結果を
bash にパイプで渡すと、mv コマンドが実行されます。

```
$ paste <(echo {1..10}.jpg | sed 's/ /\n/g') \
        <(echo {0..9}.jpg | sed 's/ /\n/g') \
  | sed 's/^/mv /' \
  | bash
```

ブラッシュワンライナーはパズルのようです。一連のファイルをリネームするとい
うビジネスの問題に直面すると、ユーザーは自分のツールボックスを応用して、それ
を解決する Linux コマンドを作成します。ブラッシュワンライナーは、ユーザーの
創造性をかき立て、彼らのスキルを高めます。

この章では、このようなブラッシュワンライナーを、次に示す魔法の公式を使っ

て、少しずつ段階を追って作成します。

1. パズルの1つのピースを解決するコマンドを作成する
2. そのコマンドを実行し、出力結果をチェックする
3. 履歴からコマンドを呼び出し、編集する
4. コマンドが希望どおりの結果を生成するようになるまで、ステップ2とステップ3を繰り返す

　この章では、読者に脳のトレーニングをしてもらいます。紹介するサンプルによって、ときどき頭を悩まされることを覚悟してください。一歩ずつ理解して進み、解説を読んだら、実際にコンピューター上でコマンドを実行してみてください。

この章で紹介するいくつかのブラッシュワンライナーは、長すぎて1行に収まらないので、バックスラッシュ（\）を使って複数の行に分割してあります。ただし、それらを「ブラッシュツーライナー」とか「ブラッシュセブンライナー」などと呼ぶことはありません。

# 8.1　ブラッシュワンライナーを作成するための準備

　ブラッシュワンライナーの作成を始める前に、少しだけ時間を割いて、正しい考え方を身につけましょう。

- 柔軟性を持つ
- どこを出発点とすべきかを考える
- テストツールを知る

それぞれの考え方について、順に説明します。

## 8.1.1　柔軟性を持つ

　ブラッシュワンライナーを作成するためのカギは、柔軟性です。読者はここまで、いくつもの素晴らしいツールについて学んできました——核となる Linux プログラムのセット（および、それらを実行するための非常に多くの方法）に加えて、コマンド履歴、コマンドライン編集などです。これらのツールは、さまざまな方法で組み合わせて使うことができ、特定の問題には、たいてい複数の解決策があります。

　最も簡単な Linux の作業ですら、さまざまな方法で実現することができます。た
とえば、カレントディレクトリー内の .jpg ファイルをリスト表示する方法を考えて
みましょう。おそらく、99.9% の Linux ユーザーは、次のようなコマンドを実行す
るでしょう。

```
$ ls *.jpg
```

　しかし、これはさまざまな解決策の 1 つにすぎません。たとえば、ディレクトリー
内の「すべての」ファイルをリスト表示し、その後で grep を使って、.jpg で終わ
る名前だけをマッチさせることもできます。

```
$ ls | grep '\.jpg$'
```

　このような解決策を選択するのは、なぜでしょうか？「7.3.4　テクニック⑧ xargs
を使ってコマンドのリストを実行する」のノート記事「長い引数リスト」では、ディ
レクトリーがあまりに多くのファイルを含んでいて、パターンマッチングでは表示で
きないという例を見ました。「ファイル名の拡張子を grep で絞り込む」というこの
テクニックは、あらゆる種類の問題を解決するための、一般的で堅牢な方法です。こ
こで重要なのは、柔軟性を持つことと、困ったときに最適なものを選択できるように
ツールを理解しておくことです。それが、ブラッシュワンライナーを作成する達人の
スキルです。

　次のすべてのコマンドは、カレントディレクトリー内の .jpg ファイルをリスト表
示します。それぞれのコマンドがどのように機能するか考えてみてください。

```
$ echo $(ls *.jpg)
$ bash -c 'ls *.jpg'
$ cat <(ls *.jpg)
$ find . -maxdepth 1 -type f -name \*.jpg -print
$ ls > tmp && grep '\.jpg$' tmp && rm -f tmp
$ paste <(echo ls) <(echo \*.jpg) | bash
$ bash -c 'exec $(paste <(echo ls) <(echo \*.jpg))'
$ echo 'monkey *.jpg' | sed 's/monkey/ls/' | bash
$ python -c 'import os; os.system("ls *.jpg")'
```

　結果はどれも同じでしょうか、それとも、いくつかのコマンドは少し異なる動作を
するでしょうか？　読者は、このほかに適切なコマンドを思い付きますか？

## 8.1.2 どこを出発点とすべきかを考える

　どのブラッシュワンライナーも、単一コマンドの出力から始まります。その出力は、ファイルの内容全体であったり、ファイルの一部であったり、あるいはディレクトリーリスト、一連の数字や文字、ユーザーのリスト、日付や時刻などのデータであったりします。したがって、最初の課題は、コマンドのための初期データを生成することです。

　たとえば、英語のアルファベットの 17 番目の文字を知りたければ、ブレース展開によって生成される 26 文字を初期データとすることができます。

```
$ echo {A..Z}
A B C D E F G H I J K L M N O P Q R S T U V W X Y Z
```

　この出力を生成できたら、次のステップは、目的に合うようにそれを操作する方法を決めることです。出力を、行や列によって切り分ける必要がありますか？ 出力を、他の情報と組み合わせる必要がありますか？ 出力を、もっと複雑な方法で変換する必要がありますか？ その処理を行うために、grep や sed や cut など、「1 章　コマンドの組み合わせ」や「5 章　ツールボックスの拡張」で紹介したプログラムに目を向け、「7 章　コマンドを実行するための追加の 11 の方法」で紹介したテクニックを使って、それらを応用します。

　この例では、awk を使って 17 番目のフィールドを表示することもできますし、sed を使ってスペースを削除し、cut を使って 17 番目の文字を切り出すこともできます。

```
$ echo {A..Z} | awk '{print $(17)}'
Q
$ echo {A..Z} | sed 's/ //g' | cut -c17
Q
```

　別の例として、月の名前を表示したい場合は、これまたブレース展開によって生成される、1 から 12 までの数値を初期データとすることができます。

```
$ echo {1..12}
1 2 3 4 5 6 7 8 9 10 11 12
```

　これを基にして、ブレース展開に文字列を加え、それぞれの月の最初の日の日付（2021-01-01 から 2021-12-01 まで）を形成します。その後、それぞれの行に対して date -d を実行し、月の名前を生成します。

```
$ echo 2021-{01..12}-01 | xargs -n1 date +%B -d
January
February
March
⋮
December
```

　また別の例として、カレントディレクトリー内で最も長いファイル名の長さを知り
たいと仮定しましょう。この場合、ディレクトリーリストを初期データとすることが
できます。

```
$ ls
animals.txt  cartoon-mascots.txt  ...  zebra-stripes.txt
```

　これを基にして、wc -c を使って各ファイル名の文字数を数えるコマンドを、awk
を使って生成します。

```
$ ls | awk '{print "echo -n", $0, "| wc -c"}'
echo -n "animals.txt" | wc -c
echo -n "cartoon-mascots.txt | wc -c"
⋮
echo -n "zebra-stripes.txt | wc -c"
```

　-n オプションは、echo が改行文字を出力しないようにします。これがないと、そ
れぞれのカウントが1ずつ増えてしまいます。最後に、コマンドを bash にパイプで
渡して実行し、結果を数値順に大きいものから小さいものへとソートし、head -n1
を使って、一番大きい値（最初の行）を取得します。

```
$ ls | awk '{print "echo -n", $0, "| wc -c"}' | bash | sort -nr | head -n1
27
```

　この最後の例は、パイプラインを文字列として生成し、それらをさらにパイプライ
ンに渡しているという点でトリッキーです。とは言っても、出発点となるデータを理
解し、ニーズに合うようにそれを操作するという原則は同じです。

## 8.1.3　テストツールを知る

　ブラッシュワンライナーの作成は、試行錯誤を要します。次に示すツールとテク
ニックは、さまざまな解決策を手早く試すために役立ちます。

## コマンド履歴とコマンドライン編集を利用する

いろいろと試してみるときに、コマンドを再入力してはいけません。「3 章　コマンドの再実行」で紹介したテクニックを使って、以前のコマンドを呼び出し、それらを編集して実行します。

## 作成した式をテストするために、echo を追加する

作成した式がどのように評価されるか確信が持てない場合は、事前に echo を使って表示し、評価された結果を stdout で確認します。

## 破壊的なコマンドをテストするために、echo を追加するか、ls を使用する

作成したコマンドから、rm、mv、cp など、ファイルの上書きや削除を行うコマンドを呼び出す場合は、それらの前に echo を追加し、どのファイルが影響を受けるかを確認します（たとえば、rm の代わりに、echo rm を実行します）。安全性のためのもう 1 つの方法は、rm を ls に置き換え、削除される予定のファイルをリスト表示することです。

## 中間結果を参照するために、tee を挿入する

長いパイプラインの途中で出力（stdout）を参照したい場合は、tee コマンドを挿入し、出力をファイルに保存して調べます。次のコマンドは、*command3*の出力を outfile というファイルに保存し、その同じ出力を *command4* にパイプで渡します。

```
$ command1 | command2 | command3 | tee outfile | command4 |
command5
$ less outfile
```

それでは、ブラッシュワンライナーをいくつか作ってみましょう！

# 8.2　一連のファイル名の中にファイル名を挿入する

これから紹介するブラッシュワンライナーは、この章の最初のもの（.jpg ファイルのリネーム）に似ていますが、より細かいものです。これは、筆者が本書を執筆中に直面した実際の状況でもあります。前のワンライナーと同様に、「7 章　コマンドを実行するための追加の 11 の方法」で紹介した 2 つのテクニック、すなわちプロセス置換と bash にパイプで渡すこととを組み合わせます。この結果は、同様の問題を解

決するために繰り返し利用できるパターンになります。

　筆者は、**AsciiDoc**（https://asciidoc.org）と呼ばれる軽量マークアップ言語を使って、本書を Linux コンピューター上で執筆しました。この言語の詳細は、ここでは重要ではありません。重要なのは、それぞれの章が別々のファイルであり、最初はそれらが 10 個存在したことです。

```
$ ls
ch01.asciidoc  ch03.asciidoc  ch05.asciidoc  ch07.asciidoc  ch09.asciidoc
ch02.asciidoc  ch04.asciidoc  ch06.asciidoc  ch08.asciidoc  ch10.asciidoc
```

　ある時点で、筆者は 2 章と 3 章の間に 11 番目の章を挿入することに決めました。したがって、多くのファイルをリネームする必要があります。新しい 3 章（ch03.asciidoc）を作成できるように、従来の 3〜10 章を、間を空けて 4〜11 章に変更する必要がありました。1 つの方法として、ch11.asciidoc から始めて、後ろから順にファイルを手動でリネームすることもできます[†2]。

```
$ mv ch10.asciidoc ch11.asciidoc
$ mv ch09.asciidoc ch10.asciidoc
$ mv ch08.asciidoc ch09.asciidoc
  ⋮
$ mv ch03.asciidoc ch04.asciidoc
```

　しかし、この方法は退屈です（もし 11 個ではなく、1,000 個のファイルがあったらと想像してみてください）。そこで代わりに、必要な mv コマンドを生成して、bash にパイプで渡すことにしました。前の mv コマンドを見て、どうしたらそれらを作成できるか、考えてみてください。

　まず、ch03.asciidoc から ch10.asciidoc までの元のファイル名に注目します。この章の最初の例のように、ブレース展開を使って、ch{10..03}.asciidoc のようにファイル名を表示することもできますが、柔軟性について練習するために、seq -w コマンドを使って数値を表示します。

```
$ seq -w 10 -1 3
10
09
08
```

---

[†2] ch03.asciidoc から始めて、前から順に行うのは危険です——なぜだかわかりますか？　もしわからなければ、touch ch{01..10}.asciidoc というコマンドを使ってこれらのファイルを作成し、自分で試してみてください。

```
⋮
03
```

次に、この一連の数値を sed にパイプで渡し、ファイル名に変換します。

```
$ seq -w 10 -1 3 | sed 's/\(.*\)/ch\1.asciidoc/'
ch10.asciidoc
ch09.asciidoc
⋮
ch03.asciidoc
```

これで、元のファイル名のリストができました。4〜11 章についても同様に行い、目的のファイル名のリストを作成します。

```
$ seq -w 11 -1 4 | sed 's/\(.*\)/ch\1.asciidoc/'
ch11.asciidoc
ch10.asciidoc
⋮
ch04.asciidoc
```

mv コマンドを形成するには、元のファイル名と新しいファイル名を横に並べて表示する必要があります。この章の最初の例では、この「横に並べる」という問題を、paste を使って解決しました。そこでは、表示する 2 つのリストをファイルとして扱うために、プロセス置換を利用しました。ここでも同様に行います。

```
$ paste <(seq -w 10 -1 3 | sed 's/\(.*\)/ch\1.asciidoc/') \
        <(seq -w 11 -1 4 | sed 's/\(.*\)/ch\1.asciidoc/')
ch10.asciidoc    ch11.asciidoc
ch09.asciidoc    ch10.asciidoc
⋮
ch03.asciidoc    ch04.asciidoc
```

この長いコマンドを入力するのは大変だと思うかもしれませんが、コマンド履歴と Emacs スタイルのコマンドライン編集を使えば、実際にはそうでもありません。「seq と sed」の 1 つの行から paste コマンドへと発展させるには、次のようにします。

1. 上矢印キーを使って履歴から前のコマンドを呼び出す
2. Ctrl - A を押し、次に Ctrl - K を押して、行全体をカットする
3. paste という単語を入力し、その後にスペースを 1 つ入れる
4. Ctrl - Y を 2 回押し、「seq と sed」のコマンドの 2 つのコピーを作成する

5. カーソルの移動とキーストロークの編集を使って、2番目のコピーを変更する
6. その他の編集操作を行う

　出力を sed にパイプで渡し、各行の先頭に「mv」を追加すると、必要とする mv コマンドが表示されます。

```
$ paste <(seq -w 10 -1 3 | sed 's/\(.*\)/ch\1.asciidoc/') \
        <(seq -w 11 -1 4 | sed 's/\(.*\)/ch\1.asciidoc/') \
  | sed 's/^/mv /'
mv ch10.asciidoc     ch11.asciidoc
mv ch09.asciidoc     ch10.asciidoc
⋮
mv ch03.asciidoc     ch04.asciidoc
```

　最後のステップとして、このコマンドを bash にパイプで渡して、実行します。

```
$ paste <(seq -w 10 -1 3 | sed 's/\(.*\)/ch\1.asciidoc/') \
        <(seq -w 11 -1 4 | sed 's/\(.*\)/ch\1.asciidoc/') \
  | sed 's/^/mv /' \
  | bash
```

　筆者はまさに、本書のためにこの解決策を用いました。mv コマンドを実行した結果、新しい3章のためのギャップを残して、1章、2章、4〜11章のファイルができました。

```
$ ls ch*.asciidoc
ch01.asciidoc  ch04.asciidoc   ch06.asciidoc  ch08.asciidoc  ch10.asciidoc
ch02.asciidoc  ch05.asciidoc   ch07.asciidoc  ch09.asciidoc  ch11.asciidoc
```

　ここで紹介したパターンは、関連する一連のコマンドを実行するために、あらゆる状況で再利用が可能です。

1. コマンドの引数を、リストとして stdout に生成する
2. paste とプロセス置換を使って、それらのリストを横に並べて表示する
3. sed を使って、行頭文字（^）をプログラム名とスペースに置き換えることで、コマンド名を先頭に追加する
4. 結果を bash にパイプで渡す

# 8.3　対応するファイルのペアをチェックする

　このブラッシュワンライナーは、Mediawiki（Wikipedia や何千ものその他の wiki を動かしているソフトウェア）の実際の使用からヒントを得たものです。Mediawiki は、ユーザーが画像をアップロードし、表示することを可能にします。多くのユーザーは、Web フォームを介した手動の手順に従います。つまり、[Choose File]（ファイルを選択）をクリックしてファイルダイアログを表示し、画像ファイルの場所に移動してファイルを選択し、フォーム内に説明コメントを追加して、[Upload]（アップロード）をクリックします。一方、wiki 管理者は、より自動化された方法を利用します。つまり、ディレクトリー全体の読み込みとそれに含まれる画像のアップロードを行うスクリプトを使います。それぞれの画像ファイル（たとえば bald_eagle.jpg）は、その画像についての説明コメントを含んでいるテキストファイル（bald_eagle.txt）とペアになります。

　現在、何百もの画像ファイルとテキストファイルでいっぱいのディレクトリーにいると想像してみてください。すべての画像ファイルに、対応するテキストファイルがあり、その逆も同じであることを確認したいとします。次に示すのは、そのようなディレクトリーの小さな例です。

```
$ ls
bald_eagle.jpg  blue_jay.jpg  cardinal.txt  robin.jpg  wren.jpg
bald_eagle.txt  cardinal.jpg  oriole.txt    robin.txt  wren.txt
```

　ペアでないファイル（対応する相手のないファイル）を特定するための 2 つの解決策を考えてみましょう。1 つ目の解決策として、まず 2 つのリスト（JPEG ファイルのリストとテキストファイルのリスト）を作成し、cut を使って、ファイル拡張子の .txt と .jpg を除去します。

```
$ ls *.jpg | cut -d. -f1
bald_eagle
blue_jay
cardinal
robin
wren
$ ls *.txt | cut -d. -f1
bald_eagle
cardinal
oriole
robin
wren
```

次に、これらのリストを、プロセス置換を使って diff で比較します。

```
$ diff <(ls *.jpg | cut -d. -f1) <(ls *.txt | cut -d. -f1)
2d1
< blue_jay
3a3
> oriole
```

この出力結果は、最初のリストには blue_jay（blue_jay.jpg を意味します）が余分に含まれており、2番目のリストには oriole（oriole.txt を意味します）が余分に含まれていることを示しています。したがって、ここでやめてもいいのですが、せっかくなので、この結果をもっと明確なものにしてみましょう。各行の先頭の<や>の文字を grep で検索し、不要な行を排除します。

```
$ diff <(ls *.jpg | cut -d. -f1) <(ls *.txt | cut -d. -f1) \
  | grep '^[<>]'
< blue_jay
> oriole
```

さらに awk を使い、それぞれのファイル名の前に<があるか>があるかに基づいて、ファイル名（$2）に拡張子を追加します。

```
$ diff <(ls *.jpg | cut -d. -f1) <(ls *.txt | cut -d. -f1) \
  | grep '^[<>]' \
  | awk '/^</{print $2 ".jpg"} /^>/{print $2 ".txt"}'
blue_jay.jpg
oriole.txt
```

これで、ペアでないファイルのリストができました。しかし、この解決策には、細かいバグがあります。たとえば、2つのドットを持つ yellow.canary.jpg というファイル名がカレントディレクトリーに含まれていたとしましょう。前のコマンドは、次のように誤った結果を生み出してしまいます。

```
blue_jay.jpg
oriole.txt
yellow.jpg                      # これは間違い
```

このような問題が起こるのは、2つの cut コマンドが、最後のドット以降ではなく、最初のドット以降の文字を取り除いてしまうからです。そのため、yellow.canary.jpg は、yellow.canary ではなく、yellow に切り詰められて

しまうのです。この問題を解決するには、cut を sed に置き換え、最後のドットから
文字列の終わりまでを取り除きます。

```
$ diff <(ls *.jpg | sed 's/\.[^.]*$//') \
       <(ls *.txt | sed 's/\.[^.]*$//') \
  | grep '^[<>]' \
  | awk '/</{print $2 ".jpg"} />/{print $2 ".txt"}'
blue_jay.jpg
oriole.txt
yellow.canary.jpg
```

これで 1 つ目の解決策は完成です。2 つ目の解決策では、異なるアプローチを取り
ます。2 つのリストに diff を適用する代わりに、1 つのリストを生成し、（対応す
る相手が存在する）ファイル名のペアを取り除きます。まず、sed（および前と同じ
sed スクリプト）を使ってファイル拡張子を取り除き、uniq -c を使って、それぞれ
の文字列の出現回数を数えます。

```
$ ls *.{jpg,txt} \
  | sed 's/\.[^.]*$//' \
  | uniq -c
      2 bald_eagle
      1 blue_jay
      2 cardinal
      1 oriole
      2 robin
      2 wren
      1 yellow.canary
```

出力結果の各行は、ファイル名のペアを表す 2 か、ペアでないファイル名を表す 1
のいずれかを含みます。awk を使って、空白文字と 1 で始まる行を抽出し、2 番目の
フィールドだけを表示します。

```
$ ls *.{jpg,txt} \
  | sed 's/\.[^.]*$//' \
  | uniq -c \
  | awk '/^ *1 /{print $2}'
blue_jay
oriole
yellow.canary
```

最後のステップとして、欠けているファイル拡張子を追加するには、どうしたらよ
いでしょうか？ 複雑な文字列操作で頭を悩ます必要はありません。単に ls を使っ

て、カレントディレクトリー内の実際のファイルをリスト表示します。awk を使っ
て、出力の各行の終わりにアスタリスク（ワイルドカード）を追加し、

```
$ ls *.{jpg,txt} \
  | sed 's/\.[^.]*$//' \
  | uniq -c \
  | awk '/^ *1 /{print $2 "*"}'
blue_jay*
oriole*
yellow.canary*
```

これらの行を、コマンド置換を使って ls に与えます。シェルはパターンマッチン
グを行い、ls は、ペアでないファイル名をリスト表示します。これで完成です！

```
$ ls -1 $(ls *.{jpg,txt} \
  | sed 's/\.[^.]*$//' \
  | uniq -c \
  | awk '/^ *1 /{print $2 "*"}')
blue_jay.jpg
oriole.txt
yellow.canary.jpg
```

# 8.4　ホームディレクトリーから CDPATH を生成する

「4.1.5　素早い移動のためにホームディレクトリーを整理する」では、複雑な
CDPATH の行を手で書きました。それは次のように $HOME で始まり、その後に $HOME
のすべてのサブディレクトリーが続き、相対パス ..（親ディレクトリー）で終わると
いうものでした。

```
export CDPATH=$HOME:$HOME/Work:$HOME/Family:$HOME/Finances:$HOME/Linux:$HOME/Music:..
```

このような CDPATH の行を自動的に生成するブラッシュワンライナーを書いてみま
しょう。このワンライナーは、bash の構成ファイルに挿入するのに適しています。
まず、$HOME 内のサブディレクトリーをリスト表示します。cd コマンドによって
シェルのカレントディレクトリーが変更されないように、サブシェルを使います。

```
$ (cd && ls -d */)
Family/  Finances/  Linux/  Music/  Work/
```

sed を使って、それぞれのディレクトリーの前に $HOME/ を追加します。

```
$ (cd && ls -d */) | sed 's/^/$HOME\//g'
$HOME/Family/
$HOME/Finances/
$HOME/Linux/
$HOME/Music/
$HOME/Work/
```

この sed スクリプトは少しだけ複雑です。なぜなら、sed の置換ではセパレーターとしてスラッシュ（/）が使われますが、置換文字列である $HOME/ にもスラッシュが含まれているからです。そのため、$HOME\/ として、スラッシュをエスケープしているのです。これを簡単にするために、「5.4.3.3　sed の要点」のノート記事「置換とスラッシュ」で学んだこと、すなわち sed はセパレーターとして任意の文字を受け付けることを思い出してください。スラッシュの代わりに、アットマーク（@）を使うことにしましょう。もはやエスケープは必要ありません。

```
$ (cd && ls -d */) | sed 's@^@$HOME/@g'
$HOME/Family/
$HOME/Finances/
$HOME/Linux/
$HOME/Music/
$HOME/Work/
```

次に、別の sed 式を使って、最後のスラッシュを切り落とします。

```
$ (cd && ls -d */) | sed -e 's@^@$HOME/@g' -e 's@/$@@'
$HOME/Family
$HOME/Finances
$HOME/Linux
$HOME/Music
$HOME/Work
```

echo とコマンド置換を使って、出力を 1 行に表示します。もはや、cd や ls を丸括弧で囲んで、明示的にサブシェルを作成する必要がないことに注目してください。なぜなら、コマンド置換によって独自のサブシェルが作成されるからです。

```
$ echo $(cd && ls -d */ | sed -e 's@^@$HOME/@' -e 's@/$@@')
$HOME/Family $HOME/Finances $HOME/Linux $HOME/Music $HOME/Work
```

最初のディレクトリー $HOME と最後の相対ディレクトリー .. を追加します。

```
$ echo '$HOME' \
      $(cd && ls -d */ | sed -e 's@^@$HOME/@' -e 's@/$@@') \
      ..
$HOME $HOME/Family $HOME/Finances $HOME/Linux $HOME/Music $HOME/Work ..
```

ここまでの出力を tr にパイプで渡し、スペースをコロンに変更します。

```
$ echo '$HOME' \
      $(cd && ls -d */ | sed -e 's@^@$HOME/@' -e 's@/$@@') \
      .. \
   | tr ' ' ':'
$HOME:$HOME/Family:$HOME/Finances:$HOME/Linux:$HOME/Music:$HOME/Work:..
```

　最後に、環境変数 CDPATH を追加すると、bash の構成ファイルに貼り付けるための変数定義が生成できました。このコマンドをスクリプトに保存しておくと、$HOME に新しいサブディレクトリーを追加した場合などに、いつでも CDPATH の行を生成することができます。

```
$ echo 'CDPATH=$HOME' \
      $(cd && ls -d */ | sed -e 's@^@$HOME/@' -e 's@/$@@') \
      .. \
   | tr ' ' ':'
CDPATH=$HOME:$HOME/Family:$HOME/Finances:$HOME/Linux:$HOME/Music:$HOME/Work:..
```

## 8.5　テストファイルを生成する

　ソフトウェア業界でよく行われる作業の 1 つが、テスト——プログラムに多種多様なデータを与えて、意図したとおりに動作するかどうかを確認すること——です。次に紹介するブラッシュワンライナーは、ソフトウェアのテストで使用することのできる、ランダムなテキストを含んだ 1,000 個のファイルを生成します。1,000 という数は適当に決めたものであり、希望する数だけファイルを生成することができます。

　この解決策は、大きなテキストファイルからランダムに単語を選択し、ランダムな内容とランダムな長さを持つ、より小さい 1,000 個のファイルを作成します。システムディクショナリーの /usr/share/dict/words は、この目的にぴったりなソースファイルです。その中には、102,305 個の単語が、1 行に 1 つずつ含まれています。

```
$ wc -l /usr/share/dict/words
102305 /usr/share/dict/words
```

このブラッシュワンライナーを作成するには、4 つのパズルを解く必要があります。

1. ディクショナリーファイルをランダムにシャッフルする
2. ディクショナリーファイルから、ランダムな数の行を選択する
3. 結果を保持するための出力ファイルを作成する
4. この解決策を 1,000 回実行する

ディクショナリーファイルをランダムにシャッフルするには、それにふさわしい名前が付けられた shuf コマンドを使います。shuf /usr/share/dict/words というコマンドを実行するたびに、10 万行以上の出力が生成されるので、head を使って最初の数行を表示します。

```
$ shuf /usr/share/dict/words | head -n3
evermore
shirttail
tertiary
$ shuf /usr/share/dict/words | head -n3
interactively
opt
perjurer
```

これで最初のパズルが解けました。次に、シャッフルされたディクショナリーからランダムな数の行を選択するには、どうしたらよいでしょうか? shuf には、指定された行数だけ表示するための -n というオプションがありますが、作成する出力ファイルごとにその値を変えたいのです。幸いなことに、bash には RANDOM という変数があり、0 から 32,767 までの間のランダムな正の整数を保持しています。この値は、変数にアクセスするたびに変わります。

```
$ echo $RANDOM $RANDOM $RANDOM
7855 11134 262
```

したがって、 -n $RANDOM というオプションを付けて shuf を実行すると、ランダムな数のランダムな行が表示されます。この場合も、出力全体は非常に長くなる可能性があるので、結果を wc -l にパイプで渡して、実行のたびに行数が変化していることを確認します。

```
$ shuf -n $RANDOM /usr/share/dict/words | wc -l
9922
$ shuf -n $RANDOM /usr/share/dict/words | wc -l
```

32465

これで2番目のパズルが解けました。次に、1,000個の出力ファイル、より厳密に言うと、1,000個の異なるファイル名が必要です。ファイル名を生成するには、pwgenというプログラムを実行します。これは、一連のランダムな文字と数字を生成します。

```
$ pwgen
eng9nooG ier6YeVu AhZ7naeG Ap3quail poo2Ooj9 OYiuri9m iQuash0E voo3Eph1
IeQu7mi6 eipaC2ti exah8iNg oeGhahm8 airooJ8N eiZ7neez Dah8Vooj dixiV1fu
Xiejoti6 ieshei2K iX4isohk Ohm5gaol Ri9ah4eX Aiv1ahg3 Shaew3ko zohB4geu
　⋮
```

1つの文字列だけを生成するために -N1 オプションを追加し、引数として文字列の長さ（10）を指定します。

```
$ pwgen -N1 10
ieb2ESheiw
```

必須ではありませんが、コマンド置換を使って、よりテキストファイルの名前らしく見えるようにします。

```
$ echo $(pwgen -N1 10).txt
ohTie8aifo.txt
```

3番目のパズルも完成しました！これで、1つのランダムなテキストファイルを生成するためのすべてのツールが出そろいました。shuf の -o オプションを使って、出力をファイルに保存します。

```
$ mkdir -p /tmp/randomfiles && cd /tmp/randomfiles
$ shuf -n $RANDOM -o $(pwgen -N1 10).txt /usr/share/dict/words
```

結果をチェックします。

```
$ ls                              # 新しいファイルをリスト表示する
Ahxiedie2f.txt
$ wc -l Ahxiedie2f.txt            # その中に何行が含まれているか？
13544 Ahxiedie2f.txt
$ head -n3 Ahxiedie2f.txt         # 最初の数行を表示する
saviors
guerillas
forecaster
```

いいですね！ 最後のパズルは、この shuf コマンドを 1,000 回実行する方法です。次のようにループを使うこともできますが、

```
for i in {1..1000}; do
  shuf -n $RANDOM -o $(pwgen -N1 10).txt /usr/share/dict/words
done
```

ブラッシュワンライナーの作成ほど面白くはありません。代わりに、コマンドを文字列として事前に生成し、それを bash にパイプで渡してみましょう。試しに、いったん echo を使って、希望するコマンドを表示します。$RANDOM が評価されないように、また pwgen が実行されないように、単一引用符を追加します。

```
$ echo 'shuf -n $RANDOM -o $(pwgen -N1 10).txt /usr/share/dict/words'
shuf -n $RANDOM -o $(pwgen -N1 10).txt /usr/share/dict/words
```

このコマンドを bash にパイプで渡して、簡単に実行することができます。

```
$ echo 'shuf -n $RANDOM -o $(pwgen -N1 10).txt /usr/share/dict/words' | bash
$ ls
eiFohpies1.txt
```

次に、yes コマンドを使って head にパイプで渡すことで、このコマンドを 1,000 回表示し、その結果を bash にパイプで渡します。これで、4 番目のパズルも解けました。

```
$ yes 'shuf -n $RANDOM -o $(pwgen -N1 10).txt /usr/share/dict/words' \
  | head -n 1000 \
  | bash
$ ls
Aen1lee0ir.txt   IeKaveixa6.txt   ahDee9lah2.txt   paeR1Poh3d.txt
Ahxiedie2f.txt   Kas8ooJahK.txt   aoc0Yoohoh.txt   sohl7Nohho.txt
CudieNgee4.txt   Oe5ophae8e.txt   haiV9mahNg.txt   uchiek3Eew.txt
⋮
```

テキストファイルの代わりに、1,000 個のランダムな画像ファイルのほうがよければ、同じテクニック（yes、head、bash）を利用して、shuf を、ランダムな画像を生成するコマンドに置き換えます。次に示すのは、Stack Overflow の Mark Setchell 氏の解決策（https://oreil.ly/ruDwG）を元に筆者が作成したブラッシュワンライナーです。ImageMagick というグラフィックスパッケージに含まれる convert コマンドを実行し、さまざまな色の正方形で構成される、100 × 100 ピクセルのランダムな画像を生成します。

```
$ yes 'convert -size 8x8 xc: +noise Random -scale 100x100 $(pwgen -N1 10).png' \
  | head -n 1000 \
  | bash
$ ls
Bahdo4Yaop.png    Um8ju8gie5.png    aing1QuaiX.png    ohi4ziNuwo.png
Eem5leijae.png    Va7ohchiep.png    eiMoog1kou.png    ohnohwu4Ei.png
Eozaing1ie.png    Zaev4Quien.png    hiecima2Ye.png    quaepaiY9t.png
⋮
$ display Bahdo4Yaop.png          # 最初の画像を表示する
```

# 8.6　空のファイルを生成する

ときどき、テストに必要なのは名前の異なる多くのファイルであり、それらの中身
は空でも構わないという場合があります。file0001.txt から file1000.txt まで
と命名された 1,000 個の空のファイルを生成することは、次のように簡単です。

```
$ mkdir /tmp/empties          # ファイルのためのディレクトリーを作成する
$ cd /tmp/empties
$ touch file{01..1000}.txt    # ファイルを生成する
```

もっと興味を引くファイル名を望む場合は、それらをシステムディクショナリーか
らランダムに取得します。話を簡単にするために、grep を使って、小文字の名前だ
けに限定します（スペース、アポストロフィ、およびシェルにとって特別なその他の
文字は使いません）。

```
$ grep '^[a-z]*$' /usr/share/dict/words
a
aardvark
aardvarks
⋮
```

shuf を使って名前をシャッフルし、head を使って最初の 1,000 個を表示します。

```
$ grep '^[a-z]*$' /usr/share/dict/words | shuf | head -n1000
triplicating
quadruplicates
podiatrists
⋮
```

最後に、結果を xargs にパイプで渡し、touch を使ってファイルを作成します。

```
$ grep '^[a-z]*$' /usr/share/dict/words | shuf | head -n1000 | xargs touch
$ ls
abases          distinctly      magnolia        sadden
abets           distrusts       maintaining     sales
aboard          divided         malformation    salmon
⋮
```

## 8.7 まとめ

この章で紹介した例が、ブラッシュワンライナーを作成するためのスキルの向上に役立つことを願っています。そのうちのいくつかの例は、他の状況においても役に立つ、再利用可能なパターンを示していました。

**注意事項**

ブラッシュワンライナーは、唯一の解決策ではありません。それらは単に、コマンドラインで効率的に作業を行うための 1 つの方法にすぎません。場合によっては、シェルスクリプトを作成したほうが効果的であるかもしれませんし、Perl や Python などのプログラミング言語を使ったほうが、よりよい解決策を得られるかもしれません。とは言え、ブラッシュワンライナーの作成は、重要な仕事を素早くスマートに行うために不可欠なスキルです。

# 9章
# テキストファイルの活用

　プレーンテキストは、多くの Linux システムで最も一般的なデータ形式です。ほとんどのパイプラインでコマンドからコマンドへと送られるデータの内容は、テキストです。プログラマーのソースコードファイル、/etc 内のシステム構成ファイル、HTML ファイルや Markdown（マークダウン）ファイルも、すべてテキストファイルです。E メールのメッセージもテキストであり、添付ファイルでさえも、転送のために内部的にはテキストとして保存されます。買い物リストや個人的なメモのような日頃よく使うファイルも、テキストとして保存できます。

　これと今日のインターネットとを比べてみましょう。今日のインターネットは、ストリーミングオーディオやストリーミングビデオ、ソーシャルメディアの投稿、Google Docs や Office 365 のブラウザー内ドキュメント、PDF ファイル、その他のリッチメディアなど、ごちゃ混ぜの状況です（ある世代の人々から「ファイル」という概念を隠してしまったモバイルアプリによって処理されるデータは言うまでもありません）。こうした背景の下では、プレーンテキストファイルは古臭く思えてしまいます。

　にもかかわらず、テキストファイルは――特にそのテキストが構造化されている場合に――リッチなデータソースになることができ、入念に作られた Linux コマンドを使って、それらを有効に活用することができます。たとえば、/etc/passwd ファイル内の各行は 1 人の Linux ユーザーを表し、7 個のフィールド（ユーザー名、数値のユーザー ID、ホームディレクトリーなど）を持ちます。

```
$ head -n5 /etc/passwd
root:x:0:0:root:/root:/bin/bash
daemon:x:1:1:daemon:/usr/sbin:/usr/sbin/nologin
bin:x:2:2:bin:/bin:/usr/sbin/nologin
smith:x:1000:1000:Aisha Smith,,,:/home/smith:/bin/bash
```

```
jones:x:1001:1001:Bilbo Jones,,,:/home/jones:/bin/bash
```

　それらのフィールドはコロン（:）で区切られており、cut -d:や awk -F:によっ
て、ファイルを容易に解析することができます。次に示すのは、すべてのユーザー名
（最初のフィールド）をアルファベット順で表示するコマンドです。

```
$ cut -d: -f1 /etc/passwd | sort
avahi
backup
bin
daemon
⋮
```

　次に紹介するのは、数値のユーザー ID によって人間のユーザーとシステムのアカ
ウントとを区別し、ユーザーにウェルカム E メールを送信するコマンドです。このよ
うなことを行うブラッシュワンライナーを段階的に作成してみましょう。まず、awk
を使って、ユーザー ID（フィールド 3）が 1000 以上の場合にユーザー名（フィール
ド 1）を表示します。

```
$ awk -F: '$3>=1000 {print $1}' /etc/passwd
jones
smith
```

次に、xargs にパイプで渡すことで、あいさつ文を生成します。

```
$ awk -F: '$3>=1000 {print $1}' /etc/passwd \
  | xargs -I@ echo "Hi there, @!"
Hi there, jones!
Hi there, smith!
```

　次に、それぞれのあいさつ文を mail コマンドにパイプで渡すコマンドを、文字列
として生成します。mail コマンドは、指定された件名を付けて（-s）、指定された
ユーザーに E メールを送信します。

```
$ awk -F: '$3>=1000 {print $1}' /etc/passwd \
  | xargs -I@ echo 'echo "Hi there, @!" | mail -s greetings @'
echo "Hi there, jones!" | mail -s greetings jones
echo "Hi there, smith!" | mail -s greetings smith
```

　最後に、生成されたコマンドを bash にパイプで渡して、E メールを送信します。

```
$ awk -F: '$3>=1000 {print $1}' /etc/passwd \
  | xargs -I@ echo 'echo "Hi there, @!" | mail -s greetings @' \
  | bash
```

これらの解決策は、本書の他の多くの例と同様に、既存のテキストファイルから出発し、コマンドを使ってその内容を操作しています。そろそろ、このアプローチを逆にして、Linux コマンドとうまく連携する「新しいテキストファイル」を計画的に設計してみましょう[†1]。これは、Linux システム上で効率的に仕事を片付けるための必勝法です。これに必要なのは、次の4つのステップです。

1. 解決したいビジネスの問題（データを伴うもの）に注目する
2. そのデータを、都合のいい形式でテキストファイルに保存する
3. そのファイルを処理して問題を解決する Linux コマンドを作成する
4. （任意）実行しやすいように、それらのコマンドをスクリプト、エイリアス、関数などに保存する

この章では、さまざまなビジネスの問題を解決するために、構造化された各種のテキストファイルを作成し、それらを処理するコマンドを作成します。

# 9.1　最初の例：ファイルの検索

たとえば、ホームディレクトリーに何万というファイルとサブディレクトリーが含まれていて、そのうちの1つをどこに置いたか思い出せないことがたびたびあると仮定します。find コマンドを使うと、たとえば animals.txt のように、名前によってファイルを見つけることができます。

```
$ find $HOME -name animals.txt -print
/home/smith/Work/Writing/Books/Lists/animals.txt
```

しかし、find はホームディレクトリー全体を検索するので時間がかかるうえに、あなたはファイルをたびたび探す必要があるのです。これがステップ1の「データを伴うビジネスの問題に注目する」ということであり、つまり、ホームディレクトリー内のファイルを名前によって素早く検索したいということです。

---

[†1] このアプローチは、既知の問い合わせとうまく連携するようにデータベーススキーマを設計することに似ています。

　ステップ2は、データを、都合のいい形式でテキストファイルに保存することです。find を一度実行して、すべてのファイルとサブディレクトリーのリスト（1行につき1つのファイルパス）を作成し、それを隠しファイルとして保存します。

```
$ find $HOME -print > $HOME/.ALLFILES
$ head -n3 $HOME/.ALLFILES
/home/smith
/home/smith/Work
/home/smith/Work/resume.pdf
⋮
```

　これで、データ、つまり1行ごとのファイルのインデックス（索引）ができました。ステップ3は、ファイルの検索を高速化する Linux コマンドを作成することであり、そのために grep を使います。大きなディレクトリーツリーの中で find を実行するよりも、大きなファイルの中を grep するほうが、はるかに高速です。

```
$ grep animals.txt $HOME/.ALLFILES
/home/smith/Work/Writing/Books/Lists/animals.txt
```

　ステップ4は、コマンドを実行しやすくすることです。**例9-1** に示すように、「find files」を意味する ff という名前の1行スクリプトを作成します。このスクリプトは、ユーザーから渡されたオプションと検索文字列を付けて、grep を実行します。

例9-1　ff スクリプト

```
#!/bin/bash
# $@は、スクリプトに渡されたすべての引数を意味する
grep "$@" $HOME/.ALLFILES
```

　このスクリプトを実行可能にして、検索パス内の任意のディレクトリー（たとえば個人の bin サブディレクトリー）に配置します。

```
$ chmod +x ff
$ echo $PATH                              # 検索パスをチェックする
/home/smith/bin:/usr/local/bin:/usr/bin:/bin  # パスに「~/bin」が入っている
$ mv ff ~/bin
```

　これで、ファイルをどこに置いたか思い出せないときには、いつでも ff を実行して、素早くファイルを見つけることができます。

```
$ ff animal
/home/smith/Work/Writing/Books/Lists/animals.txt
$ ff -i animal | less                    # 大文字と小文字を区別しない grep
/home/smith/Work/Writing/Books/Lists/animals.txt
/home/smith/Vacations/Zoos/Animals/pandas.txt
/home/smith/Vacations/Zoos/Animals/tigers.txt
⋮
$ ff -i animal | wc -l                    # いくつマッチするか？
16
```

　インデックスを更新するために、ときどき find コマンドを再実行してください
（さらに望ましいのは、cron を使って、スケジュールされたジョブを作成することで
す。詳しくは「11.2.2　cron、crontab、at について学ぶ」を参照してください）。
ほら、見てください——2つの小さなコマンドから、高速で柔軟なファイル検索ユー
ティリティを作ることができました。Linux システムでは、ファイルのインデックス
を作成して素早く検索するためのアプリケーション（たとえば locate コマンドや、
GNOME や KDE Plasma などのデスクトップ環境での検索ユーティリティ）が提
供されていますが、それはまた別の話です。そのようなユーティリティを、自分自身
で容易に作成できたことに注目してください。そして、その成功のカギは、シンプル
な形式でテキストファイルを作成したことでした。

## 9.2　ドメインの期限切れをチェックする

　次の例として、インターネットのドメイン名をいくつか所有していて、それらを更
新するために、それらがいつ期限切れになるかを把握したいと仮定しましょう。それ
がステップ1、ビジネスの問題を識別することです。ステップ2は、ドメイン名の
ファイルを作成することです。たとえば domains.txt と命名し、1行につき1つの
ドメイン名を記述します。

```
example.com
oreilly.com
efficientlinux.com
⋮
```

　ステップ3は、このテキストファイルを利用して有効期限を判別するコマンドを作
成することです。まず、whois コマンドを使います。このコマンドは、ドメインの情
報について、ドメインの登録機関に問い合わせます。

```
$ whois example.com | less
Domain Name: EXAMPLE.COM
Registry Domain ID: 2336799_DOMAIN_COM-VRSN
Registrar WHOIS Server: whois.iana.org
Updated Date: 2021-08-14T07:01:44Z
Creation Date: 1995-08-14T04:00:00Z
Registry Expiry Date: 2022-08-13T04:00:00Z
⋮
```

有効期限は、「Registry Expiry Date」という文字列の後に書かれており、grep と
awk を使って取り出すことができます。

```
$ whois example.com | grep 'Registry Expiry Date:'
Registry Expiry Date: 2022-08-13T04:00:00Z
$ whois example.com | grep 'Registry Expiry Date:' | awk '{print $4}'
2022-08-13T04:00:00Z
```

date --date コマンドを使って、日付を読みやすくします。このコマンドは、日
付の文字列を、ある形式から別の形式へと変換します。

```
$ date --date 2022-08-13T04:00:00Z
Sat Aug 13 00:00:00 EDT 2022
$ date --date 2022-08-13T04:00:00Z +'%Y-%m-%d'        # 年-月-日の形式
2022-08-13
```

コマンド置換を使って、whois コマンドから date コマンドに日付の文字列を渡し
ます。

```
$ echo $(whois example.com | grep 'Registry Expiry Date:' | awk '{print
$4}')
2022-08-13T04:00:00Z
$ date \
  --date $(whois example.com \
           | grep 'Registry Expiry Date:' \
           | awk '{print $4}') \
  +'%Y-%m-%d'
2022-08-13
```

これで、登録機関に問い合わせて有効期限を表示するコマンドができました。
**例9-2** に示す、check-expiry というスクリプトを作成します。このスクリプトは、
前に示したコマンドを実行し、有効期限、1つのタブ、ドメイン名を表示します。

```
$ ./check-expiry example.com
2022-08-13       example.com
```

例9-2 check-expiry スクリプト

```
#!/bin/bash
expdate=$(date \
          --date $(whois "$1" \
                  | grep 'Registry Expiry Date:' \
                  | awk '{print $4}') \
          +'%Y-%m-%d')
echo "$expdate  $1"                  # タブで区切られた2つの値
```

次に、ループを使って、domains.txt ファイル内のすべてのドメインをチェックします。**例9-3** に示す、check-expiry-all という新しいスクリプトを作成します。

例9-3 check-expiry-all スクリプト

```
#!/bin/bash
cat domains.txt | while read domain; do
    ./check-expiry "$domain"
    sleep 5                          # 登録機関のサーバーに優しく
done
```

ドメインをたくさん持っている場合はしばらく時間がかかるので、このスクリプトをバックグラウンドで実行し、すべての出力（stdout と stderr）をファイルにリダイレクトします。

```
$ ./check-expiry-all &> expiry.txt &
```

スクリプトが終了すると、expiry.txt ファイルには、希望する情報が含まれています。

```
$ cat expiry.txt
2022-08-13      example.com
2022-05-26      oreilly.com
2022-09-17      efficientlinux.com
⋮
```

やりました！ しかし、ここでやめる理由はありません。expiry.txt ファイルそのものも、タブで区切られた2つの列として適切に構造化されているので、さらに処理を行うことができます。たとえば、日付をソートして、次に更新すべきドメインを知ることができます。

```
$ sort -n expiry.txt | head -n1
2022-05-26      oreilly.com
```

あるいは、awk を使って、有効期限が切れたドメインや今日切れるドメイン——つまり、有効期限（フィールド 1）が今日の日付（date +%Y-%m-%d を使って表示できます）よりも前か同じであるドメイン——を探すことができます。

```
$ awk "\$1<=\"$(date +%Y-%m-%d)\"" expiry.txt
```

この awk コマンドについて少し説明しておきます。

- awk が評価する前にシェルが評価しないように、 $1 のドル記号と日付文字列のまわりの二重引用符をエスケープしました。
- 文字列演算子の <= を使って日付を比較することで、少しだけずるをしました。これは数学的な比較ではなく、単なる文字列の比較ですが、*YYYY-MM-DD* という日付形式は、アルファベット順でも日付順でも同じ順序でソートされるので、機能するのです。

さらに手間をかければ、awk で日付の計算を行い、たとえば 2 週間前に E メールで有効期限を報告するスクリプトを作成することができますし、さらに、スケジュールされたジョブを作成して、そのスクリプトを毎晩実行することもできます。自由に試してみてください。ここでのポイントは、繰り返しになりますが、テキストファイルによって主導される実用的なユーティリティを、少しのコマンドだけで作成できたことです。

# 9.3　市外局番のデータベースを作成する

次の例では、さまざまな方法で処理することのできる、3 つのフィールドを持つファイルを使います。areacodes.txt と命名されたこのファイルには、米国の電話の市外局番が含まれています。本書のサンプルコード（https://efficientlinux.com/examples）の chapter09/build_area_code_database というディレクトリーから入手するか、または Wikipedia（https://oreil.ly/yz2M1）などを基にして自分自身で作成してください[2]。

---

[2]　北米番号計画管理者（North American Numbering Plan Administrator）によって維持管理されている、CSV 形式での市外局番の公式リスト（https://oreil.ly/SptWL）には、都市名が含まれていません。

```
201     NJ      Hackensack, Jersey City
202     DC      Washington
203     CT      New Haven, Stamford
 ⋮
989     MI      Saginaw
```

列がきちんとそろって見えるように、最初に、予測可能な長さに基づいてフィールドを並べます。もし都市名を最初の列に配置していたら、ファイルがとても乱雑に見えていたでしょう。

```
Hackensack, Jersey City 201     NJ
Washington          202     DC
 ⋮
```

　このファイルが準備できたら、これを使って多くのことが行えます。grep を使って、州の名前（略称）によって市外局番を調べてみましょう。ニュージャージー州を表す「NJ」を検索してみます。-w オプションを追加して、単語全体だけにマッチさせます（他のテキストに偶然に「NJ」が含まれているといけないので）。

```
$ grep -w NJ areacodes.txt
201     NJ      Hackensack, Jersey City
551     NJ      Hackensack, Jersey City
609     NJ      Atlantic City, Trenton, southeast and central west
 ⋮
```

市外局番によって都市を調べることもできます。

```
$ grep -w 202 areacodes.txt
202     DC      Washington
```

ファイル内の任意の文字列によって調べることもできます。

```
$ grep Washing areacodes.txt
202     DC      Washington
227     MD      Silver Spring, Washington suburbs, Frederick
240     MD      Silver Spring, Washington suburbs, Frederick
 ⋮
```

wc を使って、市外局番の数を数えてみましょう。

```
$ wc -l areacodes.txt
375 areacodes.txt
```

市外局番の数が最も多い州を探してみましょう（優勝は 38 個のカリフォルニア州
です）。

```
$ cut -f2 areacodes.txt | sort | uniq -c | sort -nr | head -n1
   38 CA
```

このファイルを CSV 形式に変換して、表計算アプリケーションにインポートする
こともできます。その場合、3 番目のフィールドを二重引用符で囲んで出力します。
これは、そのフィールドに含まれるカンマ（,）が CSV の区切り文字として解釈され
ないようにするためです。

```
$ awk -F'\t' '{printf "%s,%s,\"%s\"\n", $1, $2, $3}' areacodes.txt \
  > areacodes.csv
$ head -n3 areacodes.csv
201,NJ,"Hackensack, Jersey City (201/551 overlay)"
202,DC,"Washington"
203,CT,"New Haven, Stamford, southwestern (475 will overlay 203)"
```

指定した州のすべての市外局番を、次のように 1 つの行に並べることができます。

```
$ awk '$2~/^NJ$/{ac=ac FS $1} END {print "NJ:" ac}' areacodes.txt
NJ: 201 551 609 732 848 856 862 908 973
```

または、「5.4.3.2　重複ファイルの検出パイプラインを改善する」で見たように、
配列と for ループを使って、それぞれの州について横に並べて表示することもでき
ます。

```
$ awk '{arr[$2]=arr[$2] " " $1} \
       END {for (i in arr) print i ":" arr[i]}' areacodes.txt \
  | sort
AB: 403 780
AK: 907
AL: 205 251 256 334 659
⋮
WY: 307
```

ここで示したどのコマンドも、エイリアス、関数、スクリプトなど、使いやすいも
のに変えることができます。**例9-4** の areacode スクリプトは、その簡単な例です。

例9-4　areacode スクリプト

```
#!/bin/bash
if [ -n "$1" ]; then
  grep -iw "$1" areacodes.txt
fi
```

この areacode スクリプトは、areacodes.txt ファイル内の任意の単語全体（市外局番、州の略称、都市名）を検索します。

```
$ ./areacode 617
617     MA      Boston (617/857 overlay)
857     MA      Boston (617/857 overlay) (see also 781/339)
```

---

### 監訳補 日本の市外局番を扱うときのヒント

　日本の市外局番リストは総務省のホームページからダウンロードできます。PDF ファイルか Word ファイルをダウンロードできますが、ここでは PDF ファイルを利用します。

　https://www.soumu.go.jp/main_sosiki/joho_tsusin/top/tel_
number/shigai_list.html

　PDF ファイルからのテキスト抽出には pdfgrep（https://pdfgrep.org/）を利用します。ここでは、pdfgrep コマンドでテキストを抽出し、sed コマンドや awk コマンドで整形して、ファイルへ保存しています。

```
# PDF をダウンロード
$ wget https://www.soumu.go.jp/main_content/000141817.pdf

# pdfgrep でテキストを抽出し、整形した後に areacodes.txt として保存
$ pdfgrep . ./000141817.pdf \                  # PDF 内テキスト抽出
  | sed 's/^ \+//' \                           # 行頭空白削除
  | sed 's/^\([0-9]\{1,3\}\|[0-9]\{1,3\}\-[1-3]\) \+/\1,/' \  # 番号区画
コード空白削除、カラム区切り追加
  | sed 's/ \+\([0-9]\{1,4\}\)/,\1/' \         # 市外局番空白削除、カラム区切り追加
  | sed 's/ \+\([B-E]\)/,\1/' \                # 市内局番空白削除、カラム区切り追加
  | awk -F"," '{printf "%s,%s,%s,%sX", $1, $3, $4, $2}' \     # 改行コー
ド削除、番号区画カラム行末移動
  | sed 's/,,,X\([0-9]\)/\n\1/g' \             # 改行コード追加
  | sed -e 's/X//g; s/,,,//g; s/\o14//g;' \    # 不要文字削除
```

```
  | awk -F"," '{printf "%s,%s,%s,%s\n", $1, $4, $2, $3}' \      # 番号区画
カラム移動
  > ./areacodes.txt                                 # 整形済データ出力

# areacode スクリプトで検索
$ ./areacode 111
111, 岩手県釜石市、上閉伊郡,193,DE
```

# 9.4　パスワードマネージャーの作成

　最後の詳細な例として、ユーザー名、パスワード、メモを、コマンドラインでの検索が容易な構造化された形式で、暗号化されたテキストファイルに保存してみましょう。結果として作成されるコマンドは、基本的なパスワードマネージャー、すなわち多くの複雑なパスワードを記憶する負担を軽減してくれるアプリケーションになります。

 パスワード管理は、コンピューターセキュリティにおける複雑なテーマです。この例では、教育的な訓練として、きわめて基本的なパスワードマネージャーを作成します。これをミッションクリティカルなアプリケーションとして使うことは避けてください。

　vault（金庫室の意味）と名付けられたパスワードファイルには、1つのタブ文字で区切られた、次の3つのフィールドが含まれています。

- ユーザー名
- パスワード
- メモ（任意のテキスト）

　vault ファイルを作成し、データを追加します。このファイルはまだ暗号化されていないので、とりあえず偽物のパスワードを追加しておきます。

```
$ touch vault              # 空のファイルを作成する
$ chmod 600 vault          # ファイルのアクセス許可を設定する
$ emacs vault              # ファイルを編集する
```

```
$ cat vault                          # ファイルの内容を確認する†3
sally    fake1    google.com account
ssmith   fake2    dropbox.com account for work
s999     fake3    Bank of America account, bankofamerica.com
smith2   fake4    My blog at wordpress.org
birdy    fake5    dropbox.com account for home
```

このファイルを既知の場所に保存します。

```
$ mkdir ~/etc
$ mv vault ~/etc
```

ここでの目的は、grep や awk のようなパターンマッチングプログラムを使って、指定した文字列にマッチする行を表示することです。シンプルですがパワフルなこのテクニックは、ユーザー名や Web サイト名だけでなく、任意の行の任意の部分にマッチさせることができます。

```
$ cd ~/etc
$ grep sally vault                   # ユーザー名にマッチする
sally    fake1    google.com account
$ grep work vault                    # メモにマッチする
ssmith   fake2    dropbox.com account for work
$ grep drop vault                    # 複数の行にマッチする
ssmith   fake2    dropbox.com account for work
birdy    fake5    dropbox.com account for home
```

このシンプルな機能をスクリプトの中に入れ、そのスクリプトを段階的に改善してみましょう。最終的には、vault ファイルを暗号化します。**例9-5** に示す小さなスクリプトを作成し、「password manager」を意味する pman と命名します。

例9-5　pman（バージョン 1）：この上なくシンプル

```
#!/bin/bash
# マッチする行を単に表示する
grep "$1" $HOME/etc/vault
```

このスクリプトを検索パス内に保存します。

---

†3　訳注：サンプルコードの vault とはファイルの内容が少し違うので、注意してください（/chapter09/ build_password_manager/vault には、各行の 3 番目の列にユニークキーが入っている）。また、各値の区切り（カラム間）はスペースではなくタブで作成する必要があります。

```
$ chmod 700 pman
$ mv pman ~/bin
```

スクリプトを試してみます。

```
$ pman goog
sally    fake1    google.com account
$ pman account
sally    fake1    google.com account
ssmith   fake2    dropbox.com account for work
s999     fake3    Bank of America account, bankofamerica.com
birdy    fake5    dropbox.com account for home
$ pman facebook                                    # （何も出力されない）
```

**例9-6** に示す次のバージョンでは、いくつかのエラーチェックと覚えやすい変数名
を追加しています。

例9-6　pman（バージョン2）：エラーチェックを追加する
```
#!/bin/bash
# スクリプト名を取得する。
# $0はスクリプトのパス名であり、basenameはファイル名だけを表示する。
PROGRAM=$(basename $0)
# パスワードファイルの場所
DATABASE=$HOME/etc/vault

# スクリプトに1つの引数が渡されたことを確認する。
# >&2という式は、stdoutの代わりにstderrに出力するようにechoをリダイレクトする。
if [ $# -ne 1 ]; then
    >&2 echo "$PROGRAM: look up passwords by string"
    >&2 echo "Usage: $PROGRAM string"
    exit 1
fi
# スクリプトの引数を、わかりやすい名前の変数に保存する
searchstring="$1"

# パスワードファイルを検索し、何もマッチしない場合はエラーメッセージを表示する
grep "$searchstring" "$DATABASE"
if [ $? -ne 0 ]; then
    >&2 echo "$PROGRAM: no matches for '$searchstring'"
    exit 1
fi
```

スクリプトを実行します。

```
$ pman
pman: look up passwords by string
Usage: pman string
$ pman smith
ssmith   fake2   dropbox.com account for work
smith2   fake4   My blog at wordpress.org
$ pman xyzzy
pman: no matches for 'xyzzy'
```

このテクニックの欠点は、大きなファイルに適応できないことです。vault に何百もの行が含まれていて、grep によってそのうちの 63 行がマッチしたとすると、必要なパスワードを見つけるために、それらを目で見て探さなければなりません。そこで、各行の 3 番目の列にユニークキー（一意キー）を追加し、そのユニークキーを先に検索するように pman スクリプトを変更します。vault ファイルは次のようになります。3 番目の列を太字で示してあります[†4]。

```
sally    fake1   google   google.com account
ssmith   fake2   dropbox  dropbox.com account for work
s999     fake3   bank     Bank of America account, bankofamerica.com
smith2   fake4   blog     My blog at wordpress.org
birdy    fake5   dropbox2 dropbox.com account for home
```

**例9-7** は、変更したスクリプトを示しており、grep の代わりに awk を使用しています。また、コマンド置換を使ってその出力を保存し、それが空であるかどうかをチェックしています（-z というテストは「長さがゼロの文字列」かどうかを意味します）。vault に存在していないユニークキーを検索した場合、pman は元の動作に戻り、検索文字列にマッチするすべての行を表示することに注目してください。

例9-7　pman（バージョン3）：3番目の列のキーの検索を優先する

```
#!/bin/bash
PROGRAM=$(basename $0)
DATABASE=$HOME/etc/vault

if [ $# -ne 1 ]; then
    >&2 echo "$PROGRAM: look up passwords"
    >&2 echo "Usage: $PROGRAM string"
    exit 1
fi
```

[†4]　訳注：各値の区切り（カラム間）はスペースではなくタブです（/chapter09/build_password_manager/vault）。

```
searchstring="$1"

# 3番目の列の中で正確にマッチするものを探す
match=$(awk '$3~/^'$searchstring'$/' "$DATABASE")

# 検索文字列がキーにマッチしない場合は、マッチするものをすべて探す
if [ -z "$match" ]; then
    match=$(awk "/$searchstring/" "$DATABASE")
fi

# それでもマッチするものがない場合は、エラーメッセージを表示して終了する
if [ -z "$match" ]; then
    >&2 echo "$PROGRAM: no matches for '$searchstring'"
    exit 1
fi

# マッチしたものを表示する
echo "$match"
```

スクリプトを実行します。

```
$ pman dropbox
ssmith  fake2   dropbox dropbox.com account for work
$ pman drop
ssmith  fake2   dropbox dropbox.com account for work
birdy   fake5   dropbox2        dropbox.com account for home
```

　プレーンテキストファイルの vault はセキュリティのリスクがあるので、Linux
の標準的な暗号化プログラムである GnuPG を使って暗号化します。このプログラ
ムは、gpg として呼び出されます。GnuPG を使用できるように既にセットアップ
済みの場合は、そのまま進んでください。そうでない場合は、次のコマンドを使い、
*your_email_address* の部分に自分の E メールアドレスを指定して、セットアップ
します[5]。

```
$ gpg --quick-generate-key your_email_address default default never
```

　鍵に対するパスフレーズの入力を求めるプロンプトが表示されます（2 回）。強力な
パスフレーズを入力してください。gpg が完了すると、すぐに公開鍵暗号を使ってパ
スワードファイルを暗号化することができます。次のように実行すると、vault.gpg

---

[5]　このコマンドは、すべてのデフォルトのオプションおよび「never」という有効期限を用いて、公開鍵と秘
　　密鍵のペアを生成します。さらに詳しく知るには、man gpg を参照するか、またはオンラインで GnuPG
　　のチュートリアルを探してください。

というファイルが生成されます。

```
$ cd ~/etc
$ gpg -e -r your_email_address vault
  ⋮
$ ls vault*
vault    vault.gpg
```

試しに、`vault.gpg` ファイルを stdout に復号（暗号化を解除）してみましょう[6]。

```
$ gpg -d -q vault.gpg
Passphrase: xxxxxxxx
sally   fake1   google   google.com account
ssmith  fake2   dropbox  dropbox.com account for work
  ⋮
```

次に、プレーンテキストの `vault` ファイルの代わりに、暗号化された `vault.gpg` ファイルを使用するようにスクリプトを変更します。**例9-8** に示すように、`vault.gpg`を復号し、その内容を awk にパイプで渡してマッチングを行います。

例9-8　pman（バージョン 4）：暗号化された vault を使用する

```
#!/bin/bash
PROGRAM=$(basename $0)
# 暗号化されたファイルを使用する
DATABASE=$HOME/etc/vault.gpg

if [ $# -ne 1 ]; then
    >&2 echo "$PROGRAM: look up passwords"
    >&2 echo "Usage: $PROGRAM string"
    exit 1
fi
searchstring="$1"

# 復号されたテキストを変数に保存する
decrypted=$(gpg -d -q "$DATABASE")
# 3番目の列の中で正確にマッチするものを探す
match=$(echo "$decrypted" | awk '$3~/^'$searchstring'$/')

# 検索文字列がキーにマッチしない場合は、マッチするものをすべて探す
if [ -z "$match" ]; then
    match=$(echo "$decrypted" | awk "/$searchstring/")
```

---

[6]　gpg が、パスフレーズの入力を求めるプロンプトを表示せずに先に進む場合は、パスフレーズが一時的にキャッシュ（保存）されています。

```
fi
```

```
# それでもマッチするものがない場合は、エラーメッセージを表示して終了する
if [ -z "$match" ]; then
    >&2 echo "$PROGRAM: no matches for '$searchstring'"
    exit 1
fi
```

```
# マッチしたものを表示する
echo "$match"
```

これで、暗号化されたファイルからパスワードを表示することができます。

```
$ pman dropbox
Passphrase: xxxxxxxx
ssmith   fake2   dropbox dropbox.com account for work
$ pman drop
Passphrase: xxxxxxxx
ssmith   fake2   dropbox dropbox.com account for work
birdy    fake5   dropbox2    dropbox.com account for home
```

ついに、パスワードマネージャーのためのすべてのピースが完成しました。最後の
ステップとしては、次のものが考えられます。

● vault.gpg ファイルを確実に復号できると確信したら、元の vault ファイル
を削除する
● 必要に応じて、偽物のパスワードを本物のパスワードに置き換える。暗号化さ
れたテキストファイルの編集については、コラム「暗号化されたファイルを直
接編集する」を参照
● パスワードファイル内のコメント——ナンバー記号（#）で始まる行——をサ
ポートし、その内容についてメモを書けるようにする。そのために、復号され
た内容を grep -v にパイプで渡し、ナンバー記号で始まる行を除外するよう
にスクリプトを変更する

```
decrypted=$(gpg -d -q "$DATABASE" | grep -v '^#')
```

パスワードを stdout に出力するのは、セキュリティのためによいこととは言えま
せん。「10.3.2 パスワードマネージャーの改善」では、パスワードを表示する代わり
に、それらをコピーアンドペーストするように、このスクリプトを変更します。

## 暗号化されたファイルを直接編集する

　暗号化されたファイルを修正するための最も直接的で、退屈で、安全でない方法は、ファイルを復号し、編集し、再び暗号化することです。

```
$ cd ~/etc
$ gpg --output vault --decrypt vault.gpg          # 復号する
Passphrase: xxxxxxxx
gpg: encrypted with 3072-bit RSA key, ID GnuPG ID, created
2023-08-11
      "your_email_address "
$ emacs vault                               # 愛用のテキストエディターを使用する
$ gpg -e -r your_email_address vault          # 自分で暗号化する
File 'vault.gpg' exists. Overwrite? (y/N) y      # y を入力する
$ rm vault
```

　emacs と vim のどちらにも、GnuPG によって暗号化されたファイルを編集するためのモードがあり、vault.gpg ファイルを簡単に編集できます。次の行を bash の構成ファイルに追加し、その構成ファイルを関連するシェルの中でソーシングします。

```
export GPG_TTY=$(tty)
```

　emacs では、ビルトインである EasyPG パッケージをセットアップします。構成ファイルの $HOME/.emacs に次の行を追加し、emacs を再起動します。*GnuPG ID here* という文字列の部分を、自分の鍵に関連づけられた E メールアドレス（たとえば smith@example.com）に置き換えてください。

```
(load-library "pinentry")
(setq epa-pinentry-mode 'loopback)
(setq epa-file-encrypt-to "GnuPG ID here")
(pinentry-start)
```

　その後、暗号化されたファイルを編集すると、emacs はパスフレーズを求めるプロンプトを表示し[†7]、ファイルを復号して編集用のバッファーに入れます。ファイルを保存するときに、emacs はバッファーの内容を暗号化します。
　vim では、vim-gnupg（https://oreil.ly/mnwYc）というプラグインを使い、構成ファイルの $HOME/.vimrc に次の行を追加します。

```
let g:GPGPreferArmor=1
let g:GPGDefaultRecipients=["GnuPG ID here"]
```

　「4.1.3　エイリアスや変数を使って、頻繁にアクセスするディレクトリーにジャンプする」のノート記事「頻繁に編集するファイルを、エイリアスを使って編集する」で紹介したテクニックを使って、パスワードファイルを編集するためのエイリアスを作成すると便利でしょう。

```
alias pwedit="$EDITOR $HOME/etc/vault.gpg"
```

## 9.5　まとめ

　ファイルパス、ドメイン名、市外局番、ログイン認証情報などは、構造化されたテキストファイル内でうまく機能するデータの一例にすぎません。次のものはどうでしょうか?

- 音楽ファイル（id3tool などの Linux コマンドを使って、MP3 ファイルから ID3 情報を抽出し、ファイルに保存する）
- モバイル機器の連絡先情報（アプリを使って連絡先情報を CSV 形式でエクスポートし、それらをクラウドストレージにアップロードし、Linux マシンにダウンロードして処理を行う）
- 学校の成績（awk を使って、成績評価点平均 GPA を追跡する）
- 今まで見た映画や読んだ本のリストに、データ（採点、作者、俳優など）を追加したもの

　このようにして、時間を節約するためのコマンドのエコシステムを構築することができます。それらのコマンドは、個人的に重要なものや仕事の生産性を上げるものであり、想像力によってのみ制限されます。

---

†7　訳注：過去の認証がキャッシュされている場合、パスフレーズを求めるプロンプトは表示されません。一度 Linux システムをリスタートするか、もしくは
　　　`$ systemctl --user stop gpg-agent`
　　を実行します。過去の認証がキャッシュされていない状況で emacs を起動すると、ミニバッファにプロンプトが表示され、パスフレーズの入力を求められます。

# 第III部
# 追加のヒント

最後の2つの章では、特化されたトピックを扱います。それらの中には、詳細なものもありますし、さらに学びたいという読者の欲求を刺激するための簡単なものもあります。

- 10章　キーボードの効率的な活用
- 11章　最後の時間節約術

# 10章
# キーボードの効率的な活用

　典型的なある日、典型的な Linux ワークステーションで、おそらく読者は、Web ブラウザー、テキストエディター、ソフトウェア開発環境、音楽プレーヤー、動画編集ソフトウェア、仮想マシンなど、多くのアプリケーションのウィンドウを開いていることでしょう。アプリケーションの中には、ペイントプログラムのように GUI に特化したものもあり、それらはマウスやトラックボールなどのポインティングデバイスに合わせて作られています。そのほかに、ターミナルプログラム内のシェルのように、キーボードに特化したアプリケーションもあります。典型的な Linux ユーザーは、キーボードとマウスを、1 時間に何十回も（場合によっては何百回も）持ち替えています。そのたびに時間がかかり、作業が遅れます。持ち替える回数を減らすことができれば、より効率的に作業を行うことができるのです。

　この章の目的は、キーボード上で過ごす時間を増やし、ポインティングデバイスの使用を減らすことです。10 本の指で 100 個のキーをたたくことは、マウスの上で 3 本の指を動かすことよりも、たいてい機敏です。しかし、筆者が言おうとしているのは、単にキーボードショートカットを使えということではありません——それらを調べるのであれば、本書は必要ありません（そうは言っても、いくつかは紹介しますが）。筆者が紹介したいのは、ウィンドウの操作、Web からの情報取得、クリップボードを用いたコピーアンドペーストといった、もともとマウスっぽい日々の作業を迅速化するための異なるアプローチです。

## 10.1　ウィンドウの操作

　ここでは、ウィンドウ、特にシェルウィンドウ（ターミナル）とブラウザーウィンドウを効率よく起動するためのヒントを紹介します。

## 10.1.1 すぐに起動するシェルとブラウザー

GNOME、KDE Plasma、Unity、Cinnamon など、Linux デスクトップ環境の多くは、ホットキーあるいはカスタムキーボードショートカット——コマンドの起動やその他の操作を行うための特別なキーストローク——を定義するための方法を提供しています。よく行う次の操作については、キーボードショートカットを定義することを強く勧めます。

● 新しいシェルウィンドウ（ターミナルプログラム）を開く
● 新しい Web ブラウザーウィンドウを開く

これらのショートカットを定義すると、ターミナルやブラウザーを、たとえ他のアプリケーションを使用中であっても、いつでもすぐに開くことができます[†1]。これをセットアップするには、次のものについて知っておく必要があります。

**好みのターミナルプログラムを起動するコマンド**

gnome-terminal、konsole、xterm などがよく使われます。

**好みのブラウザーを起動するコマンド**

firefox、google-chrome、opera などがよく使われます。

**カスタムキーボードショートカットを定義する方法**

これは、それぞれのデスクトップ環境で異なり、バージョンによっても異なる可能性があるので、Web で調べたほうがよいでしょう。使用しているデスクトップ環境の名前の後に「define keyboard shortcut」（キーボードショートカット 定義）などと続けて、検索します。

筆者のデスクトップでは、konsole の起動に Ctrl - Win - T というキーボードショートカットを、google-chrome の起動に Ctrl - Win - C を、それぞれ割り当てています。

---

[†1] ウィンドウ内の仮想マシンのように、すべてのキーストロークを捕捉するアプリケーションで作業をしている場合を除きます。

**作業ディレクトリー**

デスクトップ環境で、キーボードショートカットを使ってシェルを起動すると、それはログインシェルの子になります。そのカレントディレクトリーは、自分のホームディレクトリーです（何らかの方法で、別のディレクトリーがカレントディレクトリーになるように設定している場合を除きます）。

これを、（コマンドラインで gnome-terminal や xterm と明示的に実行したり、ターミナルプログラムのメニューを使って新しいウィンドウを開いたりすることで）ターミナルプログラムの中から新しいシェルを開く場合と比べてみましょう。後者の場合、新しいシェルは、「そのターミナルのシェル」の子になります。そのカレントディレクトリーは親のカレントディレクトリーと同じであり、ホームディレクトリーではない可能性があります。

## 10.1.2　ワンショットウィンドウ

　いくつかのアプリケーションを使用している途中で、突然、あるコマンドをシェルで実行する必要が生じたと仮定しましょう。多くのユーザーはマウスをつかみ、開いているウィンドウの中から、実行中のターミナルを探すでしょう。それはやめてください――時間を無駄にしています。代わりに、ホットキーを使って新しいターミナルをパッと開き、コマンドを実行し、終わったらすぐにターミナルを終了します。

　いったん、ターミナルプログラムやブラウザーウィンドウを開くことにホットキーを割り当てたら、後は迷わずに、何度も自由にそれらのウィンドウを開いたり閉じたりしてください。そうすることを推奨します！　ターミナルやブラウザーウィンドウを長い時間開いたままにするのではなく、それらを定期的に作成しては破棄します。そのような存続期間の短いウィンドウを、「1 回限りのウィンドウ」という意味で、筆者は**ワンショットウィンドウ**（one-shot window）と呼んでいます。ウィンドウを素早くパッと開き、少しの間だけ使い、終わったら閉じるのです。

　ソフトウェアを開発していたり、時間のかかるその他の作業を実行していたりする場合は、いくつかのシェルを長い時間開いたままにするかもしれませんが、一日を通してその他のコマンドをランダムに実行するのであれば、ワンショットのターミナルウィンドウが最適です。多くの場合、画面の中から既存のターミナルを探すよりも、新しいターミナルをパッと開くほうが迅速です。「あのターミナルウィンドウはどこだっけ？」などと言いながら、デスクトップを探し回ったりしてはいけません。新しいターミナルを作成し、目的を果たしたら閉じるのです。

　Web ブラウザーのウィンドウについても同じです。Linux で一日中作業をしてい

て、気がついたら、ブラウザーのウィンドウは 1 つだけで、タブを 83 個も開いていたというような経験はありませんか？ それは、ワンショットウィンドウが少なすぎるという兆候です。ウィンドウをパッと開き、必要な Web ページを見たら、ウィンドウを閉じます。後でそのページにまたアクセスする必要があるですって？ ブラウザーの履歴の中から探せばよいのです。

## 10.1.3　ブラウザーのキーボードショートカット

　ブラウザーのウィンドウについて言うと、**表10-1** に示す最も重要なキーボードショートカットを理解していることを確認してください。既にキーボードに手を置いていて、新しい Web サイトを表示したい場合は、マウスでポイントアンドクリックするよりも、 Ctrl - L を押してアドレスバーにジャンプしたり、 Ctrl - T を押してタブを開いたりするほうが、たいてい迅速です。

表 10-1　Firefox、Google Chrome、Opera での最も重要なキーボードショートカット

| アクション | キーボードショートカット |
|---|---|
| 新しいウィンドウを開く | Ctrl-N |
| 新しいプライベートウィンドウ（シークレットウィンドウ）を開く | Ctrl-Shift-P（Firefox）、Ctrl-Shift-N（Chrome および Opera） |
| 新しいタブを開く | Ctrl-T |
| タブを閉じる | Ctrl-W |
| ブラウザーのタブを循環しながら表示する | Ctrl-Tab（前方に循環する）、Ctrl-Shift-Tab（後方に循環する） |
| アドレスバーにジャンプする | Ctrl-L（または Alt-D） |
| 現在のページ内でテキストを検索する | Ctrl-F |
| 閲覧履歴を表示する | Ctrl-H |

## 10.1.4　ウィンドウやデスクトップの切り替え

　デスクトップがたくさんのウィンドウで混み合っている場合、必要なウィンドウをどうやって素早く探しますか？ 泥沼の中をポイントアンドクリックしながら進むこともできますが、多くの場合、キーボードショートカットの Alt - Tab を使ったほうが迅速です。 Alt - Tab を押し続けると、デスクトップ上のすべてのウィンドウを、一度に 1 つずつ循環することができます。必要なウィンドウにたどり着いたときにキーを放すと、そのウィンドウにフォーカスが移り、使える状態になります。逆方向に循環するには、 Alt - Shift - Tab を押します。

　デスクトップ上で同じアプリケーションに属するすべてのウィンドウ（たとえば、

Firefox のすべてのウィンドウ）を循環して表示するには、 Alt - ` （Alt-バック
クォート。日本語キーボードでは Alt と一緒に 半角/全角 キー）を押します[†2]。
逆方向に循環するには、 Shift キーを追加します（ Alt - Shift - ` ）。

　ウィンドウを切り替えられるようになったら、次はデスクトップの切り替えです。
もし Linux で重要な作業をしているのに、1 つのデスクトップしか使っていないと
したら、作業を整理するための優れた方法を見逃してしまっています。**ワークスペー
ス**や**仮想デスクトップ**などと呼ばれる複数のデスクトップは、まさにその名のとおり
のものです。1 つのデスクトップの代わりに、4 個、6 個、あるいはそれ以上のデス
クトップを持つことができ、それらを切り替えて使うことができます。それぞれのデ
スクトップは、独自の複数のウィンドウを持つことができます。

　Ubuntu Linux と KDE Plasma が動作している筆者のワークステーションでは、
6 個の仮想デスクトップを実行しており、それらに異なる目的を割り当てています。
デスクトップ 1 は、E メールとブラウジングを行うメインのワークスペース、2 は家
族に関する作業用、3 は仮想マシンの VMware の実行用、4 は本書のような書籍の
執筆用、5 と 6 はその場限りの作業用としています。このような一貫した割り当てに
よって、開いているウィンドウを、さまざまなアプリケーションの中から素早く簡単
に探すことができます。

　GNOME、KDE Plasma、Cinnamon、Unity など、それぞれの Linux デスクトッ
プ環境には、仮想デスクトップを実装するための独自の方法が用意されており、仮想
デスクトップを切り替えるためのグラフィカルな「スイッチャー」や「ページャー」
が提供されています。それぞれのデスクトップに素早くジャンプするために、使用し
ているデスクトップ環境でキーボードショートカットを定義することを勧めます。筆
者のコンピューターでは、1 から 6 までのデスクトップにジャンプするために、それ
ぞれ Win - F1 から Win - F6 までを定義しています。

　このほかにも、デスクトップやウィンドウを扱うためのさまざまなスタイルがあり
ます。シェルのためのデスクトップ、Web ブラウジングのためのデスクトップ、ワー
ドプロセッサーのためのデスクトップといった具合に、アプリケーションごとに 1 つ
のデスクトップを使う人もいます。ノートパソコンの小さな画面を使う人の中には、
1 つのデスクトップで複数のウィンドウを開くのではなく、デスクトップごとに 1 つ

---

[†2]　訳注：GNOME や Unity といった GUI の Linux デスクトップ環境で起動した Firefox でのキー
　　　ボード操作です。WSL で起動した Windows GUI 上の Firefox では、このキーボードショートカッ
　　　トは機能しません。

のウィンドウだけを全画面で開く人もいます。迅速で効率的であるかぎり、自分に
合ったスタイルを見つけてください。

## 10.2　コマンドラインからの Web アクセス

ポイントアンドクリックのブラウザーは「Web」とほぼ同じ意味で使われますが、
Linux のコマンドラインからも Web サイトに効率よくアクセスすることができます。

### 10.2.1　コマンドラインからブラウザーウィンドウを開く

おそらく読者は、アイコンをクリックしたりタップしたりすることで Web ブラウ
ザーを起動することに慣れているでしょうが、Linux のコマンドラインからも起動す
ることができます。ブラウザーを実行中でなければ、アンパサンド（&）を付けてバッ
クグラウンドで実行し、シェルプロンプトがすぐにまた表示されるようにします。

```
$ firefox &
$ google-chrome &
$ opera &
```

特定のブラウザーが既に実行中の場合は、アンパサンドを省略します。このコマン
ドは、既存のブラウザーインスタンスに、新しいウィンドウやタブを開くように指示
します。このコマンドはすぐに終了し、シェルプロンプトが再び表示されます。

バックグラウンドで実行されるブラウザーコマンドは、診断メッセージを表示
し、シェルウィンドウを混乱させてしまう可能性があります。これを防ぐには、
最初にブラウザーを起動するときに、すべての出力を /dev/null にリダイレク
トします。

```
$ firefox &> /dev/null &
```

コマンドラインからブラウザーを開いて URL にアクセスするには、引数として
URL を指定します。

```
$ firefox https://oreilly.com
$ google-chrome https://oreilly.com
$ opera https://oreilly.com
```

デフォルトでは、これらのコマンドは新しいタブを開き、そこにフォーカスを移し

ます。代わりに新しいウィンドウを開くように強制するには、オプションを追加します。

```
$ firefox --new-window https://oreilly.com
$ google-chrome --new-window https://oreilly.com
$ opera --new-window https://oreilly.com
```

プライベートウィンドウ（シークレットウィンドウ）を開くには、適切なコマンドラインオプションを追加します。

```
$ firefox --private-window https://oreilly.com
$ google-chrome --incognito https://oreilly.com
$ opera --private https://oreilly.com
```

これらのコマンドは多くの入力が必要なように見えますが、よくアクセスするサイトについてエイリアスを定義することで、効率を上げることができます。

```
# シェル構成ファイルの中に置き、ソーシングする
alias oreilly="firefox --new-window https://oreilly.com"
```

同様に、興味のある URL を含んでいるファイルがあれば、grep や cut などの Linux コマンドを使って URL を抽出し、コマンド置換を使って、それをコマンドラインでブラウザーに渡します。次に示すのは、2 つの列を持つタブ区切りファイルを使う例です。

```
$ cat urls.txt
duckduckgo.com  My search engine
nytimes.com     My newspaper
spotify.com     My music
$ grep music urls.txt | cut -f1
spotify.com
$ google-chrome https://$(grep music urls.txt | cut -f1)   # spotify にアクセス
```

もう 1 つの例として、追跡番号のファイルを使って、待っている荷物を追跡したいと仮定しましょう。

```
$ cat packages.txt
1Z0EW7360669374701      UPS     Shoes
568733462924            FedEx   Kitchen blender
9305510823011761842873  USPS    Care package from Mom
```

　**例10-1** のシェルスクリプトは、URL の後に追跡番号を追加することで、それぞれ
の運送業者（UPS、FedEx、US Postal Service）の追跡ページを開きます。

例10-1　運送業者の追跡ページにアクセスする track-it スクリプト

```bash
#!/bin/bash
PROGRAM=$(basename $0)
DATAFILE=packages.txt
# ブラウザーコマンドを選択する：firefox、opera、google-chrome
BROWSER="opera"
errors=0

cat "$DATAFILE" | while read line; do
  track=$(echo "$line" | awk '{print $1}')
  service=$(echo "$line" | awk '{print $2}')
  case "$service" in
    UPS)
      $BROWSER "https://www.ups.com/track?tracknum=$track" &
      ;;
    FedEx)
      $BROWSER "https://www.fedex.com/fedextrack/?trknbr=$track" &
      ;;
    USPS)
      $BROWSER "https://tools.usps.com/go/TrackConfirmAction?tLabels=$track" &
      ;;
    *)
      >&2 echo "$PROGRAM: Unknown service '$service'"
      errors=1
      ;;
  esac
done
exit $errors
```

## 10.2.2　curl と wget を使って HTML を取得する

　Web ブラウザーは、Web サイトにアクセスするための唯一の Linux プログラム
ではありません。curl と wget の各プログラムは、ブラウザーに触れることなく、1
つのコマンドで Web ページやその他の Web コンテンツをダウンロードすることが
できます。デフォルトでは、curl は出力を stdout に書き出し、wget は（多くの診
断メッセージを表示した後で）出力をファイルに保存します。

```
$ curl https://efficientlinux.com/welcome.html
Welcome to Efficient Linux.com!
$ wget https://efficientlinux.com/welcome.html
--2021-10-27 20:05:47--  https://efficientlinux.com/
```

```
Resolving efficientlinux.com (efficientlinux.com)...
Connecting to efficientlinux.com (efficientlinux.com)...
⋮
2021-10-27 20:05:47 (12.8 MB/s) - 'welcome.html'  saved [32/32]
$ cat welcome.html
Welcome to Efficient Linux.com!
```

 wget や curl による取得をサポートしていないサイトもあります。そのような場合、どちらのコマンドも、別のブラウザーを装うことができます。それぞれのプログラムに、ユーザーエージェント（Web サーバーが Web クライアントを識別するための文字列）を変更するように指示するだけです。便利に使えるユーザーエージェントは「Mozilla」です。

```
$ wget -U Mozilla URL
$ curl -A Mozilla URL
```

wget と curl には非常に多くのオプションと機能があり、それらの man ページで見つけることができます。ここでは、それらをブラッシュワンライナーに組み込む方法を見てみましょう。efficientlinux.com という Web サイトに images というディレクトリーがあり、その中に含まれている 1.jpg から 20.jpg までのファイルをダウンロードしたいと仮定しましょう。それらの URL は次のとおりです。

```
https://efficientlinux.com/images/1.jpg
https://efficientlinux.com/images/2.jpg
https://efficientlinux.com/images/3.jpg
⋮
```

非常に効率の悪い方法は、Web ブラウザーで一度に 1 つずつ各 URL にアクセスし、画像をダウンロードすることです（このような経験がある人は手を挙げて！）。よりよい方法は、wget を利用することです。まず、seq と awk を使って URL を生成します。

```
$ seq 1 20 | awk '{print "https://efficientlinux.com/images/" $1
".jpg"}'
https://efficientlinux.com/images/1.jpg
https://efficientlinux.com/images/2.jpg
https://efficientlinux.com/images/3.jpg
⋮
```

次に、「wget」という文字列を awk プログラムに追加し、結果として生成されるコ

マンドを bash にパイプで渡して実行します。

```
$ seq 1 20 \
  | awk '{print "wget https://efficientlinux.com/images/" $1 ".jpg"}' \
  | bash
```

または、xargs を使って、wget コマンドの作成と実行を行います。

```
$ seq 1 20 | xargs -I@ wget https://efficientlinux.com/images/@.jpg
```

wget コマンドの中に特殊文字が含まれる場合は、xargs の解決策のほうが適しています。bash にパイプで渡す解決策では、シェルがそれらの文字を評価してしまいますが（これは望ましいことではありません）、xargs ではそのようなことはありません。

この例は、画像のファイル名が均一なので、やや不自然です。より現実的な例としては、curl を使って Web ページを取得し、それを賢い一連のコマンド（次の *clever pipeline here* の部分）にパイプで渡して画像の URL を抽出し（1 行につき 1 つずつ）、紹介したテクニックのいずれかを使って、Web ページ上のすべての画像をダウンロードします。

```
curl URL | ...clever pipeline here... | xargs -n1 wget
```

## 10.2.3　HTML-XML-utils を使って HTML を処理する

HTML と CSS について少しでも知っていれば、Web ページの HTML ソースをコマンドラインから解析することができます。ブラウザーウィンドウから Web ページを手動でコピーしてペーストするよりも、多くの場合、効率的です。**HTML-XML-utils** は、この目的のための便利なツール一式です。これは多くの Linux ディストリビューションで利用可能であり、World Wide Web Consortium（https://oreil.ly/81yM2）から入手できます。一般的な使い方は次のとおりです。

1. curl（または wget）を使って、HTML ソースを取得する
2. hxnormalize を使って、HTML が整形式であることを確実にする
3. 取得したい値の CSS セレクターを識別する
4. hxselect を使って値を取得し、それを別のコマンドにパイプで渡して処理を行う

「9.3　市外局番のデータベースを作成する」の例を拡張して、市外局番のデータを Web から取得し、その例で使用した `areacodes.txt` ファイルを生成してみましょう。読者のために、**図10-1** の市外局番の HTML テーブル（表）を作成しておきました。https://efficientlinux.com/areacodes.html からダウンロードして、処理を行うことができます。

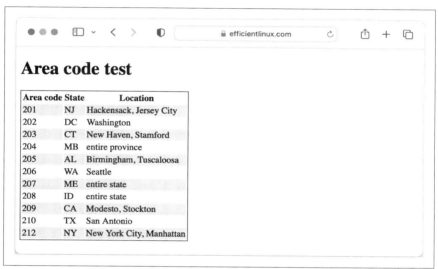

図10-1　市外局番のテーブル

まず、`curl` を使って HTML ソースを取得します。`-s` オプションを指定して、画面に表示されるメッセージを抑制します。`curl` の出力を `hxnormalize -x` にパイプで渡して、さらにきちんと整理します。それを `less` にパイプで渡して、一度に 1 画面ずつ表示します。

```
$ curl -s https://efficientlinux.com/areacodes.html  \
  | hxnormalize -x  \
  | less
<!DOCTYPE HTML PUBLIC "-//W3C//DTD HTML 4.01//EN"
"http://www.w3.org/TR/html4/strict.dtd">
<html>
⋮
  <body>
    <h1>Area code test</h1>
```

⋮

**例10-2** は、その Web ページの HTML テーブルの部分を示したものです。その
テーブルには#ac という CSS ID があり、3 つの列（市外局番、州、都市名）は、そ
れぞれ ac、state、cities という CSS クラスを使用します。

例 10-2　図 10-1 のテーブルの部分的な HTML ソース

```
<table id="ac">
    <tr>
      <th>Area code</th>
      <th>State</th>
      <th>Location</th>
    </tr>

    <tr>
      <td class="ac">201</td>
      <td class="state">NJ</td>
      <td class="cities">Hackensack, Jersey City</td>
    </tr>
    ⋮
</table>
```

hxselect を実行して、それぞれのテーブルセルからデータを抽出し、-c オプショ
ンを指定して、出力から td タグを除外します。-s オプションで選択した文字を使っ
てフィールドを区切り、結果を長い 1 行として表示します。ここでは、見やすいよう
に、@の文字を選択しました。

```
$ curl -s https://efficientlinux.com/areacodes.html \
  | hxnormalize -x \
  | hxselect -c -s@ '#ac td'
201@NJ@Hackensack, Jersey City@202@DC@Washington@203@CT@New Haven,
Stamford@...
```

最後に、出力を sed にパイプで渡し、この長い行を、タブで区切られた 3 つの列
に変換します。まず、次に示す文字列にマッチする正規表現を記述します。

1. 数字で構成される、市外局番：[0-9]*
2. @記号
3. 2 つの大文字から成る、州の略称：[A-Z][A-Z]
4. @記号

**5.** @記号を含まない任意のテキストである、都市名：[^@]*
**6.** @記号

これらのパーツを組み合わせて、次の正規表現を作成します。

```
[0-9]*@[A-Z][A-Z]@[^@]*@
```

市外局番、州、都市名を\(と\)で囲むことで、それらを3つの部分式として取得します。これで、sed のための完全な正規表現ができました。

```
\([0-9]*\)@\([A-Z][A-Z]\)@\([^@]*\)@
```

sed の置換文字列として、タブで区切られ、改行で終わる3つの部分式を指定します。これにより、areacodes.txt ファイルのフォーマットが生成されます。

```
\1\t\2\t\3\n
```

前の正規表現と置換文字列を組み合わせて、次に示す sed スクリプトを作成します。

```
s/\([0-9]*\)@\([A-Z][A-Z]\)@\([^@]*\)@/\1\t\2\t\3\n/g
```

完成したコマンドは、areacodes.txt ファイルに必要なデータを生成します。

```
$ curl -s https://efficientlinux.com/areacodes.html \
  | hxnormalize -x \
  | hxselect -c -s'@' '#ac td' \
  | sed 's/\([0-9]*\)@\([A-Z][A-Z]\)@\([^@]*\)@/\1\t\2\t\3\n/g'
201    NJ     Hackensack, Jersey City
202    DC     Washington
203    CT     New Haven, Stamford
  ⋮
```

---

### 長い正規表現の処理

次のように、sed スクリプトが長くなり、ランダムノイズのようになってしまった場合は、

```
s/\([0-9]*\)@\([A-Z][A-Z]\)@\([^@]*\)@/\1\t\2\t\3\n/g
```

　それらを分割してみてください。次のシェルスクリプトに示すように、正規表現のパーツをいくつかのシェル変数に保存し、後でそれらを組み合わせます。

```
# 正規表現の 3 つのパーツ
# シェルによる評価を防ぐために、単一引用符を使用する
areacode='\([0-9]*\)'
state='\([A-Z][A-Z]\)'
cities='\([^@]*\)'

# 3 つのパーツを、@記号で区切って組み合わせる
# シェルによる変数評価を許可するために、二重引用符を使用する
regexp="$areacode@$state@$cities@"

# 置換文字列
# シェルによる評価を防ぐために、単一引用符を使用する
replacement='\1\t\2\t\3\n'

# sed スクリプトが次のようになり、はるかに読みやすくなった：
#    s/$regexp/$replacement/g
# コマンド全体を実行する：
curl -s https://efficientlinux.com/areacodes.html \
  | hxnormalize -x \
  | hxselect -c -s'@' '#ac td' \
  | sed "s/$regexp/$replacement/g"
```

## 10.2.4　テキストベースのブラウザーを使って、レンダリングされた Web コンテンツを取得する

　コマンドラインで Web からデータを取得するときに、Web ページの HTML ソースではなく、レンダリングされたページをテキストとして取得したい場合があります。レンダリングされたテキストは、解析するのがより簡単です。この課題を実現するために、lynx や links のようなテキストベースのブラウザーを使います。テキストベースのブラウザーは、画像やその他の手の込んだ機能を除いた、必要最低限のフォーマットで Web ページを表示します。**図10-2** は、lynx によってレンダリングされた、前の市外局番のページ（https://efficientlinux.com/areacodes.html）を示しています[3]。

---

[3]　訳注：`$ lynx https://efficientlinux.com/areacodes.html`

```
                          Area code test
                                                  Area code test
Area code State        Location
201        NJ          Hackensack, Jersey City
202        DC          Washington
203        CT          New Haven, Stamford
204        MB          entire province
205        AL          Birmingham, Tuscaloosa
206        WA          Seattle
207        ME          entire state
208        ID          entire state
209        CA          Modesto, Stockton
210        TX          San Antonio
212        NY          New York City, Manhattan




コマンド：［矢印キー］移動、［?］ヘルプ、［q］終了、［↵］戻る
矢印キー：［↑］［↓］で移動 ［→］でリンクを辿る ［↵］で一つ戻る
[H]ヘルプ[o]設定[p]印刷[g]移動[m]メイン画面[q]終了 /=検索 [Ba
```

図10-2　lynx によってレンダリングされた市外局番のページ

　lynx と links はどちらも、-dump オプションを使って、レンダリングされたページをダウンロードできます。どちらのプログラムを使っても構いません。

```
$ lynx -dump https://efficientlinux.com/areacodes.html > tempfile
$ cat tempfile
                          Area code test

Area code State    Location
201        NJ      Hackensack, Jersey City
202        DC      Washington
203        CT      New Haven, Stamford
⋮
```

lynx や links は、あるリンクが正しいリンクか悪意のあるリンクか確信が持てない場合に、その疑わしいリンクをチェックすることにも適しています。これらのテキストベースブラウザーは JavaScript をサポートせず、画像もレンダリングしないので、攻撃に強いとされています（当然ですが、完全なセキュリティを約束するものではないので、自分で判断してください）。

# 10.3　コマンドラインからのクリップボード制御

　［Edit］（編集）メニューを持つ最新のソフトウェアアプリケーションはどれでも、カット、コピー、ペーストの操作を備えており、システムクリップボードとの間で

データを受け渡すことができます。おそらく読者は、これらの操作についてのキーボードショートカットも知っているでしょう。しかし、クリップボードをコマンドラインから直接操作できることは知っていましたか？

　先に背景を簡単に説明しておきます。Linux でのコピーアンドペーストの操作は、**X セレクション**（X selection）と呼ばれる、より一般的な仕組みの一部です。セレクションとは、システムクリップボードのように、コピーする内容の送り先です。「X」は、単に Linux のウィンドウソフトウェアの名前です。

　GNOME、Unity、Cinnamon、KDE Plasma など、X の上に構築される Linux デスクトップ環境の多くは、2 つのセレクションをサポートしています[†4]。その 1 つが**クリップボード**（clipboard）であり、他のオペレーティングシステムのクリップボードと同様に機能します。アプリケーション内でカットやコピーの操作を行うと、その内容はクリップボードに送られ、ペースト操作を行うと、その内容を取り出すことができます。もう 1 つの、よりなじみの薄い X セレクションは、**プライマリーセレクション**（primary selection）と呼ばれます。特定のアプリケーション内でテキストを選択すると、コピー操作を実行しなくても、そのテキストがプライマリーセレクションに書き出されます。その一例が、ターミナルウィンドウ内で、マウスを使ってテキストを反転させることです。そのテキストは、プライマリーセレクションに自動的に書き出されています。

SSH や同様のプログラムによってリモートの Linux ホストに接続する場合、コピーやペーストは通常、リモートホスト上の X セレクションによってではなく、ローカルコンピューターによって処理されます。

　**表10-2** は、GNOME の Terminal（gnome-terminal）と KDE の Konsole（konsole）で X セレクションにアクセスするためのマウス操作とキーボード操作をまとめたものです。別のターミナルプログラムを使用している場合は、その［Edit］（編集）メニューをチェックして、コピーやペーストに対応するキーストロークを確認してください。

---

†4　実際には、3 つの X セレクションが存在しますが、そのうちの 1 つの**セカンダリーセレクション**（secondary selection）と呼ばれるものは、最新のデスクトップ環境ではめったにお目にかかりません。

表10-2　代表的なターミナルプログラムでの X セレクションへのアクセス方法

| 操作 | クリップボード | プライマリーセレクション |
|---|---|---|
| コピー（マウス） | 右ボタンメニューを開き、［Copy］（コピー）を選択する | クリックしてドラッグする。またはダブルクリックして現在の単語を選択する。またはトリプルクリックして現在の行を選択する |
| ペースト（マウス） | 右ボタンメニューを開き、［Paste］（貼り付け）を選択する | マウスの中央ボタン（通常はスクロールホイール）を押す |
| コピー（キーボード） | Ctrl-Shift-C | n/a |
| `gnome-terminal` でのペースト（キーボード） | Ctrl-Shift-V または Ctrl-Shift-Insert | Shift-Insert |
| `konsole` でのペースト（キーボード） | Ctrl-Shift-V または Shift-Insert | Ctrl-Shift-Insert |

# 10.3.1　セレクションを stdin や stdout に接続する

　Linux は、X セレクションを stdin や stdout に接続するためのコマンド、xclip を提供しています。そのため、コピーやペーストの操作を、パイプラインやその他の複合コマンドの中に挿入することができます。おそらく読者は、次のようにしてテキストをアプリケーションにコピーした経験があるでしょう。

1. Linux コマンドを実行し、その出力をファイルにリダイレクトする
2. ファイルを表示する
3. マウスを使って、ファイルの内容をクリップボードにコピーする
4. その内容を別のアプリケーションにペーストする

　xclip を使うと、このプロセスを大幅に短縮できます。

1. Linux コマンドの出力を xclip にパイプで渡す
2. その内容を別のアプリケーションにペーストする

　反対に、テキストをファイルにペーストして、それを Linux コマンドを使って処理した経験もあるでしょう。

1. マウスを使って、アプリケーションプログラム内の一連のテキストをコピーする
2. それをテキストファイルにペーストする
3. Linux コマンドを使って、そのテキストファイルを処理する

xclip -o を使うと、中間のテキストファイルを省略できます。

**1.** マウスを使って、アプリケーションプログラム内の一連のテキストをコピーする
**2.** xclip -o の出力を別の Linux コマンドにパイプで渡し、処理を行う

 Linux デバイス上で Ebook 版の本書を読んでいて、ここで紹介しているいくつかの xclip コマンドを試してみたい場合、それらのコマンドをコピーしてシェルウィンドウにペーストすることは避けてください。それらのコマンドは、手で入力するようにしてください。なぜでしょうか？ コピー操作によって、（コマンドが xclip を使ってアクセスする）X セレクションが上書きされてしまい、予期せぬ結果が生じる可能性があるからです。

デフォルトでは、xclip は stdin から読み込み、プライマリーセレクションに書き出します。したがって、ファイルから読み込むこともできますし、

```
$ xclip < myfile.txt
```

パイプから読み込むこともできます。

```
$ echo "Efficient Linux at the Command Line" | xclip
```

次に、そのテキストを stdout に出力するか、セレクションの内容を wc などの別のコマンドにパイプで渡します。

```
$ xclip -o                              # stdout にペーストする
Efficient Linux at the Command Line
$ xclip -o > anotherfile.txt            # ファイルにペーストする
$ xclip -o | wc -w                      # 単語の数を数える
6
```

stdout に出力を行う複合コマンドは、その結果を xclip にパイプで渡すことができます。次に示すのは、「1.2.6　コマンド⑥ uniq」で見た複合コマンドの例です。

```
$ cut -f1 grades | sort | uniq -c | sort -nr | head -n1 | cut -c9 | xclip
```

プライマリーセレクションを消去するには、echo -n を使って、その値を空の文字列に設定します。

```
$ echo -n | xclip
```

-n オプションは重要です。これがないと、echo は stdout に改行文字を出力し、それがプライマリーセレクションになってしまいます。

テキストを、プライマリーセレクションの代わりにクリップボードにコピーするには、-selection clipboard オプションを付けて xclip を実行します。

```
$ echo https://oreilly.com | xclip -selection clipboard      # コピー
$ xclip -selection clipboard -o                              # ペースト
https://oreilly.com
```

xclip のオプションは、あいまいでないかぎり、短縮することができます。

```
$ xclip -sel c -o                    # xclip -selection clipboard -o と同じ
https://oreilly.com
```

Firefox のブラウザーウィンドウを開いて、この URL にアクセスするには、コマンド置換を使います。クリップボードからペーストされた URL のページが表示されます（**図10-3**）。

```
$ firefox $(xclip -selection clipboard -o)
```

図10-3　クリップボードからペーストされた URL のページが表示される

Linux は、X セレクションの読み書きを行う、xsel という別のコマンドも提供しています。このコマンドは、セレクションの消去（xsel -c）やセレクションへの追加（xsel -a）など、いくつかの追加の機能を備えています。xsel の man ページを

参照し、自由に試してみてください。

## 10.3.2　パスワードマネージャーの改善

xclip という新しく得た知識を使って、「9.4　パスワードマネージャーの作成」で
作成したパスワードマネージャー pman に X セレクションを組み込んでみましょう。
新たな pman スクリプトは、vault.gpg ファイル内の 1 つの行にマッチすると、そ
のユーザー名をクリップボードに、パスワードをプライマリーセレクションに、それ
ぞれ書き出します。その後でユーザーは、 Ctrl - V でユーザー名をペーストした
り、マウスの中央ボタンでパスワードをペーストしたりして、Web のログインペー
ジなどに入力することができます。

クリップボードマネージャーや、X セレクションの内容を追跡するその他のア
プリケーションを実行していないことを確認してください。そうでないと、ク
リップボードマネージャーの中でユーザー名やパスワードが見えてしまい、セ
キュリティ上のリスクになります。

pman の新しいバージョンを**例 10-3** に示します。pman の動作は、次の点が変更さ
れています。

- 新しい関数の load_password は、ユーザー名とパスワードを X セレクショ
  ンに読み込みます。
- キー（フィールド 3）またはその他の部分が検索文字列にマッチする行を 1 つ
  だけ見つけると、pman は load_password を実行します。
- マッチする行を複数見つけると、pman は、マッチするすべての行からキー
  （フィールド 3）を表示し、ユーザーがキーによって再び検索できるようにし
  ます。

例 10-3　ユーザー名とパスワードをセレクションとして読み込む、改善された pman スクリプト

```
#!/bin/bash
PROGRAM=$(basename $0)
DATABASE=$HOME/etc/vault.gpg

load_password () {
    # ユーザー名（フィールド1）をクリップボードに入れる
    echo "$1" | cut -f1 | tr -d '\n' | xclip -selection clipboard
    # パスワード（フィールド2）をXプライマリーセレクションに入れる
```

```
        echo "$1" | cut -f2 | tr -d '\n' | xclip -selection primary
        # ユーザーにフィードバックを与える
        echo "$PROGRAM: Found" $(echo "$1" | cut -f3- --output-delimiter ': ')
        echo "$PROGRAM: username and password loaded into X selections"
}


if [ $# -ne 1 ]; then
    >&2 echo "$PROGRAM: look up passwords"
    >&2 echo "Usage: $PROGRAM string"
    exit 1
fi
searchstring="$1"

# 復号されたテキストを変数に保存する
decrypted=$(gpg -d -q "$DATABASE")
if [ $? -ne 0 ]; then
    >&2 echo "$PROGRAM: could not decrypt $DATABASE"
    exit 1
fi

# 3番目の列の中で正確にマッチするものを探す
match=$(echo "$decrypted" | awk '$3~/^'$searchstring'$/')
if [ -n "$match" ]; then
    load_password "$match"
    exit $?
fi

# マッチするものをすべて探す
match=$(echo "$decrypted" | awk "/$searchstring/")
if [ -z "$match" ]; then
    >&2 echo "$PROGRAM: no matches"
    exit 1
fi

# マッチした数を数える
count=$(echo "$match" | wc -l)

case "$count" in
    0)
    >&2 echo "$PROGRAM: no matches"
    exit 1
    ;;
    1)
    load_password "$match"
    exit $?
    ;;
    *)
```

```
    >&2 echo "$PROGRAM: multiple matches for the following keys:"
    echo "$match" | cut -f3
    >&2 echo "$PROGRAM: rerun this script with one of the keys"
    exit
    ;;
  esac
```

スクリプトを実行します。

```
$ pman dropbox
Passphrase: xxxxxxxx
pman: Found dropbox: dropbox.com account for work
pman: username and password loaded into X selections
$ pman account
Passphrase: xxxxxxxx
pman: multiple matches for the following keys:
google
dropbox
bank
dropbox2
pman: rerun this script with one of the keys
```

パスワードは、上書きされるまで、プライマリーセレクションの中に残っています。（たとえば）30 秒後にパスワードを自動的に消去するには、load_password 関数に次の行を追加します。この行はバックグラウンドでサブシェルを起動し、30 秒間待機した後で、（空の文字列に設定することで）プライマリーセレクションを消去します。30 という数字は、適当と思う値に自由に変えてください。

```
(sleep 30 && echo -n | xclip -selection primary) &
```

「10.1.1　すぐに起動するシェルとブラウザー」で、ターミナルウィンドウを起動するためのカスタムキーボードショートカットを定義した場合は、パスワードに素早くアクセスすることができます。ホットキーを使ってターミナルをパッと開き、pman を実行し、ターミナルを閉じるだけです。

## 10.4　まとめ

この章を読んで、キーボードに手を置いたままにする新しいテクニックを試してみようと読者が思ってくれたら幸いです。それらは、最初は大変かもしれませんが、練習すれば、意識せずに素早くできるようになります。デスクトップウィンドウ、Web

コンテンツ、X セレクションなどを、マウスに捕らわれた一般大衆ではできない方法でスムーズに操作したら、あなたはすぐに Linux 仲間の羨望の的になるでしょう。

# 11章
# 最後の時間節約術

　筆者は、大いに楽しみながら本書を執筆しました。読者も、楽しみながら本書を読んでくれたことを願っています。最後のテーマとして、これまでの章には収まりきらなかった小さなトピックを、いろいろと取り上げることにしましょう。これらは筆者をよりよい Linux ユーザーにしてくれたものであり、読者にとっても、きっと役に立つものと思います。

## 11.1　すぐに成果の出るテクニック

　これから紹介する時間節約術は、どれも数分で学べるシンプルなものです。

### 11.1.1　less からエディターにジャンプする

　less を使ってテキストファイルを表示しているときに、そのファイルを編集したくなった場合、less を終了する必要はありません。単に「v」を入力して（ Ⅴ キーを押して）、お気に入りのテキストエディターを起動します[†1]。エディターはファイルを読み込み、less で表示していた場所にカーソルを移動します。エディターを終了すると、less で元いた場所に戻ります。

　これがうまく機能するためには、環境変数の EDITOR と VISUAL （またはそのいずれか）に編集コマンドを設定します。これらの環境変数は、さまざまなコマンド（less、lynx、git、crontab、多くの E メールプログラムなど）によって起動される、デフォルトのテキストエディターを表します。たとえば、デフォルトのエディターとして emacs を設定するには、次のいずれかの行（または両方）をシェル構成

---

†1　訳注：デフォルト状態の Ubuntu では GNU nano エディターが起動します。

ファイルの中に記述し、ソーシングします。

```
export VISUAL=emacs
export EDITOR=emacs
```

これらの変数を設定していない場合は、使用している Linux システムによって設定されるエディターがデフォルトのエディターになります。通常は vim です。予期せず vim が起動されてしまい、その使い方がわからなくても、あわてないでください。 Esc キーを押し、:q! （コロン、アルファベットの q、感嘆符）と入力し、 Enter を押して、vim を終了させます。emacs を終了させるには、 Ctrl - X に続いて Ctrl - C を押します。

## 11.1.2　特定の文字列を含んでいるファイルを編集する

特定の文字列（または正規表現）を含んでいる、カレントディレクトリー内のすべてのファイルを編集したい場合は、grep -l を使ってファイル名のリストを生成し、コマンド置換を使って、それらをエディターに渡します。エディターを vim と想定すると、コマンドは次のようになります（*string* は、検索したい文字列を表します）。

```
$ vim $(grep -l string *)
```

ディレクトリーツリー全体（カレントディレクトリーとそのすべてのサブディレクトリー）の中で、*string* を含んでいるすべてのファイルを編集するには、grep に -r オプション（再帰的を意味する recursive の略）を追加し、カレントディレクトリー（.）から検索を開始します。

```
$ vim $(grep -lr string .)
```

大きなディレクトリーツリーでより高速に検索するには、grep -r の代わりに、find と xargs を使います。

```
$ vim $(find . -type f -print0 | xargs -0 grep -l string)
```

これらのテクニックについては「7.2.1　テクニック③ コマンド置換」で説明しましたが、とても役に立つので、あらためて強調しておきたかったのです。ただし、スペースや、シェルにとって特別なその他の文字を含んでいるファイル名には、くれぐれも注意してください。「7.2.1　テクニック③ コマンド置換」のノート記事「特殊文

字とコマンド置換」で説明したように、それらの文字によって、結果がおかしくなる
可能性があるからです。

## 11.1.3　タイプミスを受け入れる

コマンドをよく間違って入力してしまう場合は、よくある間違いに対してエイリア
スを定義し、正しいコマンドが実行されるようにします。

```
alias firfox=firefox
alias les=less
alias meacs=emacs
```

ただし、既存の Linux コマンドと同じ名前でエイリアスを定義し、既存のコマン
ドを隠してしまう（上書きしてしまう）ことのないように注意してください。まず
which コマンドまたは type コマンド（「2.7　実行すべきプログラムの検索」を参照）
を使って、作成しようとしているエイリアスを検索し、さらに man コマンドを実行し
て、同じ名前のコマンドがほかに存在していないことを確認してください。

```
$ type firfox
bash: type: firfox: not found
$ man firfox
No manual entry for firfox
```

## 11.1.4　空のファイルを素早く作成する

Linux では、空のファイルを作成する方法がいくつかあります。touch は、ファイ
ルのタイムスタンプを更新するコマンドですが、ファイルが存在していない場合はそ
れを作成します。

```
$ touch newfile1
```

touch コマンドは、テストのために大量の空のファイルを作成することに適してい
ます。

```
$ mkdir tmp                    # ディレクトリーを作成する
$ cd tmp
$ touch file{0000..9999}.txt   # 10,000 個のファイルを作成する
$ cd ..
$ rm -rf tmp                   # ディレクトリーとファイルを削除する
```

echo コマンドも、その出力をファイルにリダイレクトすると、空のファイルを作

成することができます。ただし、-n オプションを指定した場合に限ります。

```
$ echo -n > newfile2
```

-n オプションを忘れると、生成されるファイルには 1 つの文字、すなわち改行文字が含まれるので、空にはなりません。

## 11.1.5　ファイルを一度に 1 行ずつ処理する

ファイルを一度に 1 行ずつ処理する必要がある場合は、ファイルを cat して、while read ループにパイプで渡します。

```
$ cat myfile | while read line; do
...ここで何かを行う...
done
```

たとえば、/etc/hosts などのファイルの各行の長さを算出するには、それぞれの行を wc -c にパイプで渡します。

```
$ cat /etc/hosts | while read line; do
  echo "$line" | wc -c
  done
65
31
1
⋮
```

このテクニックのより実用的な例が、**例9-3** です。

## 11.1.6　再帰処理をサポートしているコマンドを認識する

「5.1.4　find コマンド」では、find -exec を紹介しました。これは、任意の Linux コマンド（次の *your command here* の部分）を、ディレクトリーツリー全体に対して再帰的に適用します。

```
$ find . -exec your command here \;
```

コマンドの中には、それ自身が再帰処理をサポートしているものもあり、それらを知っていれば、find コマンドを作成する代わりに、それらのコマンド固有の再帰処理を利用して、タイピング時間を節約できます。

ls -R

> ディレクトリーとその内容を再帰的にリスト表示する

cp -r または cp -a

> ディレクトリーとその内容を再帰的にコピーする

rm -r

> ディレクトリーとその内容を再帰的に削除する

grep -r

> ディレクトリーツリー全体にわたって、正規表現による検索を行う

chmod -R

> ファイルのアクセス許可を再帰的に変更する

chown -R

> ファイルの所有権を再帰的に変更する

chgrp -R

> ファイルグループの所有権を再帰的に変更する

## 11.1.7　manページを読む

cut や grep など、よく使われるコマンドを選び、その man ページをじっくり読んでみてください。おそらく、使ったことのないオプションが少なくとも 1 つか 2 つは見つかり、有益だと感じるでしょう。この行動をときどき繰り返し、自分の Linux ツールボックスに磨きをかけ、さらに拡張します。

# 11.2　今後の学習について

これから紹介するテクニックを身につけるには、大いに学習が必要ですが、時間の節約という形で報われるでしょう。ここでは、詳細を説明するのではなく、自分自身でより多くのことを見つけられるように、それぞれのトピックの一端だけを示します。

## 11.2.1　bashのmanページを読む

man bash を実行して bash の公式ドキュメントを表示し、それをすべて読みます

——そうです、46,318 語をすべてです。

```
$ man bash | wc -w
46318
```

　数日かけて、じっくり取り組みます。間違いなく、日々の Linux の使用を容易にする数多くのことが学べるでしょう。

## 11.2.2　cron、crontab、at について学ぶ

　「9.1　最初の例：ファイルの検索」には、コマンドをスケジュールすることで、一定時間ごとに自動的に実行することを勧める短い記述がありました。あらためて、crontab プログラムについて学習し、スケジュールされたコマンドを自分自身でセットアップすることを勧めます。たとえば、スケジュールに従ってファイルを外部ドライブにバックアップしたり、毎月のイベントについて、自分自身に E メールでリマインダーを送ったりすることができます。

　crontab を実行する前に、「11.1.1　less からエディターにジャンプする」で説明したように、デフォルトのエディターを定義しておきます。その後で、crontab -e を実行して、スケジュールされたコマンドのための個人用ファイルを編集します。crontab はデフォルトのエディターを起動し、コマンドを指定するための空のファイルを開きます。このファイルは、ユーザー自身の**crontab ファイル**と呼ばれます。

　簡単に言うと、crontab ファイル内のスケジュールされたコマンド—— **cron ジョブ**とも呼ばれます——は、1 つの行（非常に長い場合もあります）に記述された 6 個のフィールドで構成されます。最初の 5 個のフィールドは、それぞれ分、時、日、月、曜日を表し、ジョブのスケジュールを決定します。6 番目のフィールドは、実行する Linux コマンドです。決まった日付や時刻に、毎時、毎日、毎週、毎月、あるいは毎年、コマンドを起動することができますし、さらに複雑なスケジュールで起動することもできます。例をいくつか示します。

```
 * * * * * command           # コマンドを毎分実行する
30 7 * * * command           # コマンドを毎日 7:30 に実行する
30 7 5 * * command           # コマンドを毎月 5 日の 7:30 に実行する
30 7 5 1 * command           # コマンドを毎年 1 月 5 日の 7:30 に実行する
30 7 * * 1 command           # コマンドを毎週月曜日の 7:30 に実行する
```

　6 個のフィールドをすべて作成し、ファイルを保存し、エディターを終了したら、定義したスケジュールに従って、コマンドが（cron と呼ばれるプログラムによって）

自動的に起動されます。スケジュールの構文は短くて暗号のようですが、man ペー
ジ（man 5 crontab）や多くのオンラインチュートリアル（Web で検索してくださ
い）で詳しく解説されています。

　また、at コマンドについても学習することを勧めます。これは、繰り返し実行す
るのではなく、指定した日付や時刻に一度だけ実行するようにコマンドをスケジュー
ルします。詳細については、man at を実行してください。次の例は、歯を磨くよう
に促す E メールリマインダーを、明日の午後 10 時に送信するコマンドです。

```
$ at 22:00 tomorrow
warning: commands will be executed using /bin/sh
at> echo brush your teeth | mail $USER
at> Ctrl - D                              # 入力を終了するには、Ctrl-D を押す
job 699 at Sun Nov 14 22:00:00 2021
```

待機中の at ジョブをリスト表示するには、atq を実行します。

```
$ atq
699        Sun Nov 14 22:00:00 2021 a smith
```

at ジョブのコマンドを表示するには、ジョブ番号を指定して at -c を実行し、最
後の数行を表示します。

```
$ at -c 699 | tail
⋮
echo brush your teeth | mail $USER
```

待機中のジョブを実行前に削除するには、ジョブ番号を指定して、atrm を実行し
ます。

```
$ atrm 699
```

## 11.2.3　rsync について学ぶ

　ディスク上のある場所から別の場所へ、サブディレクトリーを含めてディレクト
リー全体をコピーするとしたら、多くの Linux ユーザーは、cp -r または cp -a と
いうコマンドに目を向けるでしょう。

```
$ cp -a dir1 dir2
```

cp は、初回はよい仕事をしますが、その後、dir1 ディレクトリー内のいくつか

のファイルを修正して再びコピーを行うと、無駄が多くなります。まったく同じコピーが既に dir2 に存在していたとしても、dir1 からすべてのファイルとディレクトリーを、律儀にもう一度コピーするからです。

rsync は、より賢いコピープログラムです。最初のディレクトリーと 2 番目のディレクトリーの間で、「差分」だけをコピーします。

```
$ rsync -a dir1/ dir2
```

 このコマンド内のスラッシュ（/）は、dir1 に含まれるファイルをコピーすることを意味しています。スラッシュがないと、rsync は dir1 そのものをコピーし、dir2/dir1 を作成します。

その後、dir1 ディレクトリーにファイルを追加すると、rsync はそのファイルだけをコピーします。dir1 のファイルの中の「1 行」を変更すると、rsync はその 1 行をコピーします！ 大きなディレクトリーツリーを何度もコピーする場合、これは大きな時間の節約になります。rsync は、SSH 接続を介してリモートサーバーにコピーすることもできます。

rsync には多くのオプションがあります。ここでは、特に役に立つものをいくつか紹介します。

-v（「verbose」の略）
　　ファイルがコピーされるときに、その名前を表示する

-n
　　コピーするふりをする。 -v と組み合わせると、どのファイルがコピーされるかを確認できる

-x
　　ファイルシステムの境界を越えないように rsync に指示する

効率よくコピーするために、rsync を使いこなせるようになることを強く勧めます。man ページを読み、Korbin Brown 氏による記事「Rsync Examples in Linux」（https://oreil.ly/7gHCi）に書かれている例を参照してください。

## 11.2.4　別のスクリプト言語を学ぶ

シェルスクリプトは便利でパワフルですが、大きな欠点もあります。たとえば、空白文字を含んでいるファイル名の扱いがとても下手です。次の短い bash スクリプトを考えてみましょう。これはファイルを削除しようとしています。

```
#!/bin/bash
BOOKTITLE="Slow Inefficient Linux"
rm $BOOKTITLE                              # 間違い！ このようにしてはいけない！
```

2 番目の行が、Slow Inefficient Linux という名前のファイルを削除するように見えますが、そうではありません。Slow、Inefficient、Linux という 3 つのファイルを削除しようとします。シェルは、rm を呼び出す前に $BOOKTITLE 変数を展開するので、あたかも次のように入力したかのように、空白文字で区切られた 3 つの単語になってしまうのです。

```
rm Slow Efficient Linux
```

その後でシェルは、3 つの引数を付けて rm を呼び出します。間違ったファイルを削除しようとするので、大惨事が起こる可能性があります。正しい削除コマンドにするには、$BOOKTITLE を二重引用符で囲みます。

```
rm "$BOOKTITLE"
```

シェルはこれを、次のように展開します。

```
rm "Slow Efficient Linux"
```

この種の微妙で破壊的になりかねない癖は、シェルスクリプトが重要なプロジェクトに適していないことを示す一例にすぎません。そこで、Perl、PHP、Python、Ruby など、別のスクリプト言語を学ぶことを勧めます。それらはすべて、空白文字を適切に処理します。それらはすべて、現実的なデータ構造をサポートしています。それらはすべて、強力な文字列処理関数を備えています。それらはすべて、計算を容易に行えます。それらについてのメリットのリストは、まだまだ続きます。

複雑なコマンドを起動したり、シンプルなスクリプトを作成したりするにはシェルスクリプトを使いますが、より重要な業務のためには、別の言語に目を向けてください。さまざまな言語のチュートリアルをオンラインで試してみてください。

## 11.2.5　プログラミング以外の作業に make を使用する

make は、ルールに基づいてファイルを自動的に更新するプログラムです。これはソフトウェア開発を迅速化するために作られていますが、少しの手間で、Linux ライフの別の側面を簡略化することができます。

例として、chapter1.txt、chapter2.txt、chapter3.txt という３つの章のファイルがあり、それらを別々に編集していると仮定しましょう。このほかに、３つのファイルを結合した、book.txt という４番目のファイルがあるとします。ある章のファイルが変更されたら、次のようなコマンドを使ってそれらを再結合し、book.txt を更新する必要があります。

```
$ cat chapter1.txt chapter2.txt chapter3.txt > book.txt
```

make は、このような状況にうってつけです。次のものがそろっているからです。

- 一連のファイル
- ファイル同士を関連づけるルール。すなわち、いずれかの章のファイルが変更されたら book.txt を更新する、というルール
- 更新を実行するコマンド

make は、ルールとコマンドが書かれた構成ファイル（通常は Makefile という名前のファイル）を読み込むことで動作します。次の Makefile のルールは、book.txt が３つの章のファイルに依存することを宣言しています。

```
book.txt:       chapter1.txt chapter2.txt chapter3.txt
```

ルールのターゲット（この例では book.txt）が、その依存物（各章のファイル）のいずれかよりも古い場合、make はそのターゲットが無効である（更新する必要がある）と見なします。ルールの後の行にコマンドが書かれていると、make はそのコマンドを実行して、ターゲットを更新します。

```
book.txt:       chapter1.txt chapter2.txt chapter3.txt
                cat chapter1.txt chapter2.txt chapter3.txt > book.txt
```

このルールを適用するには、単に make というコマンドを実行します。

```
$ ls
Makefile  chapter1.txt  chapter2.txt  chapter3.txt
$ make
cat chapter1.txt chapter2.txt chapter3.txt > book.txt   # make によって実行される
$ ls
Makefile  book.txt  chapter1.txt  chapter2.txt  chapter3.txt
$ make
make: 'book.txt' is up to date.
$ vim chapter2.txt                                       # ある章を変更する
$ make
cat chapter1.txt chapter2.txt chapter3.txt > book.txt
```

make はプログラマー向けに開発されたものですが、少し勉強すれば、プログラミング以外の作業にも利用できます。他のファイルに依存するファイルを更新する必要がある場合は、いつでも Makefile を記述することで作業を簡略化できるでしょう。

本書の執筆と手直しにも make は役に立ちました。筆者は、AsciiDoc と呼ばれる軽量マークアップ言語を使って本書を執筆し、定期的に各章のファイルを HTML に変換して、ブラウザーで表示しました。次に示すのは、AsciiDoc のファイルを HTML ファイルに変換するための make ルールです。

```
%.html: %.asciidoc
        asciidoctor -o $@ $<
```

この意味は次のとおりです。.html という拡張子を持つファイルを作成するには（%.html）、それに対応する、.asciidoc という拡張子を持つファイルを探します（%.asciidoc）。HTML ファイルが AsciiDoc ファイルよりも古ければ、依存ファイル（$<）に対して asciidoctor コマンドを実行することで HTML ファイルを再生成し、その出力をターゲットの HTML ファイルに送ります（-o $@）。少し暗号めいたこの短いルールを準備して、シンプルな make コマンドを実行し、読者がいま読んでいる章の HTML バージョンを作成します。make は asciidoctor を起動して、更新を行います。

```
$ ls ch11*
ch11.asciidoc
$ make ch11.html
asciidoctor -o ch11.html ch11.asciidoc
$ ls ch11*
ch11.asciidoc  ch11.html
```

生成された HTML ファイルをブラウザーで確認します（**図11-1**）。

```
$ firefox ch11.html                          # HTML ファイルを表示する
```

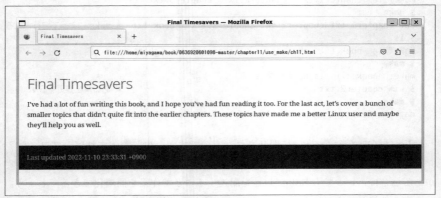

図 11-1　HTML ファイル（ch11.html）を表示する

　小規模な作業のために make の使い方を一通り覚えるには、1 時間もかかりません。勉強する価値はあります。https://makefiletutorial.com/ などのサイトが参考になるでしょう。

## 11.2.6　日常的なファイルにバージョン管理を適用する

　今までに、ファイルを編集したいが、変更によってファイルがめちゃくちゃになってしまわないかと心配した経験はありませんか？ 読者はおそらく、安全のためにバックアップコピーを作成し、失敗してもバックアップから復元できることを確信したうえで、元のファイルを編集したことでしょう。

```
$ cp myfile myfile.bak
```

　しかし、この解決策はスケーラブル（拡張可能）ではありません。もし何十個または何百個ものファイルがあり、何十人または何百人もの人がそれらに取り組むとしたら、どうでしょうか？ Git や Subversion などのバージョン管理システムは、ファイルの複数のバージョンを容易に追跡できるようにすることで、このような問題を解決するために作られました。

　Git はソフトウェアのソースコードを管理するために広く使われていますが、読者には、Git について学習し、変更が問題となる重要なテキストファイル（個人的なファイルや、/etc にあるオペレーティングシステムのファイル）のために利用する

ことを勧めます。「6.5.2　環境との付き合い方」では、バージョン管理システムを利用して、bash の構成ファイルを管理することを提案しました。

　筆者は本書の執筆時に Git を利用したので、トピックを提示するためのさまざまな方法を試すことができました。多くの手間をかけることなく、本書の 3 つの異なるバージョン——1 つは、それまでに書いたすべての原稿、1 つは、査読のために編集者に提出する章だけを含んだもの、そしてもう 1 つは、新しいアイデアを試すための試験的なもの——を作成し、管理することができました。もし書いたものが気に入らなければ、1 つのコマンドで簡単に前のバージョンに戻すことができたのです。

　Git について説明することは本書の範囲を超えていますが、読者の関心を呼び起こすために、基本的なワークフローを示すコマンド例をいくつか紹介します。まず、カレントディレクトリー（およびすべてのサブディレクトリー）を Git のリポジトリーに変換します。

```
$ git init
```

　いくつかのファイルを編集します。その後で、変更したファイルを、表に出ない「ステージングエリア」に追加します。これは、新しいバージョンを作成するという意志を宣言する操作です。

```
$ git add .
```

　ファイルの変更について説明するコメントを指定して、新しいバージョンを作成します。次の例では、「Changed X to Y」（X を Y に変更した）というコメントを指定しています。

```
$ git commit -m"Changed X to Y"
```

　バージョン履歴を表示するには、次のようにします。

```
$ git log
```

　このほかにも、ファイルの古いバージョンを取り出したり、別のサーバーにバージョンを保存（プッシュ）したりと、多くのことが行えます。git のチュートリアル（https://oreil.ly/0AlOu）にアクセスして、始めてみましょう！

## 11.3　最後に

　本書を最後までお読みいただき、ありがとうございました。読者のコマンドライン
スキルを次のレベルに引き上げるという、「まえがき」で書いた約束が果たされたこ
とを願っています。読者の経験をぜひ dbarrett@oreilly.com で教えてください。
それでは、よいコンピューターライフを！

# 付録 A
# Linuxの簡単な復習

　この付録は、Linux のスキルが十分でない読者のために、本書を読むうえで必要な知識を簡単にまとめたものです（ただし、読者がまったくの初心者である場合は、この付録だけでは十分ではないでしょう。最後に示す参考文献を参照してください）。

## A.1　コマンド、引数、オプション

　コマンドラインで Linux コマンドを実行するには、コマンドを入力して Enter キーを押します。実行中のコマンドを終了させるには、Ctrl - C を押します。

　Linux の単一コマンドは、1 つの単語（通常はプログラム名）と、その後に続く、**引数**（argument）と呼ばれる追加の文字列で構成されます。次のコマンドは、ls というプログラム名と 2 つの引数で構成されています。

```
$ ls -l /bin
```

　-l のように、ダッシュ（-）で始まる引数は、コマンドの動作を変更するので、**オプション**（option）と呼ばれます。それ以外の引数には、ファイル名、ディレクトリー名、ユーザー名、ホスト名、そのプログラムが必要とするその他の文字列などを指定します。オプションは、たいてい（必ずではありませんが）ほかの引数よりも前に指定します。

　オプションは、実行するプログラムに応じて、次のようにさまざまな形式で指定します。

- 　-l のような 1 つの文字。-n 10 のように、後に値が続く場合もあります。通常、文字と値の間のスペースは省略可能です（-n10）。

- `--long` のように、2つのダッシュの後に続く単語。`--block-size 100` のように、後に値が続く場合もあります。オプションと値の間のスペースは、多くの場合、等号によって置き換えが可能です（`--block-size=100`）。
- `-type` のように、1つのダッシュの後に続く単語。`-type f` のように、後に値が続く場合もあります。このオプションの形式は、めったにありません。これを使用するコマンドの1つが `find` です。
- ダッシュを伴わない1つの文字。このオプションの形式は、めったにありません。これを使用するコマンドの1つが `tar` です。

多くの場合（コマンドにもよりますが）、1つのダッシュの後に複数のオプションを組み合わせて指定することができます。たとえば、`ls -al` というコマンドは、`ls -a -l` と同じです。

オプションは、このような外見においてだけでなく、意味においてもさまざまです。たとえば、`ls -l` というコマンドでは、`-l` は「long output」（長い出力）を意味しますが、`wc -l` というコマンドでは、「lines of text」（テキストの行数）を意味します。逆に、2つのプログラムが、同じ事柄を意味する異なるオプションを使用する場合もあります。たとえば、「run quietly」（黙って実行する）を意味する `-q` と、同じ意味の「run silently」を意味する `-s` のような場合です。このような一貫性のなさが Linux を学びにくくしていますが、そのうちに慣れるでしょう。

## A.2　ファイルシステム、ディレクトリー、パス

Linux のファイルは、**図A-1** のようなツリー構造として構成されるディレクトリー（フォルダー）の中に収められます。このツリーは、1つのスラッシュ（/）で示される、**ルート**（root）と呼ばれるディレクトリーで始まります。ディレクトリーは、ファイルや、**サブディレクトリー**（subdirectory）と呼ばれる別のディレクトリーを含むことができます。たとえば、Music ディレクトリーには、mp3 と SheetMusic という2つのサブディレクトリーが含まれています。Music は、mp3 と SheetMusic の**親**（parent）ディレクトリーと呼ばれます。同じ親を持つディレクトリー同士は、**兄弟**（sibling）ディレクトリーと呼ばれます。

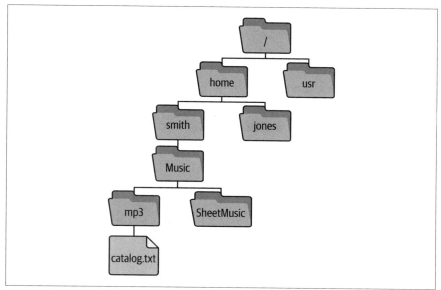

図A-1　Linux のディレクトリーツリーにおけるパス

　ツリーの中を通るパス（経路）は、/home/smith/Music/mp3 のように、ス
ラッシュで区切られた一連のディレクトリー名として記述されます。パスは、
/home/smith/Music/mp3/catalog.txt のように、ファイル名で終わる場合も
あります。これらのパスは、ルートディレクトリーから始まっているので、**絶
対パス**（absolute path）と呼ばれます。そのほかの場所から始まるパス（ス
ラッシュで始まっていないパス）は、カレントディレクトリーに対して相対
的なパスなので、**相対パス**（relative path）と呼ばれます。仮にカレントディ
レクトリーが/home/smith/Music だとすると、mp3（サブディレクトリー）や
mp3/catalog.txt（ファイル）は相対パスになります。catalog.txt のようなファ
イル名そのものも、/home/smith/Music/mp3 に対する相対パスです。
　1つのドット（.）と連続する2つのドット（..）は特別な相対パスであり、前者は
カレントディレクトリーを表し、後者はカレントディレクトリーの親を表します[†1]。
どちらも、より長いパスの一部として使うことができます。たとえば、カレントディ

---

†1　ドットと二重のドットは、シェルによって評価される式ではありません。それらは、どのディレクトリー
　　にも存在するハードリンクです。

レクトリーが /home/smith/Music/mp3 だとすると、.. というパスは Music を、
../../../.. というパスはルートディレクトリーを、../SheetMusic というパス
は mp3 の兄弟ディレクトリーを、それぞれ表します。

　読者を含めて、Linux システム上のすべてのユーザーは、**ホームディレクトリー**
（home directory）と呼ばれる、所定のディレクトリーを持ちます。そこでは、ファ
イルやディレクトリーの作成・編集・削除を自由に行うことができます。ホームディ
レクトリーのパスは、/home/smith のように、たいてい /home/ の後にユーザー名
が続きます。

## A.3　ディレクトリー間の移動

　コマンドライン（シェル）は常に、**カレントディレクトリー**（current directory）
と呼ばれる特定のディレクトリーで処理を行います。カレントディレクトリーは、**作
業ディレクトリー**（working directory）、**ワーキングディレクトリー**、**カレントワー
キングディレクトリー**などと呼ばれることもあります。カレントディレクトリーのパ
スを表示するには、pwd（print working directory）コマンドを使います。

```
$ pwd
/home/smith                    # ユーザー smith のホームディレクトリー
```

　ディレクトリー間を移動するには、cd（change directory）コマンドを使い、希望
する移動先のパス（絶対パスまたは相対パス）を指定します。

```
$ cd /usr/local               # 絶対パス
$ cd bin                      # 結果的に /usr/local/bin となる相対パス
$ cd ../etc                   # 結果的に /usr/local/etc となる相対パス
```

## A.4　ファイルの作成と編集

　次のいずれかのコマンドを実行することで、Linux の標準的なテキストエディター
を使ってファイルを編集することができます。

emacs
　　emacs を実行したら、 Ctrl - H を押し画面下部のミニバッファに t と入力
　　することでチュートリアルを参照できます。

nano

　　ドキュメントを参照するには、https://nano-editor.org にアクセスします。

vim または vi

　　チュートリアルを参照するには、シェルで vimtutor コマンドを実行します。

ファイルを作成するには、その名前を引数として指定します。エディターは、その名前のファイルを作成します。

```
$ nano newfile.txt
```

もう 1 つの方法として、touch コマンドを使って空のファイルを作成します。希望するファイル名を引数として指定します。

```
$ touch funky.txt
$ ls
funky.txt
```

# A.5　ファイルとディレクトリーの操作

ディレクトリー（デフォルトではカレントディレクトリー）に含まれるファイルをリスト表示するには、ls コマンドを使います。

```
$ ls
animals.txt
```

ファイルやディレクトリーの属性を表示するには、長いリスト表示（ls -l）を使います。

```
$ ls -l
-rw-r--r-- 1 smith smith  325 Jul  3 17:44 animals.txt
```

左から右に、「A.7　ファイルのアクセス許可」で説明するファイルアクセス許可（-rw-r--r--）、所有者（smith）とグループ（smith）、バイト数でのサイズ（325）、最終更新日時（今年の 7 月 3 日の 17:44）、ファイル名（animals.txt）が表示されています。

ls は、デフォルトでは、ドットで始まるファイル名を表示しません。それらのファイルは**ドットファイル**（dot file）または**隠しファイル**（hidden file）などと呼ばれま

すが、それらを表示するには、 -a オプションを追加します。

```
$ ls -a
.bashrc    .bash_profile    animals.txt
```

ファイルをコピーするには、cp（copy）コマンドを使い、元のファイル名と新しい
ファイル名を指定します。

```
$ cp animals.txt beasts.txt
$ ls
animals.txt    beasts.txt
```

ファイルをリネームする（ファイル名を変更する）には、mv（move）コマンドを
使い、元のファイル名と新しいファイル名を指定します。

```
$ mv beasts.txt creatures.txt
$ ls
animals.txt    creatures.txt
```

ファイルを削除するには、rm（remove）コマンドを使います。

```
$ rm creatures.txt
```

Linux でのファイル削除は、親切ではありません。rm コマンドは、「本当に削
除しますか？」とは聞いてくれませんし、ファイルを復元するためのごみ箱も
ありません。

ディレクトリーを作成するには mkdir を、リネームするには mv を、削除するには
（ディレクトリーが空の場合）rmdir を、それぞれ使います。

```
$ mkdir testdir
$ ls
animals.txt    testdir
$ mv testdir newname
$ ls
animals.txt    newname
$ rmdir newname
$ ls
animals.txt
```

複数のファイル（またはディレクトリー）をディレクトリー内にコピーするには、
次のようにして cp コマンドを使います。

```
$ touch file1 file2 file3
$ mkdir dir
$ ls
dir    file1    file2    file3
$ cp file1 file2 file3 dir
$ ls
dir    file1    file2    file3
$ ls dir
file1    file2    file3
$ rm file1 file2 file3
```

続いて、複数のファイル（またはディレクトリー）をディレクトリー内に移動するには、次のようにして mv コマンドを使います。

```
$ touch thing1 thing2 thing3
$ ls
dir    thing1    thing2    thing3
$ mv thing1 thing2 thing3 dir
$ ls
dir
$ ls dir
file1    file2    file3    thing1    thing2    thing3
```

ディレクトリーとそのすべての内容を削除するには、rm -rf を使います。このコマンドは元に戻せないので、実行する場合は注意してください。安全のためのヒントについては、「3.2.3　（履歴展開を利用して）別のファイルの削除を避ける」を参照してください。

```
$ rm -rf dir
```

## A.6　ファイルの表示

テキストファイルを画面上に表示するには、cat コマンドを使います。

```
$ cat animals.txt
```

テキストファイルを一度に 1 画面ずつ表示するには、less コマンドを使います。

```
$ less animals.txt
```

less の実行中に次のページを表示するには、スペースバー（スペースキー）を押します。less を終了するには、q を入力します。ヘルプを表示するには、h を入力し

ます。

# A.7　ファイルのアクセス許可

chmod コマンドは、ファイルの読み取り許可（r）、書き込み許可（w）、実行許可
（x）を、ユーザー（所有者）、ユーザーのグループ、すべてのユーザーについて、そ
れぞれ設定します。**図A-2** は、ファイルのアクセス許可について簡単にまとめたもの
です。

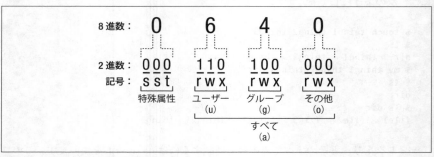

図A-2　ファイルのアクセス許可ビット

chmod を使ってよく行われる操作をいくつか紹介します。あるファイルを、所有者
は読み取り可能かつ書き込み可能とし、その他のユーザーは読み取りのみ可能とする
には、次のように設定します。

```
$ chmod 644 animals.txt
$ ls -l
-rw-r--r-- 1 smith smith  325 Jul  3 17:44 animals.txt
```

所有者以外のすべてのユーザーからファイルを保護するには、次のように設定し
ます。

```
$ chmod 600 animals.txt
$ ls -l
-rw------- 1 smith smith  325 Jul  3 17:44 animals.txt
```

あるディレクトリーを、すべてのユーザーが読み取り可能かつ（ディレクトリー内
部に）移動可能とし、所有者だけが書き込み可能とするには、次のように設定します。

```
$ mkdir dir
$ chmod 755 dir
$ ls -l
drwxr-xr-x 2 smith smith  4096 Oct  1 12:44 dir
```

所有者以外のすべてのユーザーからディレクトリーを保護するには、次のように設定します。

```
$ chmod 700 dir
$ ls -l
drwx------ 2 smith smith  4096 Oct  1 12:44 dir
```

通常のアクセス許可は、スーパーユーザーには適用されません。スーパーユーザーは、システム上のすべてのファイルとディレクトリーを読み書きすることができます。

# A.8 プロセス

Linux コマンドを実行すると、1つ以上の Linux **プロセス**（process）が起動されます。それぞれのプロセスは、**PID** と呼ばれる、数値のプロセス ID を持ちます。使用しているシェルの現在のプロセスを表示するには、ps コマンドを使います。

```
$ ps
    PID TTY          TIME CMD
   5152 pts/11   00:00:00 bash
 117280 pts/11   00:00:00 emacs
 117273 pts/11   00:00:00 ps
```

すべてのユーザーに関する、すべての実行中のプロセスを表示するには、次のようにします。

```
$ ps -uax
```

自分自身のプロセスを終了させるには、kill コマンドを使い、引数として PID を指定します。スーパーユーザー（Linux 管理者）は、どのユーザーのプロセスも終了させることができます。

```
$ kill 117280
[1]+  Exit 15                 emacs animals.txt
```

## A.9　ドキュメントの表示

man コマンドは、Linux システムの標準的なコマンドに関するドキュメントを表示します。man の後に、コマンド名を続けて入力します。たとえば、cat コマンドのドキュメントを表示するには、次のコマンドを実行します。

```
$ man cat
```

表示されるドキュメントは、コマンドの man ページ（manpage）と呼ばれます。誰かに「grep の man ページを見て」と言われた場合は、man grep というコマンドを実行することを意味しています。

man コマンドは、less プログラムを使って[†2]、一度に 1 ページずつドキュメントを表示します。そのため、less の標準的なキーストロークが使えます。**表A-1** に、よく使われるキーストロークを示します。

表A-1　less を使って man ページを読むためのキーストローク

| キーストローク | アクション |
|---|---|
| h | ヘルプ（less のキーストロークのリストを表示する） |
| スペースバー | 次のページを表示する |
| b | 前のページを表示する |
| Enter | 1 行分スクロールダウンする |
| < | ドキュメントの先頭にジャンプする |
| > | ドキュメントの末尾にジャンプする |
| / | テキストを前方に検索する（テキストを入力して Enter を押す） |
| ? | テキストを後方に検索する（テキストを入力して Enter を押す） |
| n | 検索テキストの次の出現箇所を探す |
| q | man を終了する |

## A.10　シェルスクリプト

一連の Linux コマンドを 1 つの単位として実行するには、次に示すステップに従います。

**1.** 一連のコマンドをファイル内に記述する

---

[†2]　シェル変数 PAGER の値を再設定している場合は、別のプログラムが使われます。

2. 呪文のような先頭の行を挿入する
3. chmod を使って、ファイルを実行可能にする
4. ファイルを実行する

このファイルは、**シェルスクリプト**（shell script）または単に**スクリプト**と呼ばれます。呪文のような先頭の行とは、#!という記号——「shebang」（シバン）と発音します——の後に、スクリプトの読み込みと実行を行うプログラムのパスが続いているものです[3]。

```
#!/bin/bash
```

次に示すシェルスクリプトは、ユーザーにあいさつをして、今日の日付を表示します。#で始まる行はコメントです。

```
#!/bin/bash
# これはサンプルスクリプトです
echo "Hello there!"
date
```

テキストエディターを使って、これらの行を howdy というファイルに保存します。その後で、次のいずれかのコマンドを実行して、ファイルを実行可能にします。

```
$ chmod 755 howdy      # 実行許可を含めて、すべてのアクセス許可を設定する
$ chmod +x howdy       # 単に実行許可を追加する
```

ファイルを実行します。

```
$ ./howdy
Hello there!
Fri Sep 10 17:00:52 EDT 2021
```

先頭のドットとスラッシュ（./）は、このスクリプトがカレントディレクトリーに存在していることを示しています。それらがないと、Linux のシェルはスクリプトを

---

[3] シバンの行を省略した場合は、デフォルトのシェルによってスクリプトが実行されます。シバンの行をファイルに含めることは、よい習慣です。

見つけることができません†4。

```
$ howdy
howdy: command not found
```

　Linux のシェルは、スクリプトで役に立つ、ある種のプログラミング言語機能を提供しています。たとえば bash では、if 文、for ループ、while ループ、その他の制御構造が提供されています。本書を通じて、それらを用いた例がたびたび出てきます。それらの構文については、man bash を参照してください。

# A.11　スーパーユーザーとして実行する

　一部のファイル、ディレクトリー、プログラムは、読者を含めて一般ユーザーから保護されています。

```
$ touch /usr/local/avocado        # システムディレクトリー内にファイルを作成する
touch: cannot touch '/usr/local/avocado': Permission denied
```

「Permission denied」（アクセス許可がない）というメッセージは、たいてい、保護されているリソースにアクセスしようとしたことを意味します。それらのリソースには、Linux のスーパーユーザー（ユーザー名は root）だけがアクセスできます。ほとんどの Linux システムでは、sudo（「soo doo」と発音します）と呼ばれるプログラムが用意されています。これを使うと、1 つのコマンドを実行する間だけ、スーパーユーザーになることができます。自分自身で Linux をインストールした場合は、おそらく自分のアカウントが、sudo を実行できるように既にセットアップされているでしょう。読者が、ほかの誰かの Linux システム上のユーザーの 1 人である場合は、スーパーユーザー権限を持っていないかもしれません。定かでない場合は、システム管理者に尋ねてください。

　適切にセットアップされていると仮定すると、sudo に続けて、スーパーユーザーとして実行したいコマンドを入力するだけです。身元を確認するために、ログインパスワードを尋ねるプロンプトが表示されます。次の *password here* の部分にパス

---

†4　スクリプトを見つけられないのは、安全上の理由により、通常はシェルの検索パスからカレントディレクトリーが除外されているからです。そうでないと、攻撃者が、ls という名前の、悪意のある実行可能スクリプトをユーザーのカレントディレクトリーに置き、ユーザーが ls を実行したときに、本物の ls コマンドの代わりにそのスクリプトが実行されるようにすることが可能になってしまいます。

ワードを正しく入力すると、コマンドが root 権限で実行されます。

```
$ sudo touch /usr/local/avocado          # root としてファイルを作成する
[sudo] password for smith: password here
$ ls -l /usr/local/avocado               # ファイルをリスト表示する
-rw-r--r-- 1 root root 0 Sep 10 17:16 avocado
$ sudo rm /usr/local/avocado             # root として削除する
```

　sudo の設定によっては、ユーザーが入力したパスワードを、sudo がしばらくの間、覚えている（キャッシュする）場合があります。その場合、プロンプトは毎回表示されません。

## A.12　参考文献

　Linux の基本的な使い方について詳しく学ぶには、筆者が以前に執筆した『Linux Pocket Guide』（O'Reilly Media）を読むか、オンラインチュートリアル（https://oreil.ly/KLTji）を探してください。

# 付録B
# 他のシェルを使用する場合

本書では、使用するログインシェルが bash であると想定していますが、そうでない場合は、本書のサンプルを他のシェルに適合させるために、**表B-1** を参考にしてください。黒丸（●）は、互換性がある——その機能が bash のものと同様であり、本書のサンプルが正しく動作する——ことを表します。ただし、それぞれの機能は、いくつかの点で bash と動作が異なる場合があります。脚注を注意深く読んでください。

> ログインシェルがどのシェルであるかにかかわらず、#!/bin/bash で始まるスクリプトは、bash によって処理されます。

システムにインストールされている他のシェルを試してみるには、そのシェルを名前で実行（たとえば ksh）し、終わったら Ctrl - D を押すだけです。ログインシェルを変更する方法は、man chsh を参照してください。

表B-1　他のシェルによってサポートされている bash の機能

| bash の機能 | dash | fish | ksh | tcsh | zsh |
|---|---|---|---|---|---|
| \によるエイリアスのエスケープ | ● | | ● | ● | ● |
| \によるエスケープ | ● | ● | ● | ● | ● |

表B-1 他のシェルによってサポートされている bash の機能（続き）

| bash の機能 | dash | fish | ksh | tcsh | zsh |
|---|---|---|---|---|---|
| alias ビルトイン | ● | ● ただし、alias *name* では、エイリアスは表示されない | ● | 等号はなし (alias g grep) | ● |
| bash -c | dash -c | fish -c | ksh -c | tcsh -c | zsh -c |
| bash の場所 (/usr/bin/ bash)[†1] | /usr/bin/ dash[†1] | /usr/bin/ fish[†1] | /usr/bin/ ksh[†1] | /usr/bin/ tcsh[†1] | /usr/bin/ zsh[†1] |
| bash コマンド | dash | fish | ksh | tcsh | zsh |
| BASH_ SUBSHELL 変数 | | | | | |
| cd - (ディレクトリーの切り替え) | ● | ● | ● | ● | ● |
| cd ビルトイン | ● | ● | ● | ● | ● |
| CDPATH 変数 | ● | set CDPATH *value* | ● | set cdpath = (*dir1 dir2...*) | ● |
| complete ビルトイン | | 異なる構文[†2] | 異なる構文[†2] | 異なる構文[†2] | compdef[†2] |
| dirs ビルトイン | | ● | | | |
| echo ビルトイン | ● | ● | ● | ● | ● |
| exec ビルトイン | ● | ● | ● | ● | ● |
| export ビルトイン | ● | set -x *name value* | ● | setenv *name value* | ● |
| history -c | | history clear | ~/.sh_ history を削除して ksh を再起動 | ● | history -p |
| history *number* | | history -*number* | history -N *number* | ● | history -*number* |
| history ビルトイン | | ● ただし、コマンドは番号付きではない | history は、hist -l のエイリアス | ● | ● |

表B-1 他のシェルによってサポートされている bash の機能（続き）

| bash の機能 | dash | fish | ksh | tcsh | zsh |
|---|---|---|---|---|---|
| HISTCONTROL 変数 | | | | | 名前が HIST_ で始まる変数を man ページで参照 |
| HISTFILESIZE 変数 | | | | set savehist = *value* | SAVEHIST = *value* |
| HISTFILE 変数 | | set fish_ history *path* | ● | set histfile = *path* | ● |
| HISTSIZE 変数 | | | ● | | ● |
| popd ビルトイン | | ● | | ● | ● |
| pushd ビルトイン | | ● | | ● ただし、マイナスの引数はなし | ● |
| PS1 変数 | ● | set PS1 *value* | ● | set prompt = *value* | |
| source またはドット (.) によるファイルのソーシング | ドットのみ†3 | ● | ●†3 | source のみ | ●†3 |
| stderr のリダイレクト (2>) | ● | ● | ● | | ● |
| stdin のリダイレクト (<)、stdout のリダイレクト (>、>>) | ● | ● | ● | ● | ● |
| stdout および stderr のリダイレクト (&>) | 2>&1 を追加†4 | ● | 2>&1 を追加†4 | >& | ● |
| type ビルトイン | ● | ● | type は、whence -v のエイリアス | なし。ただし、which ビルトインはあり | ● |
| unalias ビルトイン | ● | functions --erase | ● | ● | ● |
| 引用符 (単一) | ● | ● | ● | ● | ● |

表B-1　他のシェルによってサポートされている bash の機能（続き）

| bash の機能 | dash | fish | ksh | tcsh | zsh |
|---|---|---|---|---|---|
| 引用符（二重） | ● | ● | ● | ● | ● |
| 関数 | ●[†5] | 異なる構文 | ● | | ● |
| 構成ファイル（$HOME 内に存在。詳細は man ページを参照） | .profile | .config/ fish/ config. fish | .profile、.kshrc | .cshrc | .zshenv、.zprofile、.zshrc、.zlogin、.zlogout |
| コマンド置換（$() を使用） | ● | () を使用 | ● | バッククォートを使用 | |
| コマンド置換（バッククォートを使用） | ● | () を使用 | ● | | ● |
| コマンドライン編集（Emacs キー操作を使用） | | ● | ●[†6] | ● | ● |
| コマンドライン編集（set -o vi を設定して、Vim キー操作を使用） | | | ● | bindkey -v を実行 | ● |
| コマンドライン編集（矢印キーを使用） | | ● | ●[†6] | ● | ● |
| サブシェル（() を使用） | ● | | ● | ● | ● |
| 終了コード（$? を使用） | ● | $status | ● | ● | ● |
| 条件付きリスト（&&、\|\| を使用） | ● | ● | ● | ● | ● |
| ジョブ制御（fg、bg、Ctrl-Z、jobs を使用） | ● | ● | ● | ●[†7] | ● |
| 制御構造（for ループ、if 文、その他） | ● | 異なる構文 | ● | 異なる構文 | ● |

表 B-1　他のシェルによってサポートされている bash の機能（続き）

| bash の機能 | dash | fish | ksh | tcsh | zsh |
|---|---|---|---|---|---|
| バックグラウンド実行 (&を使用) | ● | ● | ● | ● | ● |
| パイプ | ● | ● | ● | ● | ● |
| パターンマッチング(*、?、[ ] を使用) | ● | ● | ● | ● | ● |
| ファイル名のタブ補完 | | ● | ●[†6] | ● | ● |
| ブレース展開 ({} を使用) | seq を使用 | {a,b,c}のみ可。{a..c}は不可 | ● | seq を使用 | ● |
| プロセス置換 (<() を使用) | | | ● | | ● |
| 変数定義 (*name=value* を使用) | ● | set *name value* | ● | set *name = value* | ● |
| 変数評価 ($*name* を使用) | ● | ● | ● | ● | ● |
| 履歴 (Emacs キー操作を使用) | | ● | ●[†6] | ● | ● |
| 履歴 (set -o vi を設定して、Vim キー操作を使用) | | | ● | bindkey -v を実行 | ● |
| 履歴 (矢印キーを使用) | | ● | ●[†6] | ● | ● |
| 履歴展開 (!、^を使用) | | | ● | ● | ● |
| 履歴のインクリメンタル検索 (Ctrl-R を使用) | | コマンドの先頭を入力し、検索するには上矢印キーを、選択するには右矢印キーを押す | ●[†6†8] | ●[†9] | ●[†10] |

†1　訳注：シェルがインストールされている場所は利用環境によって異なります（/bin/bash など）。which bash や which tcsh などのコマンドで調べられます。

†2　complete コマンドまたは同様のコマンドを用いたカスタムコマンド補完は、シェルによって大きく異なります。使用するシェルの man ページを参照してください。

†3　dash シェル、ksh シェル、zsh シェルでのソーシングは、（カレントディレクトリーのファイルについての./myfile のように）ソーシングされるファイルの明示的なパスを必要とします。そうでないと、シェルはファイルを見つけることができません。代わりの方法としては、シェルの検索パスに含まれているディレクトリーにファイルを配置します。

†4　stdout および stderr のリダイレクト：このシェルでの構文は、*command > file 2>&1* です。最後の 2>&1 という表現は、「ファイル記述子が 2 である stderr を、ファイル記述子が 1 である stdout にリダイレクトする」ことを意味しています。

†5　関数：dash シェルは、function キーワードで始まる、より新しいスタイルの定義をサポートしていません。

†6　デフォルトでは、この機能は無効になっています。有効にするには、set -o emacs を実行します。古いバージョンの ksh では、動作が異なる場合があります。

†7　ジョブ制御：tcsh はデフォルトのジョブ番号を、他のシェルほど賢く追跡しないので、fg や bg の引数として、%1 のようなジョブ番号を、より頻繁に指定する必要があるかもしれません。

†8　履歴のインクリメンタル検索は、ksh では動作が異なります。 Ctrl - R を押し、文字列を入力して Enter を押すと、その文字列を含んでいる最も新しいコマンドが呼び出されます。 Ctrl - R と Enter をもう一度押すと、過去にさかのぼって次にマッチするコマンドを検索します。実行するには Enter を押します。

†9　tcsh で、 Ctrl - R を使った履歴のインクリメンタル検索を有効にするには、bindkey ^R i-search-back というコマンドを実行します（また、これをシェル構成ファイルに追加します）。検索の動作は、bash とは少し異なります。man tcsh を参照してください。

†10　vi モードでは、/に続けて検索文字列を入力し、 Enter を押します。n を入力すると、次の検索結果にジャンプします。

# 付録C
# WSLを用いたシェルの利用

大嶋 真一

　付録Cは日本語版オリジナルの記事です。本稿では、Windowsでシェルを利用する方法の1つであるWSL（Windows Subsystem for Linux）について解説します。WSLを利用することにより、本書記載のLinuxコマンドをWindows上で利用できます。また、シェルからPowerShellを利用したり、PowerShellからシェルを利用することもできます。

　なお、Windowsでシェルを利用する方法は、WSL以外にもあります。Cygwinや Git Bash でも Windows でシェルを利用することができますが、本稿ではUbuntu-22.04とPowerShell 5.1を利用しています。

## C.1　Windowsでシェルが利用できると何が便利か？

　本書で紹介したとおり、Linuxコマンドは強力で便利ですが、WindowsにはPowerShellを用いないと取得できない情報が存在していたり、また逆にPowerShellだけでは処理しにくい場合があります。そのような場面では、Windowsでシェルを利用することで効率化が図れます。

　PowerShellやコマンドプロンプトは、ユーザー権限による実行と管理者権限による実行とが明確に分かれており、それぞれ利用可能な機能が異なります。管理者権限による実行は、シェルの sudo と似た機能となります。本稿ではWindowsイベントログを操作しています。

本稿では Windows イベントログを操作するため、Ubuntu の bash シェル
でも Windows の PowerShell でも、コマンドの実行には Windows の管理
者権限が必要です。

　Windows イベントログの操作には管理者権限が必要なため、コマンドプロンプト
または PowerShell ターミナルを管理者権限で実行した後に bash と入力してシェル
を起動するか、もしくは Ubuntu アプリのアイコンを右クリック後、［管理者として
実行］をクリックしてシェルを起動してください。

　マウス操作が億劫でしたら、次の方法を用いると、キーボードだけで管理者権限の
各ターミナルを起動できます。なお、「名前」の欄に入力する値によって、起動する
ターミナルが異なります（**表C-1**）。

1. Win - R キーを押下
2. 「ファイル名を指定して実行」ダイアログが表示
3. 「名前」の欄に「bash」と入力
4. Ctrl - Shift - Enter キーを押下

表C-1　入力値と起動するターミナル

| 入力値 | 起動するターミナル |
|---|---|
| wt | Windows ターミナル（インストールされている場合） |
| powershell | PowerShell ターミナル |
| cmd | コマンドプロンプト |
| bash | bash シェル（本稿の場合は Ubuntu-22.04 の bash） |

# C.2　Linux をインストールする

　Windows で WSL を有効にした後に、Microsoft Store から Linux ディストリ
ビューションをインストールします。

1. Windows 11 の検索ボックスをクリック
2. 「コントロール パネル」と入力し、「開く」をクリック
3. 「プログラム」をクリック
4. 「Windows の機能の有効化または無効化」をクリック
5. 「Linux 用 Windows サブシステム」「仮想マシン プラットフォーム」をチェッ
   ク後、［OK］ボタンをクリック

**6.** システムを再起動

**7.** Microsoft Store を開く

**8.** 「wsl」を検索して「Windows Subsystem for Linux」の［入手］ボタンをクリック

**9.** 「Ubuntu」を検索して「Ubuntu 22.04 LTS」の［入手］ボタンをクリック

**10.** ［開く］ボタンをクリック

あとはインストーラーの指示に従ってユーザー名やパスワードを設定すれば、インストールが完了し Ubuntu が起動します（**図C-1**）。

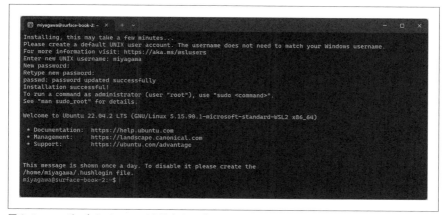

図C-1　ユーザー名やパスワードを設定すれば、インストールが完了し Ubuntu が起動する

Ubuntu 以外の Linux もインストール可能です。本稿執筆時点でインストール可能な Linux ディストリビューションを**表C-2**に示します。

表C-2　WSL にインストール可能な Linux ディストリビューション

| 名前 | フレンドリー名 |
| --- | --- |
| Ubuntu | Ubuntu |
| Debian | Debian GNU/Linux |
| kali-linux | Kali Linux Rolling |
| Ubuntu-18.04 | Ubuntu 18.04 LTS |
| Ubuntu-20.04 | Ubuntu 20.04 LTS |
| Ubuntu-22.04 | Ubuntu 22.04 LTS |
| OracleLinux_7_9 | Oracle Linux 7.9 |
| OracleLinux_8_7 | Oracle Linux 8.7 |
| OracleLinux_9_1 | Oracle Linux 9.1 |

表 C-2　WSL にインストール可能な Linux ディストリビューション（続き）

| 名前 | フレンドリー名 |
|---|---|
| openSUSE-Leap-15.5 | openSUSE Leap 15.5 |
| SUSE-Linux-Enterprise-Server-15-SP | SUSE Linux Enterprise Server 15 SP4 |
| SUSE-Linux-Enterprise-15-SP5 | SUSE Linux Enterprise 15 SP5 |
| openSUSE-Tumbleweed | openSUSE Tumbleweed |

　インストール可能なディストリビューションは、PowerShell もしくはコマンドプロンプトから wsl コマンドで確認できます。

```
PS C:> wsl --list --online
```

　シェルから PowerShell を利用するには、先頭に powershell.exe を追加します。

```
$ powershell.exe wsl --list --online
```

　なお、systemd-binfmt.service が有効になっており、かつ Windows 用以外の binfmt 設定ファイルが存在している環境では、powershell.exe の実行時にエラーが発生することがあります。

```
$ powershell.exe
-bash: /mnt/c/Windows/System32/WindowsPowerShell/v1.0/powershell.exe:
cannot execute binary file: Exec format error
```

　この場合は、systemd-binfmt.service を無効にするか、もしくは binfmt の設定ファイルを作成することで、powershell.exe が正常に実行されるようになります。

## C.2.1　systemd-binfmt.service の無効化

　systemd-binfmt.service は、設定ファイルを元に実行ファイルのヘッダー情報を読み取り、そのファイルを適切なプログラムで実行させるためのサービスです。このサービスを無効にしても、Windows プログラムは正常に実行されます。

　systemd-binfmt.service を無効化するには、Ubuntu のシェルで次のコマンドを実行します。

```
$ sudo systemctl mask systemd-binfmt.service
```

　その後に、Windows のターミナルで次のコマンドを実行して、WSL を再起動し

ます。

```
PS C:> wsl --shutdown
```

## C.2.2　binfmt の設定ファイル作成

systemd-binfmt.service を利用する場合は、Windows 実行プログラム用の設定ファイルを作成します。:WSLInterop:M::MZ::/init:PF は、実行ファイルのヘッダー情報に MZ（マジックナンバー）が定義されていた場合に、そのファイルを /init で実行するように設定します。詳しい情報は、https://docs.kernel.org/admin-guide/binfmt-misc.html を参照してください。

```
$ sudo bash -c 'echo :WSLInterop:M::MZ::/init:PF >
/usr/lib/binfmt.d/WSLInterop.conf'
$ sudo systemctl restart systemd-binfmt.service
```

# C.3　シェルから PowerShell を利用する

たとえば、シェルでは取得できない Windows イベントログ情報を PowerShell で取得し、その結果をシェルで処理することができます。セキュリティイベントログのように大量のログが存在する場合は、処理が完了するまでに時間がかかるため、次の例では -MaxEvents オプションを使って、処理するイベントログ数を制限しています。

```
$ powershell.exe Get-WinEvent -LogName Security -MaxEvents 200

   ProviderName: Microsoft-Windows-Security-Auditing

TimeCreated            Id LevelDisplayName Message
-----------            -- ---------------- -------
2023/08/29 18:30:46  5379 情報             資格情報マネージャーの資格情報が読み...
2023/08/29 18:30:46  4672 情報             新しいログオンに特権が割り当てられま...
2023/08/29 18:30:46  4624 情報             アカウントが正常にログオンしました。...
2023/08/29 18:30:46  4672 情報             新しいログオンに特権が割り当てられま...
2023/08/29 18:30:46  4624 情報             アカウントが正常にログオンしました。...
  ⋮
```

出力結果はシェルで操作できるので、ログイン成功ログ（EventID：4624）を grep で抽出し、行頭にゼロから始まる番号を nl で付けることができます。PowerShell で Windows イベントログを取得し、パイプで処理する場合は、文字コードが Shift_JIS

で出力されます。したがって、2 バイト文字などをシェルで処理する際に不具合が発生する恐れがあるため、iconv で文字コードを UTF-8 に変換します。

```
$ powershell.exe Get-WinEvent -LogName Security -MaxEvents 200 \
  | iconv --from-code=SHIFT_JIS --to-code=UTF-8 \   # 文字コードを変換
  | grep "4624" \                          # EventID：4624 のみを抽出
  | nl -v0                                  # 行頭にゼロから始まる番号を付与

  0  2023/08/29 18:30:46  4624 情報        アカウントが正常にログオンしました。...
  1  2023/08/29 18:30:46  4624 情報        アカウントが正常にログオンしました。...
  2  2023/08/29 18:27:39  4624 情報        アカウントが正常にログオンしました。...
  3  2023/08/29 18:27:39  4624 情報        アカウントが正常にログオンしました。...
  4  2023/08/29 18:27:38  4624 情報        アカウントが正常にログオンしました。...
  ⋮
```

　同じことを PowerShell だけで実現してみましょう。まずはログイン成功ログ（EventID：4624）のみを抽出します。シェルは基本的に文字列を操作します。なるべく grep と同じ動作になるように Out-String コマンドレットを用い、出力を文字列として取り扱うようにします。PowerShell だけで意図した処理が完結できる場合は、-FilterXPath オプションや Select-Object コマンドレットを用いてオブジェクトとして処理したほうが、PowerShell の利点を損なわず、効率的です。

```
PS C:> Get-WinEvent -LogName Security -MaxEvents 200 `
  | Out-String -Stream `                   # 文字列として処理
  | Select-String "4624"                   # EventID：4624 のみを抽出

2023/08/29 18:30:46  4624 情報        アカウントが正常にログオンしました。...

2023/08/29 18:30:46  4624 情報        アカウントが正常にログオンしました。...

2023/08/29 18:27:39  4624 情報        アカウントが正常にログオンしました。...

2023/08/29 18:27:39  4624 情報        アカウントが正常にログオンしました。...

2023/08/29 18:27:38  4624 情報        アカウントが正常にログオンしました。...
⋮
```

　行頭にゼロから始まる番号を付与する PowerShell コマンドレットは存在しないため、PowerShell スクリプトを用います。このような場面では、シェルを用いたほうが便利です。ほかにも、「7.2.2　テクニック④　プロセス置換」で紹介した touch {1..1000}.jpg の処理は、PowerShell よりもシェルを利用したほうが便利です。

```
PS C:> Get-WinEvent -LogName Security -MaxEvents 200 `
  | Out-String -Stream `
  | Select-string "4624" `
  | forEach-Object { $LineNumber++;"$($LineNumber-1) $_" }; `   # 行頭に番号付与
  Remove-Variable LineNumber                                    # 変数初期化

0 2023/08/29 18:30:46  4624 情報          アカウントが正常にログオンしました。...

1 2023/08/29 18:30:46  4624 情報          アカウントが正常にログオンしました。...

2 2023/08/29 18:27:39  4624 情報          アカウントが正常にログオンしました。...

3 2023/08/29 18:27:39  4624 情報          アカウントが正常にログオンしました。...

4 2023/08/29 18:27:38  4624 情報          アカウントが正常にログオンしました。...
  :
```

# C.4　PowerShell からシェルを利用する

　PowerShell またはコマンドプロンプトからシェルを利用するには、bash -c と入力します。vim などの Linux プログラムを利用したり、sudo apt install で新たなアプリケーションをインストールすることができます。

```
PS C:> bash -c pwd
/mnt/c/Users/username

PS C:> bash -c vim                          # vim が起動する

PS C:> bash -c "sudo apt install emacs"     # emacs がインストールされる
```

　PowerShell で取得したイベントログはオブジェクトとして扱われるため、日時を指定してログを抽出する場合に便利です。次の例では、日付を指定して抽出したログから、シェルを用いてログイン成功ログ（EventID：4624）を抽出し、nl コマンドを使って行頭にゼロから始まる番号を付けています。PowerShell とシェルを用いて、それぞれの得意な処理を行っています。

　ここでは事前に、PowerShell からパイプでシェルへ受け渡すデータの文字コードを設定しています。これについては、後述のコラムで説明します。なお、ログが存在しない日時を EndTime に指定するとエラーが表示されます。

```
PS C:> $OutputEncoding = [console]::OutputEncoding      # 文字コードを設定

PS C:> Get-WinEvent -FilterHashtable @{ `
```

```
LogName="Security"; `
StartTime="2023/8/28"; `
EndTime="2023/8/29"} -MaxEvents 200 | `
bash -c "iconv --from-code=SHIFT_JIS --to-code=UTF-8 | grep 4624 | nl -v0"
```

| | | | | |
|---|---|---|---|---|
| 0 | 2023/08/28 23:56:17 | 4624 | 情報 | アカウントが正常にログオンしました。... |
| 1 | 2023/08/28 23:52:21 | 4624 | 情報 | アカウントが正常にログオンしました。... |
| 2 | 2023/08/28 23:52:21 | 4624 | 情報 | アカウントが正常にログオンしました。... |
| 3 | 2023/08/28 23:28:21 | 4624 | 情報 | アカウントが正常にログオンしました。... |
| 4 | 2023/08/28 23:28:21 | 4624 | 情報 | アカウントが正常にログオンしました。... |

⋮

# C.5　最後に

　シェルだけで対応困難な場面にはあまり遭遇しないかもしれませんが、対応はできるもののシェルだけでは手間がかかりそうな場面に遭遇した場合は、PowerShell と連携させることを視野に入れてみてください。逆もまた然りですが、特に Windows を利用する場合は、それぞれのメリットを生かせるとても良いアイデアが見つかると信じています。

# 文字コードについて

PowerShell は、次の文字コードをそれぞれ設定することができます。

- プログラムで利用する文字コード（日本語環境のデフォルトは Shift_JIS）
- ファイル入出力で利用する文字コード（デフォルトは UTF-16LE）
- 外部プログラムとのデータ受け渡しに利用する文字コード（デフォルトは US-ASCII）

細かく設定できる反面、日本語などの 2 バイト文字を取り扱う場合、文字コードの不一致などにより、意図した結果を得られずに混乱を招いてしまうことがあります。また、本稿で紹介している WSL の Ubuntu では、デフォルトで UTF-8 が用いられます。

## シェルから PowerShell を利用する場合

PowerShell ターミナル上では日本語が文字化けせずに表示されているにもかかわらず、データを処理する際に意図した結果を得られないことやエラーとなってしまうことがあります。

たとえば、シェルから PowerShell を用いてイベントログを取得した場合、ターミナル上には日本語の 2 バイト文字が正常に表示されますが、そのままパイプでデータを受け渡してシェルの grep で処理すると、エラーになります。これは、PowerShell がパイプでデータを受け渡す際の文字コードと、データを受け取るシェルの文字コードが一致しないことで文字化けが発生し、受け取ったデータを grep がバイナリファイルだと認識してしまうことが原因です。

次の例では、PowerShell の実行結果の文字コード Shift_JIS を、シェルで利用するために UTF-8 へ変換した後に grep を実行しています。

シェルのターミナル上では正常に表示される

```
$ powershell.exe Get-WinEvent -LogName Security -MaxEvents 200

   ProviderName: Microsoft-Windows-Security-Auditing

TimeCreated              Id LevelDisplayName Message
-----------              -- ---------------- -------
2023/08/29 18:30:46    5379 情報             資格情報マネージャーの資格情報が読み...
2023/08/29 18:30:46    4672 情報             新しいログオンに特権が割り当てられま...
2023/08/29 18:30:46    4624 情報             アカウントが正常にログオンしました。...
```

```
2023/08/29 18:30:46   4672 情報              新しいログオンに特権が割り当てられま...
2023/08/29 18:30:46   4624 情報              アカウントが正常にログオンしました。...
⋮
```

文字コードを変換せずにパイプで grep へデータを受け渡すとエラーとなる

```
$ powershell.exe Get-WinEvent -LogName Security -MaxEvents 200 \
| grep "4624"                          # EventID：4624 のみを抽出

Binary file (standard input) matches
```

文字コード変換後に grep へデータを受け渡すと意図した動作となる

```
$ powershell.exe Get-WinEvent -LogName Security -MaxEvents 200 \
| iconv --from-code=SHIFT_JIS --to-code=UTF-8 \   # 文字コードを変換
| grep "4624"                          # EventID：4624 のみを抽出

2023/08/29 18:30:46   4624 情報              アカウントが正常にログオンしました。...
2023/08/29 18:30:46   4624 情報              アカウントが正常にログオンしました。...
2023/08/29 18:27:39   4624 情報              アカウントが正常にログオンしました。...
2023/08/29 18:27:39   4624 情報              アカウントが正常にログオンしました。...
2023/08/29 18:27:38   4624 情報              アカウントが正常にログオンしました。...
⋮
```

### PowerShell からシェルを利用する場合

　PowerShell からシェルを利用する場合、事前に $OutputEncoding で文字コードを設定しないと、エラーは発生しないもののターミナル上の日本語が US-ASCII では表示できない文字のため、？に置き換わってしまいます。

事前に文字コードを設定しない場合

```
PS C:> Get-WinEvent -FilterHashtable @{ `
LogName="Security"; `
StartTime="2023/8/28"; `
EndTime="2023/8/29"} -MaxEvents 200 | `
bash -c "iconv -f SHIFT_JIS -t UTF-8 | grep 4624 | nl -v0"

0  2023/08/28 23:56:17   4624 ??        ??????????????????...

1  2023/08/28 23:52:21   4624 ??        ??????????????????...

2  2023/08/28 23:52:21   4624 ??        ??????????????????...
⋮
```

事前に文字コードを設定した場合

```
PS C:> $OutputEncoding = [console]::OutputEncoding   # 文字コードを設定

PS C:> Get-WinEvent -FilterHashtable @{ `
LogName="Security"; `
StartTime="2023/8/28"; `
EndTime="2023/8/29"} -MaxEvents 200 | `
bash -c "iconv -f SHIFT_JIS -t UTF-8 | grep 4624 | nl -v0"

0   2023/08/28 23:56:17   4624 情報      アカウントが正常にログオンしました。...

1   2023/08/28 23:52:21   4624 情報      アカウントが正常にログオンしました。...

2   2023/08/28 23:52:21   4624 情報      アカウントが正常にログオンしました。...
︙
```

　本書の目的の1つでもありますが、このようにコマンドが実行される際に内部でデータがどのように扱われているかを理解することは、作業の効率化へつながる大切な要素です。

# 索 引

## 記号・数字

! （感嘆符） ……………………………… 52
!$ （bang dollar） ……………………… 56
!* （bang star） ………………………… 57
" （二重引用符） ……………………… 39
# （ナンバー記号） …………………222
#!という記号——「shebang」（シバン）
　　……………………………………275
$() …………………………………………154
&& （二重のアンパサンド） ……………76
&&演算子 …………………………………148
&> …………………………………………… 37
' （単一引用符） ……………………… 39
- （ダッシュ） …………………………… 77
.. （2つのドット） ………………… 74
./ （ドットとスラッシュ） …………275
.bash_login …………………………………143
.bash_profile………………………………143
.bashrc …………………………………… 44
.profile ……………………………………143

/dev/null ……………………………………232
＜ …………………………………………… 36
＞ …………………………………………… 36
＞＞ ………………………………………… 36
? （疑問符） …………………………… 27
[] （角括弧） …………………………… 93
\ （バックスラッシュ） ……………… 40
\n （改行文字） ……………………………108
` （バッククォート） …………………154
{ （左波括弧） ………………………… 93
} （右波括弧） ………………………… 93
~ （チルダ） …………………………… 66
2＞ ………………………………………… 37
2＞＞ ……………………………………… 37
2つのドット （..） …………………… 74

## A

absolute path （絶対パス） ………66, 267
action （アクション） ……………………113
alias （エイリアス） ………………… 34

apt······················124
argument（引数）···········265
array（配列）··············117
AsciiDoc················190
at·····················150
awk··················· 89

## B

bang dollar（!$）·········· 56
bang star（!*）··········· 57
bash·····················xii
BEGIN···················114
bg·····················175
Bourne シェル·············143
brace expansion（ブレース展開）····· 92
brash one-liner（ブラッシュワンライ
　ナー）·················76, 183

## C

caret syntax（キャレット構文）········· 61
cat·····················xii
cd（change directory）···········xii, 268
cd search path（cd 検索パス）········· 71
CDPATH··················· 71
change（ファイル間の変更）············109
chgrp -R·················255
chmod····················xii
chmod -R·················255
chown -R·················255
Cinnamon·················131
cleanup file（クリーンアップファイル）

·····················142
CLI·····················vii
clipboard（クリップボード）···········242
command history（コマンド履歴）
·····················13, 47
command substitution（コマンド置換）
····················· 151, 152
command-line editing（コマンドライン編
　集）··················· 47
complete················· 70
conditional list（条件付きリスト）····148
configuration file（構成ファイル）····142
cp（copy）··················xii, 270
cp -a···················255
cp -r···················255
cron····················150
crontab··················251
crontab ファイル············256
cron ジョブ···············256
CSS····················236
CSS ID··················238
CSS クラス···············238
CSS セレクター·············236
CSV 形式·················224
curl····················234
current directory（カレントディレクト
　リー）·················268
cut····················· 4
Cygwin··················285

## D

dash····················279

dash シェル ······························284

date ·······································90

Debian Linux ····························124

df ·········································105

diff ········································89

directory stack（ディレクトリースタック）···························78

dirs ········································78

dnf ·········································124

Done メッセージ ·······················172

dot file（ドットファイル）···········269

Dropbox ·································145

### E

EasyPG ··································223

echo ·······································89

ed ···································62, 119

EDITOR ································137

element ·································117

emacs ····································xii

Emacs スタイルのキーストローク·······60

emerge ··································124

END ·····································114

environment variable（環境変数）···136

environment（シェルの環境）··········43

escape character（エスケープ文字）···40

evaluate ·································28

ex ·········································119

exec ······································178

exit code（終了コード）················150

expand ···································29

export ····································138

expression ······························28

### F

fg ·········································176

file descriptor（ファイル記述子）······157

Filesystem（ファイルシステム）········105

find ·······································91

firefox ···································228

fish ·······································279

fold ·······································123

for ループ ··························34, 276

fsck ·······································96

### G

Git ········································145

Git Bash ·································285

GitHub ···································145

GNOME ·································131

gnome-terminal ·······················228

GnuPG ··································220

Google Drive ···························145

google-chrome ·························228

gpg ·······································220

grep ·······································4

grep -r ···································255

GUI ·······································vii

### H

head ·······································4

hidden file（隠しファイル）············269

HISTCONTROL ································ 51

HISTFILESIZE ······························ 52

history ············································ 48

history expansion（履歴展開） ·····49, 52

HISTSIZE········································ 50

HOME ·································· 31, 137

home directory（ホームディレクトリー）
······································· 66, 268

HTML ········································236

HTML-XML-utils ·························236

HTML ソース ·······························237

HTML テーブル（表） ·················237

HTML ファイル ····························205

hxnormalize ·······························236

hxselect·······································236


## I

iconv ································· 129, 290

if 文·············································276

incremental search（インクリメンタル検
索）·······························49, 57

initialization file（初期化ファイル）
······································ 43, 142

init ファイル ······························142

input redirection（入力リダイレクト）
············································ 36

interactive shell（インタラクティブシェ
ル：対話的シェル） ························ 26


## J

JavaScript ·································241

job（ジョブ） ·····························171

job control（ジョブ制御） ·············171


## K

KDE Plasma ·······························132

key ············································117

kill ············································273

konsole·······································228

Korn シェル ·······························143

ksh ············································279

ksh シェル····································284


## L

less ·············································· xii

line continuation character（行継続文
字）······································· 41

links ··········································240

local variable（ローカル変数） ··········136

locate········································209

login shell（ログインシェル） ··········131

loop（ループ） ····························117

ls ·················································· xii

ls -R ··········································255

lynx ···········································240


## M

macOS·········································xiii

make···········································260

Makefile······································260

man ······································ xii, 7

man ページ（manpage）················274
Markdown（マークダウン）ファイル
·····················································205
md5sum ···········································20
Mediawiki ·······································193
Microsoft Store ·······························286
mkdir·········································xii, 270
mv（move）··················xii, 162, 270

## N

name ···············································31
nano ·················································xii
nkf·················································129
nl····················································80

## O

one-shot window（ワンショットウィンド
ウ）···············································229
OneDrive ·······································145
opera ·············································228
option（オプション）·······················265
Out-String ·····································290
output redirection（出力リダイレクト）
·························································36

## P

pacman·············································124
parent（親）·····································266
paste················································89
PATH ···············································42

pattern（パターン）·························114
pdfgrep··········································215
Perl ·······································127, 203
pico ·················································xii
PID ················································273
pipe（パイプ）·····································4
popd················································78
popping（ポップ）·····························79
PowerShell ······································viii
primary selection（プライマリーセレク
ション）··········································242
print ··············································104
printenv···········································30
process（プロセス）················134, 273
process replacement（プロセス交換）
·········································169, 178
process substitution（プロセス置換）
·········································151, 154
ps ··················································273
pushd ··············································78
pushing（プッシュ）··························79
PWD ··············································137
pwd（print working directory）
·············································xii, 268
Python ···········································203

## R

RANDOM ·······································199
regexp············································120
regular expression（正規表現）·········99
relative path（相対パス）··········74, 267
replacement ···································120

rev ···················································110
rm -r················································255
rm（remove）······························xii, 270
rmdir ········································xii, 270
root（ルート）··································266
rpm ··················································124
rsync················································258

## S

screen ·············································· 78
search path（検索パス）·················· 42
sed··················································· 52
sed スクリプト·······························119
Select-Object ·································290
seq·················································· 90
shadowing（シャドーイング）············ 34
SHELL ············································xii
shell················································ 25
shell script（シェルスクリプト）
································································43, 275
Shift_JIS················ 126, 293
shuf ···············································199
sibling（兄弟）·······························266
sleep ··············································172
sort·················································· 4
sourcing（ソーシング）····················· 45
ssh（セキュアシェル）······················ 68
SSL 証明書········································ 78
Stack Overflow·······························124
startup file（起動ファイル）····· 43, 142
stdin（標準入力）······························ 4
stdout（標準出力）···························· 4

subdirectory（サブディレクトリー）
································································66, 266
subexpression（部分式）··················122
subshell（サブシェル）····················141
Subversion ·····································145
sudo ········································xii, 276
systemd-binfmt.service ··················288

## T

tab completion（タブ補完）·············· 67
tac ··················································· 89
tail··················································· 89
tar ··················································176
tcsh ················································279
tee ··················································189
terminal multiplexer（ターミナルマルチ
プレクサー）····································· 78
tmux················································ 78
top（トップ）····································· 79
touch ································· 148, 253
tr····················································· 42
type·················································· 42

## U

Ubuntu ···········································124
unconditional list（無条件リスト）
································································148, 150
uniq ················································· 4
Unity ··············································131
US-ASCII ·········································293
USER ··············································· 31

UTF-8 ················································126
UTF-16LE ··········································293

## V

value ················································· 31
vim ·························································· xi
Vim スタイルのキーストローク ··········· 60
VMware ··············································231

## W

wc ······················································· 4
Web サーバー ······································· 78
wget ·················································234
which ················································· 42
while ループ ········································276
whois ················································209
Windows ··············································· 3
working directory（作業ディレクトリー）
································· 229, 268
WSL ··········································viii, 285

## X

xargs ·················································158
xclip ·················································243
xterm ················································228
X セレクション（X selection）·········242

## Y

yes ····················································· 91

yum ··················································124

## Z

zsh ····················································279
zsh シェル ··········································284
zypper ···············································124

## あ行

アクション（action）······················113
値 ······················································· 31
一時停止 ·············································171
インクリメンタル検索（incremental
search）·····································49, 57
インスタンス（実体）························ 26
インタラクティブシェル（interactive
shell：対話的シェル）····················· 26
ウィンドウ ··········································227
エイリアス（alias）·························· 34
エスケープ文字（escape character）··· 40
演算子|| ·············································149
オプション（option）······················265
親（parent）·······································266
親プロセス ··········································134

## か行

カーソル移動 ·································49, 60
改行文字（\n）·································108
角括弧（[]）······································· 93
隠しファイル（hidden file）·············269
仮想デスクトップ ·······························231

カレントディレクトリー（current directory） ……………………268

カレントワーキングディレクトリー ……268

環境変数（environment variable） …136

感嘆符（!） ………………………… 52

起動ファイル（startup file） ……43, 142

疑問符（?） …………………………… 27

キャレット ………………………… 61

キャレット記法 …………………… 60

キャレット構文（caret syntax） ……… 61

行継続文字（line continuation character） …………………………… 41

兄弟（sibling） …………………………266

兄弟（sibling）ディレクトリー ………… 75

クリーンアップファイル（cleanup file） ……………………………142

クリップボード（clipboard） …………242

グローバル変数 …………………………139

グロビング …………………………… 27

検索パス（search path） ……………… 42

構成ファイル（configuration file） …142

子プロセス …………………………134

コマンド …………………………vii

コマンド置換（command substitution） …………………… 151, 152

コマンドテンプレート …………………164

コマンドライン …………………………vii

コマンドライン編集（command-line editing） …………………… 47

コマンド履歴（command history） ……………………………13, 47

**さ行**

作業ディレクトリー（working directory） ……………………… 229, 268

サブシェル（subshell） …………………141

サブディレクトリー（subdirectory） ……………………… 66, 266

シェル ……………………………… xii, 25

シェルウィンドウ（ターミナル） ………227

シェルスクリプト（shell script） ……………………………43, 275

シェルの環境（environment） ………… 43

シェルの組み込み機能（別名、シェルビルトイン） …………………… 6, 48, 136

シェルプロンプト ……………………… 43

シェル変数 ………………………… xii

式 ……………………………… 28

シャドーイング（shadowing） ………… 34

終了コード（exit code） …………………150

出力リダイレクト（output redirection） …………………… 36

条件付きリスト（conditional list） ……148

初期化ファイル（initialization file） ……………………………43, 142

ジョブ（job） …………………………171

ジョブ ID …………………………171

ジョブ制御（job control） ……………171

スイッチャー ……………………………231

スクリプト ……………………………275

スケーラブル（拡張可能） ……………262

スラッシュ ……………………………120

スラッシュで囲まれた正規表現 ………114

正規表現（regular expression） ……… 99

生成コマンド ……………………………165

セキュアシェル（ssh）………………… 68

絶対パス（absolute path）……… 66, 267

相対パス（relative path）……… 74, 267

ソーシング（sourcing）………………… 45

## た行

ターミナルマルチプレクサー（terminal
multiplexer）…………………………… 78

対話的シェル（interactive shell：インタラ
クティブシェル）………………………… 26

ダッシュ（-）…………………………… 77

タッチタイピング …………………… 48

タブ補完（tab completion）……… 67

単一引用符（'）…………………………… 39

単一コマンド …………………………… 6

チェイン法 ………………………………161

チェックサム …………………………… 20

置換 ………………………………………120

チルダ（~）……………………………… 66

ディレクトリー（フォルダー）…………266

ディレクトリースタック（directory
stack）………………………………… 78

テキストの結合 ………………………… 89

テキストの生成 ………………………… 89

テキストの抽出 ………………………… 89

テキストの変換 ………………………… 90

テキストファイル ……………………205

展開する ………………………………… 29

特殊文字 …………………………………153

ドットとスラッシュ（./）………………275

ドットファイル（dot file）……………269

トップ（top）………………………………… 79

## な行

波括弧 …………………………………… 93

ナンバー記号（#）………………………222

二重引用符（"）………………………… 39

二重のアンパサンド（&&）…………… 76

入力リダイレクト（input redirection）
…………………………………………… 36

ヌル文字（ASCII のゼロ）……………167

## は行

パイプ（pipe）…………………………… 4

パイプライン …………………………… 5

配列（array）……………………………117

配列のキー ………………………………117

配列の要素 ………………………………117

パターン（pattern）……………………114

パターンマッチング …………………… 27

バッククォート（`）……………………154

バックグラウンドコマンド ……………169

バックグラウンド実行 …………………170

バックスラッシュ（\）………………… 40

引数（argument）………………………265

左波括弧（{）…………………………… 93

評価する ………………………………… 28

標準出力（stdout）……………………… 4

標準入力（stdin）……………………… 4

ファイル間の変更（change）…………109

ファイル記述子（file descriptor）……157

ファイルシステム（Filesystem）………105

フォアグラウンドコマンド ················170

複合コマンド ·······························6

プッシュ（pushing）·················79

部分式（subexpression）·············122

プライマリーセレクション（primary
selection）·····························242

ブラウザーウィンドウ ·····················227

ブラッシュワンライナー（brash
one-liner）··················76, 183

フルパス ·······························94

ブレース展開（brace expansion）·····92

プレーンテキストファイル ················205

プログラム ·······························6

プロセス（process）············134, 273

プロセス ID ··························171

プロセス交換（process replacement）
································169, 178

プロセス置換（process substitution）
································151, 154

ページャー ·······························231

変数 ·······························31

ホームディレクトリー（home directory）
································66, 268

ポップ（popping）··················79

## ま行

丸括弧 ·······························176

右波括弧（}）··················93

無条件リスト（unconditional list）
································148, 150

明示的なサブシェル ·····················169

## や行

ユニークキー（一意キー）·············219

## ら行

履歴展開（history expansion）·····49, 52

ルート（root）··················266

ループ（loop）··················117

ローカル変数（local variable）·······136

ログインシェル（login shell）·········131

## わ行

ワーキングディレクトリー ················268

ワークスペース ·······················231

ワンショットウィンドウ（one-shot
window）·····························229

## ● 著者紹介

**Daniel J. Barrett**（ダニエル・J・バレット）

Google のソフトウェアエンジニア。そのほかにも、ヘビメタ歌手、システム管理者、大学講師、Web デザイナー、ユーモア作家など複数の顔を持つ。Linux とその関連技術について、30 年以上にわたって教えたり執筆したりしている。主な著書に『実用 SSH』『Linux セキュリティクックブック』『Linux ハンドブック』などのオライリー本ほか多数。https://danieljbarrett.com にホームページ。